驻马店林木种质资源

邵明丽　邵红琼　主编

黄河水利出版社
·郑州·

图书在版编目（CIP）数据

驻马店林木种质资源 / 邵明丽，邵红琼主编. — 郑州：黄河
水利出版社，2021.9

ISBN 978 - 7 - 5509 - 3100 - 8

Ⅰ.①驻…　Ⅱ.①邵…②邵…　Ⅲ.①林木–种质资源–驻马
店　Ⅳ.①S722

中国版本图书馆CIP数据核字（2021）第 189581 号

出　版　社：黄河水利出版社　　　　　　　　　　网址：www.yrcp.com

　　　　　　地址：河南省郑州市顺河路黄委会综合楼 14 层　　邮编：450003

发行单位：黄河水利出版社

　　　　　　发行部电话：0371 - 66026940、66020550、66028024、66022620（传真）

　　　　　　E-mail：hhslcbs@126.com

承印单位：河南瑞之光印刷股份有限公司

开本：787 mm×1 092 mm　1/16

印张：14.25　　　　　　　　　　　　　　　　插　页：6

字数：350 千字　　　　　　　　　　　　　　　印　数：1—1 000

版次：2021 年 9 月第 1 版　　　　　　　　　　印　次：2021 年 9 月第 1 次印刷

定价：139.00 元

《驻马店林木种质资源》
编写委员会

主　任　赵　站

副主任　刘国安　王国强

主　编　邵明丽　邵红琼

副主编　马世友　崔全福　刘少强　陈　光　刘翠鸽
　　　　　杨子慧　孙　玉　刘方圆

编　委　（以姓氏笔画排列）

王　玉	王运忠	王明兴	方圆圆	化　燕
田会敏	刘　建	闫　明	伊娟红	吕红伟
孙保国	李建武	李全新	李本勇	汪丽莎
张　玲	张玲玉	张东升	吴琰琰	何凤珍
邵明春	苏万详	李香田	李中香	陈　颖
陈　靖	陈　星	陈春燕	陈元兵	郑　芳
姚建党	胡林坡	胥文峰	段金增	班龙海
班长春	常建林	彭培华	樊春华	魏春生

泌阳瓢梨

白云仙桃

红伞寿星桃

黄金刺槐

红云紫薇

金凤构树

金蝴蝶构树

锦华栾　　　　　　　　　　　　　　　　锦昱楝

梦幻彩楸

朱羽合欢

重阳紫荆　　　　　　　　　　　　玉蝶常山

鹅掌楸

古板栗群

板栗

古槐   国槐

侧柏

古银杏

榔榆

黄连木

栎树

瓢梨

朴树

皂荚　　　　　　　　　　　　圆柏　　　　　　　　　　　竹沟革命纪念馆石榴

银杏

皂角

火炬松

皂荚

确山板栗

青檀

香果树

河南农业大学教授在郊外对业务人员进行培训

外业调查

前　言

　　林木种质资源是林木遗传多样性的载体，是良种选育和遗传改良的物质基础，是维系生态安全和林业可持续发展的基础性、战略性资源。开展林木种质资源普查是掌握林木种质资源现状与动态、建立林木种质资源信息管理系统、制定种质资源长期保护与利用规划、实现林木种质资源的有效保护和开发的重要前提。

　　2017年，我们积极响应河南省林业局的号召，精心组织开展驻马店市林木种质资源普查工作。驻马店市林业技术推广站成立普查督导小组和业务小组，各县（区）分别成立林木种质资源普查小组，全市共成立普查小组40个，共计200多人，为普查工作提供了人员和技术保证。他们在林木种质资源普查工作中起早贪黑、上山下滩，付出了大量辛苦的劳动。普查期间得到了河南省林业局、河南农业大学、信阳农林学院的指导和大力支持。

　　在全市林业系统林木种质资源普查人员的共同努力下，通过普查准备、组织动员、专业培训、外业调查、内业整理、资源评价、收集保存等一系列环节工作的开展，历时四年，于2020年完成了全市林木种质资源的全面普查，并取得显著成效：一是摸清了全市的林木种质资源数量及分布状况；二是厘清了本市的古树名木资源；三是查清了全市的林木良种资源；四是查清了本市林木种质资源现状，并提高了技术人员的业务能力；五是对收集保存的林木种质资源现状进行了调查；六是基本查清了野生树种的数量及分布。普查结果显示，全市现有木本植物91科289属971种、563个品种。

　　为使林木种质资源普查成果得到广泛应用，最大限度地发挥其在林业可持续发展中的作用，我们对驻马店市林木种质资源普查结果进行了全面的整理和总结，编著了《驻马店林木种质资源》一书。本书共分13章：第一章对驻马店市的地形地貌、水文水系、气候、土壤等自然条件进行介绍；第二章为林木种质资源概况；第三章、第四章按"属"介绍针叶类树种、阔叶类用材树种；第五章介绍园林绿化树种；第六章、第七章介绍经济林树种；第八章介绍竹类；第九章介绍藤本类；第十章介绍已获得植物新品种权的林木品种；第十一章对珍稀濒危树种、古树名木做了详细的介绍；第十二章是林木种质资源综合分析、保存、管理建议；第十三章为驻马店市林木种质资源名录。

　　本书的编著得到了驻马店市林业局领导和各位专家的精心指导与大力支持。由于此前普查工作任务量大，普查工作者和本书编者水平有限，难免会有遗漏或错误之处，请同仁们多批评指正。本书可供林业行政部门管理者及林业基层工作者参考使用，我们期望读者能从本书中获得有用的信息，为驻马店林业可持续发展和生态文明建设做出贡献。

作　者

2021年5月

目　录

第一章　自然条件

一、地理位置

驻马店市位于河南省中南部，属淮北平原。北靠平顶山市、漯河市、周口市，南连信阳市，东接安徽省阜阳市，西邻南阳市。地处东经 113°10′~115°12′，北纬 32°18′~33°35′，东西长 191.5 km，南北宽 137.5 km，土地总面积为 1 363 462.13 hm²，占全省总面积的 8.16%。

二、地形地貌

驻马店市地形地貌多样，山地、丘陵、岗地、平原、洼地均有分布。地势西高东低，由西部山地、丘陵逐渐向东部平原过渡。西部山区主要包括泌阳县和西平、遂平、确山、驿城区 4 县（区）的西部，由波状起伏的岗地所包围的低山丘陵组成，共有山峰 440 多座，均属伏牛山、桐柏山余脉，海拔多在 300~900 m。泌阳县境内的白云山为全市最高峰，海拔 983 m；东部为开阔的淮北冲积湖积平原，主要包括汝南、平舆、上蔡、正阳和驿城区、西平、遂平、确山 4 县（区）的东部，地势平坦宽广，海拔多在 100 m 以下，最低处海拔只有 32 m。山地面积约占全市总土地面积的 14.31%，丘陵岗地面积约占 20.44%，平原面积约占 65.25%。

三、水文水系

驻马店市东部属淮河流域，由洪汝河水系、淮河干流水系、汾泉河水系组成；西部属长江流域，由唐白河水系组成。全市流域面积大于 1 000 km² 的支流有 5 条，大于 100 km² 的有 42 条。全市有宿鸭湖、薄山、板桥、宋家场等大、中、小型水库 168 座，其中宿鸭湖水库建库已有 57 年，是中国最大的平原人工湖。

（一）洪汝河水系

洪汝河水系由洪河、汝河、臻头河组成。洪河发源于泌阳境内大寨子山，干流长度为 223 km；汝河发源于舞钢市与泌阳交界处的五峰山，干流长度为 246 km；洪汝河水系在该市的流域面积约为 11 436 km²，约占全市总面积的 83.9%。

（二）淮河干流水系

淮河流经正阳县南界，由西向东经确山县双河乡入境，从杨店乡出境。淮河干流水系在市域内全长 42.5 km，主要支流有田白河、清水河、间河。

（三）汾泉河水系

汾泉河水系为上蔡县北部、东部汇入周口境内汾泉河流域的中、小河道的总称。该水系在境内流域面积 624 km²，主要支流有黑河、青龙沟、界河、北桃花沟等。

（四）唐白河水系

唐白河水系为泌阳县西北部、西部、西南部汇入长江流域唐白河水系的总称。境内主要河流为泌阳河，发源于白云山南麓，自东向西流入白河。另外直接注入唐河的支流有郭集河、沘河等。

四、气候

驻马店市地处亚热带与暖温带的过渡地带，具有亚热带与暖温带的双重气候特征，南北方气候特点兼具。阳光充足，热量丰富，四季分明，温和湿润，无霜期220~230天，是典型的大陆性季风型半湿润气候。全市雨量比较适中，据气象局统计，近5年内年均降水量为780.3 mm，年平均气温14.6~15 ℃，年平均日照时数2 000~2 200 h，极端最高气温43.7 ℃，极端最低气温-20.7 ℃。确山和遂平两县的西部及泌阳县东部位于浅山丘陵区，由于局部气候的影响，多发山洪和暴雨；东部平原区地势平坦低洼，降水集中，易发生洪涝。

五、土壤

驻马店市土壤类型总共有4个大类，即黄棕壤、砂姜黑土、潮土、水稻土，下分7个亚类、25个土属。境内黄棕壤总面积约633 300 hm²，主要分布在京广线以西的浅山丘陵区，占土壤面积的42%；砂姜黑土类总面积约500 000 hm²，约占土壤面积的33%，主要分布在东部、北部的低平洼地，土壤潜在肥力较高，有机质含量0.7%~1.2%，全氮含量0.05%~0.08%，全磷0.09%，全钾1.9%，速效磷含量较低。该类土壤土质黏重，结构不良，雨季易造成内涝灾害；潮土类总面积约133 300 hm²，主要分布在洪汝河两岸。该类土壤土层深厚，保水保肥性好，土壤肥力较高；水稻土类面积约13 300 hm²，主要分布在该市南部、淮河北岸。土层深厚，质地偏黏，透水透气性较差，土壤有机质积累多，供肥能力强。

六、植物资源

（一）植被类型

由于地形、海拔和人类活动的影响，驻马店市植被大致分为两个类型。

1. 东部平原落叶阔叶林区

该植被区包括上蔡、汝南、平舆、正阳和驿城区、西平、遂平、确山4县（区）的平原部分。该植被区地势平坦，人口密度大，开垦历史悠久，天然植被已为人工植被所代替。栽培植物中以小麦、玉米为主，正阳、确山南部有少量水稻，平舆、汝南、上蔡芝麻较多。其他栽培植物有油菜、大豆、花生、棉花、红薯和瓜果菜类。木本植物以华北植物区系为主，有欧美杨、臭椿、楝树、榆树、国槐、楸树、小叶杨、毛白杨、旱柳、泡桐、刺槐、朴树、皂荚树、丝棉木、悬铃木、水杉、银杏、合欢等。随着科技水平的发展，栽培树种在不断变化。该植被区各地均有小片竹林，除正阳南部河滩有少量桂竹外，其余多为淡竹。经济林树种有梨、桃、葡萄、苹果、枣、石榴、杏、柿、李等。田间杂草有光头稗子、马唐、莎草、野燕麦、刺儿菜、荠菜、米瓦罐等。路旁、河岸荒地草本植物有狗牙根、白茅、蒲公英、紫花地丁、苍耳、夏枯草、平车前、蒿类。低洼水湿地植物有芦苇、菖蒲、水蓼、红蓼、慈姑、莲、浮萍、香蒲等。

2.西部山区常绿、落叶阔叶林区

本植被区包括泌阳县和确山、遂平、西平、驿城区4县(区)的山区部分,该植被区属伏牛山、桐柏山余脉,处于我国南北气候的过渡地带,加之山区特有的地形、地貌所形成的小气候,植物种类丰富。华北植物区系的植物有杨树、柳树、榆树、刺槐、国槐、楸树、臭椿、桑树、泡桐、栎类、侧柏、合欢、黄连木等。华中植物区系的乔木有马尾松、杉木、毛竹、水杉、柳杉、柏木、乌桕、枫杨、黄檀、杜仲等。常见华北植物区系的灌木有野山楂、荆条、酸枣、胡枝子、黄栌、蔷薇等,华中植物区系的灌木有山胡椒、杜鹃、盐肤木、油茶、山茶等,华东植物区系的灌木有胡枝子等,西北植物区系的灌木有枸杞,西南植物区系的灌木有刺楸,东北植物区系的灌木有蒙桑、大叶朴。该植被区主要经济林树种有板栗、油桐、枣、梨、桃、杏、柿子、核桃等,藤本植物有葛藤、爬山虎、猕猴桃等。草本植物有白杨草、黄背草、白茅、夏枯草、地榆、蒲公英、柴胡、桔梗、翻白草、蛇莓、百合、射干、艾蒿、鸡矢藤、茜草、车前、曼陀罗、益母草、防风、大戟、半夏、鱼腥草、狗牙根等。

(二)植物种类

驻马店市植物区系组成以华北、华中植物区系为主,兼有西北、西南和东北植物区系成分。植物资源比较丰富,全市现有木本植物91科289属971种、563个品种。

第二章　林木种质资源概况

驻马店全市现有木本植物 91 科 289 属 971 种、563 个品种（见表 2-1、表 2-2）。

表 2-1　驻马店市林木种质资源类型成果统计

序号	市	类别代码	资源类别	科	属	种	品种	表格数	GPS 点	图片数
1	驻马店市	10	野生林木	86	252	630	1	148	5 879	4 138
2	驻马店市	20	栽培利用	83	242	732	563	31 044	534 738	64 578
3	驻马店市	30	重点保护	4	4	4	0	36	36	28
4	驻马店市	40	古树名木	24	41	62	0	1 012	1 085	2 116
5	驻马店市	50	引进选育	14	18	20	8	25	25	73
6	驻马店市	60	优良品种	22	28	35	5	71	67	131
7	驻马店市	70	收集保存	21	30	33	3	40	35	31
合计				91	289	971	563	32 376	541 865	71 095

表 2-2　驻马店市各县（区）林木种质资源普查统计

序号	市	县（区）	科	属	种	品种	表格数	GPS 点	图片数
1	驻马店市	驿城区	79	192	446	102	2 911	38 141	35 466
2	驻马店市	西平县	76	186	444	66	1 859	26 540	3 180
3	驻马店市	上蔡县	65	144	317	213	3 982	48 507	2 197
4	驻马店市	平舆县	68	140	299	210	2 205	34 360	6 509
5	驻马店市	正阳县	63	141	327	115	4 519	72 456	1 216
6	驻马店市	确山县	86	241	627	185	2 971	62 302	4 818
7	驻马店市	泌阳县	85	263	729	334	4 717	112 945	6 289
8	驻马店市	汝南县	67	153	294	109	3 732	52 311	2 312
9	驻马店市	遂平县	73	179	359	76	1 753	39 325	3 185
10	驻马店市	新蔡县	65	132	278	185	3 760	54 982	5 932
合计			91	289	971	563	32 376	541 865	71 095

一、野生林木种质资源

全市野生林木种质资源共有 86 科 252 属 630 种、1 个品种（见表 2-3）。

表 2-3　驻马店市野生林木种质资源统计

序号	市	县（区）	资源类别	科	属	种	品种	表格数	GPS 点	图片数
1	驻马店市	驿城区	野生林木	46	89	146	1	12	492	367
2	驻马店市	西平县	野生林木	52	117	188	0	10	472	458
3	驻马店市	确山县	野生林木	82	222	516	1	69	2 644	2 075
4	驻马店市	泌阳县	野生林木	77	222	499	0	45	1 867	777
5	驻马店市	遂平县	野生林木	48	94	134	0	12	403	461
合计				86	252	630	1	148	5 879	4 138

二、栽培利用林木种质资源

全市栽培利用林木种质资源共有 83 科 242 属 732 种、563 个品种（见表 2-4）。

主要树种是玉兰、栾树、桂花、紫薇、女贞、樱花、黄杨、桃树、梨树、葡萄等。

表 2-4　驻马店市各县（区）栽培利用林木种质资源普查统计

序号	市	县（区）	资源类别	科	属	种	品种	表格数	GPS 点	图片数
1	驻马店市	驿城区	栽培利用	71	170	386	102	2 715	37 464	34 818
2	驻马店市	西平县	栽培利用	69	148	357	66	1 796	26 043	2 681
3	驻马店市	上蔡县	栽培利用	65	144	316	212	3 963	48 488	2 133
4	驻马店市	平舆县	栽培利用	68	140	298	210	2 161	34 316	6 376
5	驻马店市	正阳县	栽培利用	63	141	327	115	4 481	72 411	1 108
6	驻马店市	确山县	栽培利用	68	157	328	184	2 780	59 518	2 440
7	驻马店市	泌阳县	栽培利用	74	184	446	334	4 061	110 424	4 473
8	驻马店市	汝南县	栽培利用	67	153	293	109	3 686	52 265	2 170
9	驻马店市	遂平县	栽培利用	67	152	290	76	1 677	38 863	2 555
10	驻马店市	新蔡县	栽培利用	65	132	278	183	3 727	54 949	5 826
合计				83	242	732	563	31 044	534 738	64 578

（一）集中栽培

集中栽培是栽培面积连续大于 1 亩以上的用材林、经济林和灌木。全市集中栽培林木种质资源涉及 55 科 111 属 235 种、208 个品种（见表 2-5）。

表 2-5　驻马店市各县（区）集中栽培林木种质资源普查统计

序号	市	县（区）	资源类别	科	属	种	品种	表格数	GPS点	图片数
1	驻马店市	驿城区	集中栽培	40	71	104	38	1 117	1 117	1 289
2	驻马店市	西平县	集中栽培	32	46	67	14	661	661	531
3	驻马店市	上蔡县	集中栽培	38	62	97	49	2 393	2 393	355
4	驻马店市	平舆县	集中栽培	29	49	73	49	527	527	798
5	驻马店市	正阳县	集中栽培	36	58	81	11	883	882	790
6	驻马店市	确山县	集中栽培	24	39	53	29	688	687	398
7	驻马店市	泌阳县	集中栽培	29	45	57	45	1 116	1 115	789
8	驻马店市	汝南县	集中栽培	40	65	98	22	1 821	1 821	1 092
9	驻马店市	遂平县	集中栽培	37	66	102	53	622	622	1 233
10	驻马店市	新蔡县	集中栽培	34	53	80	78	967	967	1 674
合计				55	111	235	208	10 792	10 789	8 947

（二）种类丰富的"四旁"树

"四旁"树是指落入非林地中村旁、宅旁、路旁、水旁栽植的树木，主要包括城镇、村庄中房前屋后栽种的连续面积小于 1 亩的乔木用材树、经济树和灌木。"四旁"树资源是森林资源的重要组成部分，在改善人居环境和农业生态环境条件、缓解木材供需矛盾、提高农民经济收入等方面发挥着补充和调剂作用。"四旁"树具有在零星土地上见缝插针、谁栽谁有、选种自由的特点，因此人们在种植时具有很高的积极性。

全市的"四旁"树林木种质资源涉及 80 科 229 属 676 种、515 个品种（见表 2-6）。

数据分析表明，在全市的路边宅旁，"四旁"树种中的杨树、泡桐、构树、苦楝、柳树、竹子常以优美的身姿展现在人们的生活中，村庄的房前屋后常有柿树、枳椇、桃树等相伴。这些"四旁"树为当地居民生活环境的改善发挥着重要作用。

表 2-6　驻马店市各县（区）"四旁"树林木种质资源普查统计

序号	市	县（区）	资源类别	科	属	种	品种	表格数	GPS点	图片数
1	驻马店市	驿城区	"四旁"树	69	156	335	67	1 528	33 459	30 508
2	驻马店市	西平县	"四旁"树	64	129	295	48	1 085	24 407	1 359
3	驻马店市	上蔡县	"四旁"树	61	129	267	197	1 321	43 081	1 031
4	驻马店市	平舆县	"四旁"树	64	120	232	187	1 452	30 406	4 449
5	驻马店市	正阳县	"四旁"树	63	133	301	107	3 394	69 485	122
6	驻马店市	确山县	"四旁"树	67	151	313	171	2 032	57 641	1 899
7	驻马店市	泌阳县	"四旁"树	74	177	432	330	2 876	107 560	3 531

续表 2-6

序号	市	县（区）	资源类别	科	属	种	品种	表格数	GPS 点	图片数
8	驻马店市	汝南县	"四旁"树	65	144	261	97	1 760	48 666	739
9	驻马店市	遂平县	"四旁"树	61	133	233	41	987	36 077	818
10	驻马店市	新蔡县	"四旁"树	59	114	228	144	2 697	53 005	2 888
合计				80	229	676	515	19 132	503 787	47 344

（三）多姿多彩的城镇绿化苗木

当前，随着居民生活水平的提高，居民对居住环境有了更高的要求，特别是城镇建设的不断扩大，为人们的居住环境带来了新的面貌，城镇绿化建设中的园林植物，为人们提供美丽的风景，在不同的季节展现的美丽风姿，如高大的雪松、金色的垂柳、娇艳的紫薇等，为人们营造了一个良好的城市环境，陶冶着人们的文化生活。

经查，全市城镇绿化林木种质资源涉及 77 科 190 属 468 种、172 个品种（见表 2-7）。

表 2-7 驻马店市各县（区）城镇绿化林木种质资源普查统计

序号	市	县（区）	资源类别	科	属	种	品种	表格数	GPS 点	图片数
1	驻马店市	驿城区	城镇绿化	63	134	249	39	70	2 888	3 021
2	驻马店市	西平县	城镇绿化	58	115	213	25	50	975	791
3	驻马店市	上蔡县	城镇绿化	59	117	216	46	249	3 014	747
4	驻马店市	平舆县	城镇绿化	62	119	220	83	182	3 383	1 129
5	驻马店市	正阳县	城镇绿化	50	96	167	23	204	2 044	196
6	驻马店市	确山县	城镇绿化	52	94	136	17	60	1 190	143
7	驻马店市	泌阳县	城镇绿化	60	129	215	66	69	1 749	153
8	驻马店市	汝南县	城镇绿化	58	111	169	21	105	1 778	339
9	驻马店市	遂平县	城镇绿化	60	122	205	13	68	2 164	504
10	驻马店市	新蔡县	城镇绿化	56	104	174	36	63	977	1 264
合计				77	190	468	172	1 120	20 162	8 287

三、古树名木、古树群和珍稀濒危树种种质资源

（一）古树名木

古树名木是大自然留给人类的宝贵资源和财富，是祖先留给我们不可多得的"活文物"，对科学研究和经济建设都有重要意义，有的还具有很高的观赏价值，查清珍稀濒危树种和古树名木的种类、数量、分布状况、生长情况及特殊利用价值，可以有针对性地实施保护措施，为今后的开发利用提供可靠的资料。

全市现有古树名木林木种质资源23科40属60种（见表2-8）。

表2-8　驻马店市各县（区）古树名木林木种质资源普查统计

序号	市	县（区）	资源类别	科	属	种	品种	表格数	GPS点	图片数
1	驻马店市	驿城区	古树名木	14	20	21	0	174	173	270
2	驻马店市	西平县	古树名木	7	11	11	0	45	17	30
3	驻马店市	上蔡县	古树名木	7	10	10	0	18	18	61
4	驻马店市	平舆县	古树名木	8	10	13	0	30	30	113
5	驻马店市	正阳县	古树名木	10	12	12	0	35	35	104
6	驻马店市	确山县	古树名木	11	18	24	0	104	104	274
7	驻马店市	泌阳县	古树名木	17	26	33	0	483	483	836
8	驻马店市	汝南县	古树名木	12	17	18	0	46	46	142
9	驻马店市	遂平县	古树名木	7	7	7	0	12	12	39
10	驻马店市	新蔡县	古树名木	9	12	14	0	24	24	78
合计				23	40	60	0	941	941	1 940

（二）古树群

古树群共有13科14属15种（见表2-9），有泌阳县王店乡高楼村的白梨古树群、确山石滚河乡何大庙村的板栗古树群、遂平县嵖岈山乡竹园村象山侧柏古树群等。

表2-9　驻马店市各县（区）古树群林木种质资源普查统计

序号	市	县（区）	资源类别	科	属	种	品种	表格数	GPS点	图片数
1	驻马店市	驿城区	古树群	2	2	2	0	6	9	5
2	驻马店市	正阳县	古树群	3	3	3	0	3	9	4
3	驻马店市	确山县	古树群	3	3	3	0	10	31	22
4	驻马店市	泌阳县	古树群	11	12	13	0	51	94	145
5	驻马店市	遂平县	古树群	1	1	1	0	1	1	0
合计				13	14	15	0	71	144	176

（三）重点保护和珍稀濒危树种资源

全市重点保护珍稀濒危林木种质资源4科4属4种（见表2-10），其中国家珍稀濒危Ⅱ级保护植物2种，为杜仲、银杏。

表 2-10　驻马店市各县（区）重点保护林木质资源成果统计

序号	市	县（区）	资源类别	科	属	种	品种	表格数	GPS点	图片数
1	驻马店市	驿城区	重点保护	2	2	2	0	2	2	2
2	驻马店市	泌阳县	重点保护	2	2	2	0	34	34	26
合计				4	4	4		36	36	28

四、新引进、新选育树种林木种质资源

主要对有关科研、生产等开展林木良种引进与选育的单位进行新引进与新选育的林木种质资源调查登记并拍摄照片。

引进选育涉及14科18属20种、8个品种（见表2-11），主要有黄龙大叶榆、"金帆"加拿大紫荆、彩虹三角槭、"梦幻"彩楸、"金蝴蝶"构树、"金凤"构树、玉蝶常山、"朱羽"合欢、锦业楝、金镶玉刺槐、擎天紫薇、红伞寿星桃、重阳紫荆等。

表 2-11　驻马店市新引进选育林木种质资源普查统计

序号	市	县（区）	资源类别	科	属	种	品种	表格数	GPS点	图片数
1	驻马店市	上蔡县	引进选育	1	1	1	1	1	1	3
2	驻马店市	泌阳县	引进选育	7	9	9	0	9	9	9
3	驻马店市	遂平县	引进选育	9	11	11	7	15	15	61
合计				14	18	20	8	25	25	73

五、优良林分和优良单株林木种质资源

林木良种是林木实现"高产、优质、高效"的重要物质基础，使用良种造林，是提高营林生产水平最重要的措施之一。在经济林栽培中，选用优良品种对产量的提高、经济价值的提升具有显著的推动作用。这些良种资源，对加强良种基地建设，实现良种推广，加速实现造林良种化，无论是在当前，还是长远，都将发挥着重要作用。

（一）优良林分

优良林分涉及3科3属5种（见表2-12）。

表2-12 驻马店市各县（区）优良林分种质资源成果统计

序号	市	县（区）	资源类别	科	属	种	品种	表格数	GPS点	图片数
1	驻马店市	西平县	优良林分	2	2	2	0	2	2	6
2	驻马店市	确山县	优良林分	1	1	1	0	4	2	0
3	驻马店市	泌阳县	优良林分	2	2	2	0	4	4	7
4	驻马店市	遂平县	优良林分	1	1	2	0	2	2	6
合计				3	3	5	0	13	10	19

（二）优良单株

全市优良单株共有22科28属34种、5个品种（见表2-13）。

表2-13 驻马店市各县（区）优良单株种质资源成果统计

序号	市	县（区）	资源类别	科	属	种	品种	表格数	GPS点	图片数
1	驻马店市	西平县	优良单株	4	4	4	0	6	6	5
2	驻马店市	平舆县	优良单株	12	13	13	1	14	14	20
3	驻马店市	泌阳县	优良单株	2	2	2	0	3	3	7
4	驻马店市	遂平县	优良单株	11	12	14	1	26	26	56
5	驻马店市	新蔡县	优良单株	4	5	6	3	8	8	24
合计				22	28	34	5	58	57	112

六、已收集保存林木种质资源

种质资源保存库分为原地保存库和收集圃，包括马道林场的火炬松、薄山林场的喜树和白榆、板桥林场的香果树、乐山林场的青檀等。本次调查对种质资源保存库的树种状况进行了详细调查，共调查到收集保存的种质资源21科30属33种、3个品种，共填写调查表格40个，调查GPS点35个，拍摄种质照片31张（见表2-14）。

表2-14 驻马店市已收集保存种质资源成果统计

序号	市	县（区）	资源类别	科	属	种	品种	表格数	GPS点	图片数
1	驻马店市	驿城区	收集保存	1	1	1	0	1	1	4
2	驻马店市	确山县	收集保存	2	2	2	0	3	3	7
3	驻马店市	泌阳县	收集保存	16	24	26	3	27	27	9
4	驻马店市	遂平县	收集保存	2	2	3	0	8	3	7
5	驻马店市	新蔡县	收集保存	1	1	1	0	1	1	4
合计				21	30	33	3	40	35	31

第三章　针叶树种

一、松属

（一）松属的形态特征

松属（*Pinus* Linn），松科植物中的一属，常绿乔木，稀灌木，有树脂；树皮平滑或纵裂，或成片状剥落；冬芽有鳞片；枝有长枝和短枝之分，长枝可无限生长，无绿色的叶，但有鳞片状叶，小枝极不发达，生于长枝的鳞片状叶的腋内，球花单性同株；雄球花腋生，簇生于幼枝的基部，多数成穗状花序状，花粉有气囊；雌球花侧生或近顶生，单生或成束，球果的形状多种，对称或偏斜，有梗或无梗，第3年成熟，成熟时珠鳞发育成种鳞，木质，厚，其露出部分名鳞盾（Apophysis），鳞盾背部或顶部隆起的部分名鳞脐（Umbo）；种子有翅或无翅。松属有80余种，分布于北半球，从北极附近至北非、中美及南亚直到赤道以南的地方，中国有22种10变种，分布极广，为重要造林树种之一。

（二）松属的主要树种

松属的主要树种有火炬松、马尾松、黑松等。

1. 火炬松种质资源

形态特征：火炬松（*Pinus taeda* L.），乔木，在原产地高达30米；树皮鳞片状开裂，近黑色、暗灰褐色或淡褐色；枝条每年生长数轮；小枝黄褐色或淡红褐色；冬芽褐色，矩圆状卵圆形或短圆柱形，顶端尖，无树脂。针叶3针一束，长12~25 cm，径约1.5 mm，硬直，蓝绿色。球果卵状圆锥形或窄圆锥形，基部对称，长6~15 cm，无梗或几无梗，熟时暗红褐色；种鳞的鳞盾横脊显著隆起，鳞脐隆起延长成尖刺；种子卵圆形，长约6 mm，栗褐色，种翅长约2 cm。

生长习性：火炬松喜光，喜温暖湿润。在中国引种区内，一般垂直分布在500 m以下的低山、丘陵、岗地造林。海拔超过500 m则生长不良，达到海拔800 m一般都要产生冻害。适生于年均温11.1~20.4 ℃，绝对最低温度不低于–17 ℃。多分布于山地、丘陵坡地的中部至下部及坡麓。对土壤要求不严，能耐干燥、瘠薄的土壤，除含碳酸盐的土壤外，能在红壤、黄壤、黄红壤、黄棕壤、第四纪黏土等多种土壤上生长，在黏土、石砾含量50%左右的石砾土及岩石裸露、土层较为浅薄的丘陵岗地上都能生长。怕水湿，更不耐盐碱。但在土层深厚、质地疏松、湿润的土壤上其生长尤为良好，喜酸性和微酸性的土壤。pH 4.5~6.5生长最好，pH 7.5以上生长不良。据调查研究，在山洼、坡下部和中下部，土层深厚、水肥条件较好的地段，火炬松生长最好；坡中部、山腰，土层厚度中等，生长次之；山脊、山梁凸地，土层浅薄贫瘠，石砾含量多，生长最差。

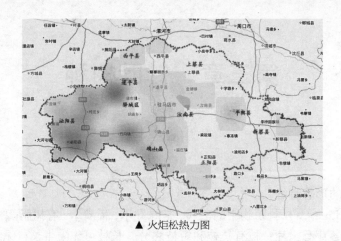

▲ 火炬松热力图

▲ 火炬松散点图

（1）优良林分。

泌阳县马道林场 1 林班火炬松优良林分，面积 3 200 亩，林龄 35 年，平均枝下高 7.5 m，平均冠幅 6.7 m，平均胸径 33 cm，平均树高 17.1 m，郁闭度 0.6，平均密度每公顷 450 株。

西平县出山镇韩堂火炬松优良林分，林分面积 50 亩，林龄 25 年，平均枝下高 3.5 m，平均冠幅 4.2 m，平均胸径 17 cm，平均树高 9.3 m，郁闭度 0.7，密度每公顷 800 株。

（2）火炬松母树林。

火炬松原产美国东南部，我国引种栽植后，其表现良好，1975 年豫南山区引种造林后，其生长速度快，干形直，适应性强，已成为荒山造林的先锋树种。河南省林业厅于 1979 年确定在泌阳县马道林场建立火炬松良种繁育基地，先后开展了火炬松母树林营建和种源试验工作，1980~1982 年建母树林 2 900 亩，1983~1984 年建种源试验林 80 亩，2001 年 12 月河南省林木良种审定委员会颁发了林木良种审定合格证书，2009 年 1 月被国家林业局批准为第一批国家重点林木良种基地。现基地面积 213.3 hm²。

（3）新选火炬松优良单株。

泌阳县马道林场转山林区 1 林班有一棵火炬松优良单株，胸径 43 cm、树高 20 m，枝下高 8 m，冠幅 8.3 m，属于引种的人工林。

2. 马尾松种质资源

形态特征：马尾松（*Pinus massoniana* Lamb.），松科松属乔木，高达 45 m，胸径 1.5 m，树皮红褐色，下部灰褐色，裂成不规则的鳞状块片；枝平展或斜展，树冠宽塔形或伞形，枝条每年生长一轮，淡黄褐色，无白粉，稀有白粉，无毛；冬芽卵状圆柱形或圆柱形，褐色，顶端尖，芽鳞边缘丝状，先端尖或成渐尖的长尖头，微反曲；针叶 2 针一束，稀 3 针一束，长 12~20 cm，细柔，微扭曲，两面有气孔线，边缘有细锯齿；横切面皮下层细胞单型，第一层连续排列，第二层由个别细胞断续排列而成，树脂道 4~8 个，在背面边生，或腹面也有 2 个边生；叶鞘初呈褐色，后渐变成灰黑色，宿存。雄球花淡红褐色，圆柱形，弯垂，长 1~1.5 cm，聚生于新枝下部苞腋，穗状，长 6~15 cm；雌球花单生或 2~4 个聚生于新枝近顶端，淡紫红色，一年生小球果圆球形或卵圆形，径约 2 cm，褐色或紫褐色，上部珠鳞的鳞脐具向上直立的短刺，下部珠鳞的鳞脐平钝无刺。球果卵圆形或圆锥状卵圆形，长 4~7 cm，径 2.5~4 cm，有短梗，下垂，成熟前绿色，熟时栗褐色，陆续脱落；中部种鳞近矩圆状倒卵形，或近长方形，长约 3 cm；鳞盾菱形，微隆起或平，横脊微明显，鳞脐微凹，无刺，生于干燥环境者常具极短的刺；种子长卵圆形，长 4~6 mm，连翅长 2~2.7 cm；子叶 5~8 枚；长 1.2~2.4 cm；初生叶条形，长 2.5~3.6 cm，叶缘具疏生刺毛状锯齿。花期 4~5 月，球果第二年 10~12 月成熟。

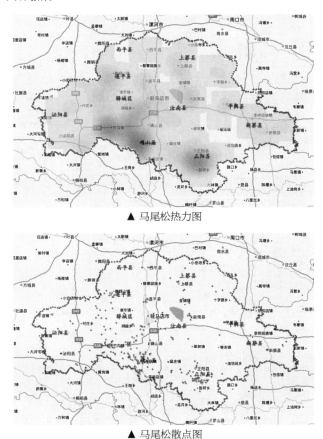

▲ 马尾松热力图

▲ 马尾松散点图

生长习性：阳性树种，不耐庇荫，喜光、喜温。适生于年均温 13~22 ℃，年降水量 800~1 800 mm，绝对最低温度不到 –10 ℃。根系发达，主根明显，有根菌。对土壤要求不严格，喜微酸性土壤，但怕水涝，不耐盐碱，在石砾土、沙质土、黏土、山脊和阳坡的冲刷薄地上，以及陡峭的石山岩缝里都能生长。

优良林分：

薄山林场大岭林区 8 林班有一个马尾松优良林分，面积 18 亩，林龄 35 年，平均枝下高 8.1 m，平均冠幅 7.6 m，平均胸径 18 cm，平均树高 19.3 m，郁闭度 0.5，密度每公顷 300 株。

确山县乐山林场 14 林班老乐山有一个马尾松优良林分，林分面积 400 亩，林龄平均 30 年，平均枝下高 5.8 m，平均冠幅 11.8 m，平均胸径 26 cm，平均树高 17.2 m，郁闭度 0.5，密度每公顷 400 株。

3. 黑松种质资源

形态特征：黑松（*Pinus thunbergii* Parl.），乔木，高达 30 m，胸径可达 2 m；幼树树皮暗灰色，老则灰黑色，粗厚，裂成块片脱落；枝条开展，树冠宽圆锥状或伞形；一年生枝淡褐黄色，无毛；冬芽银白色，圆柱状椭圆形或圆柱形，顶端尖，芽鳞披针形或条状披针形，边缘白色丝状。针叶 2 针一束，深绿色，有光泽，粗硬，长 6~12 cm，径 1.5~2 mm，边缘有细锯齿，背腹面均有气孔线；横切面皮下层细胞一层或二层，连续排列，两角上 2~4 层，

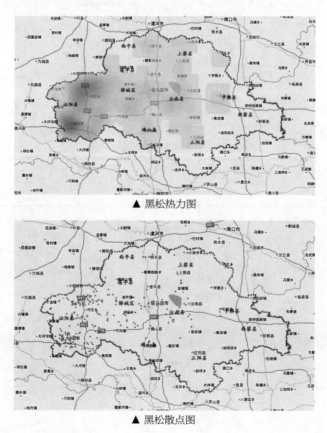

▲ 黑松热力图

▲ 黑松散点图

树脂道 6~11 个，中生。雄球花淡红褐色，圆柱形，长 1.5~2 cm，聚生于新枝下部；雌球花单生或 2~3 个聚生于新枝近顶端，直立，有梗，卵圆形，淡紫红色或淡褐红色。球果成熟前绿色，熟时褐色，圆锥状卵圆形或卵圆形，长 4~6 cm，径 3~4 cm，有短梗，向下弯垂；中部种鳞卵状椭圆形，鳞盾微肥厚，横脊显著，鳞脐微凹，有短刺；种子倒卵状椭圆形，长 5~7 mm，径 2~3.5 mm，连翅长 1.5~1.8 cm，种翅灰褐色，有深色条纹；子叶 5~10（多为 7~8）枚，长 2~4 cm，初生叶条形，长约 2 cm，叶缘具疏生短刺毛，或近全缘。花期 4~5 月，种子第二年 10 月成熟。

生长习性：喜光，耐干旱瘠薄，不耐水涝，不耐寒。适生于温暖湿润的海洋性气候区域，最适宜在土层深厚、土质疏松，且含有腐殖质的砂质土壤处生长。因其耐海雾，抗海风，也可在海滩盐土地上生长。抗病虫能力强，生长慢，寿命长。黑松一年四季长青，抗病虫能力强，是荒山绿化、道路行道绿化首选树种。

4. 油松种质资源

形态特征：油松（*Pinus tabuliformis* Carr.），乔木，高达 25 m，胸径可达 1 m 以上；树皮灰褐色或红褐色，裂成不规则较厚的鳞状块片，裂缝及上部树皮红褐色；枝平展或向下斜展，老树树冠平顶，小枝较粗，褐黄色，无毛，幼时微被白粉；冬芽矩圆形，顶端尖，微具树脂，芽鳞红褐色，边缘有丝状缺裂。针叶 2 针一束，深绿色，粗硬，长 10~15

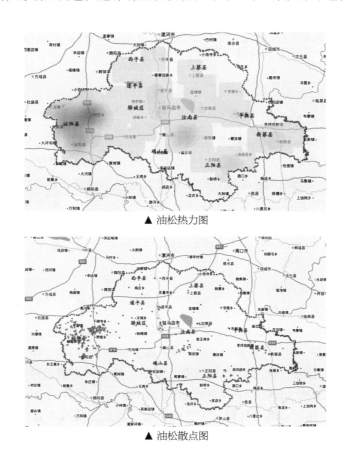

▲ 油松热力图

▲ 油松散点图

cm，径约 1.5 mm，边缘有细锯齿，两面具气孔线；横切面半圆形，二型层皮下层，在第一层细胞下常有少数细胞形成第二层皮下层，树脂道 5~8 个或更多，边生，多数生于背面，腹面有 1~2 个，稀角部有 1~2 个中生树脂道，叶鞘初呈淡褐色，后呈淡黑褐色。雄球花圆柱形，长 1.2~1.8 cm，在新枝下部聚生成穗状。球果卵形或圆卵形，长 4~9 cm，有短梗，向下弯垂，成熟前绿色，熟时淡黄色或淡褐黄色，常宿存树上达数年之久；中部种鳞近矩圆状倒卵形，长 1.6~2 m，宽约 1.4 cm，鳞盾肥厚、隆起或微隆起，扁菱形或菱状多角形，横脊显著，鳞脐凸起有尖刺；种子卵圆形或长卵圆形，淡褐色有斑纹，长 6~8 mm，径 4~5 mm，连翅长 1.5~1.8 cm；子叶 8~12 枚，长 3.5~5.5 cm；初生叶窄条形，长约 4.5 cm，先端尖，边缘有细锯齿。花期 4~5 月，球果第二年 10 月成熟。

生长习性：阳性树种，深根性，喜光，抗瘠薄，抗风，在土层深厚、排水良好的酸性、中性或钙质黄土上，−25 ℃的气温下均能生长。

（三）松属的利用价值

（1）工程造林应用。火炬松、马尾松是驻马店市西部山区主要的造林树种。一般用 1 年生、2 年生的容器苗，营造松栎混交林。

（2）园林绿化应用。松属树干多挺拔苍劲，四季常青，不畏风雪严寒。近年来松属大树、大苗，用于城市绿化，增添了城市绿色。

（3）其他应用。松针可以用于医疗保健，松针粉可作饮料添加剂，松属各树种木材多富含松脂，耐腐，适宜作为建筑、家具、杭木、矿柱、电杆、人造纤维等用材，亦可采收松脂供工业用途。

二、侧柏属

（一）侧柏属的形态特征

侧柏属（学名：*Platycladus* Spach），常绿乔木；生鳞叶的小枝直展或斜展，排成一平面，扁平，两面同型。叶鳞形，二型，交叉对生，排成四列，基部下延生长，背面有腺点。雌雄同株，球花单生于小枝顶端；雄球花有 6 对交叉对生的雄蕊，花药 2~4；雌球花有 4 对交叉对生的珠鳞，仅中间 2 对珠鳞各生 1~2 枚直立胚珠，最下一对珠鳞短小，有时退化而不显著。球果当年成熟，熟时开裂；种鳞 4 对，木质，厚，近扁平，背部顶端的下方有一弯曲的钩状尖头，中部的种鳞发育，各有 12 粒种子；种子无翅，稀有极窄之翅。子叶 2 枚，发芽时出土。

（二）侧柏属的主要树种

侧柏属的主要树种是侧柏。

形态特征：侧柏（*P. orientalis*（L.）Franco），乔木，高达 20 余 m，胸径 1 m；树皮薄，浅灰褐色，纵裂成条片；枝条向上伸展或斜展，幼树树冠卵状尖塔形，老树树冠则为广圆形；生鳞叶的小枝细，向上直展或斜展，扁平，排成一平面。叶鳞形，长 1~3 mm，先端微钝，小枝中央的叶的露出部分呈倒卵状菱形或斜方形，背面中间有条状腺槽，两侧的叶船形，先端微内曲，背部有钝脊，尖头的下方有腺点。雄球花黄色，卵圆形，长约 2 mm；雌球花近球形，径约 2 mm，蓝绿色，被白粉。球果近卵圆形，长 1.5~2 cm，成熟前近肉质，蓝绿色，被白粉，成熟后木质，开裂，红褐色；中间两对种鳞倒卵形或椭圆形，鳞背顶端的下方有一向外弯曲的尖头，上部 1 对种鳞窄长，近柱状，顶端有向上的尖头，下部 1 对种鳞极小，长达 13 mm，稀退化而不显著。种子卵圆形或近椭圆形，顶端微尖，灰褐色或紫褐色，长 6~8 mm，稍有棱脊，无翅或有极窄之翅。花期 3~4 月，球果 10 月成熟。

生长习性：喜光，幼时稍耐阴，适应性强，对土壤要求不严，在酸性、中性、石灰性和轻盐碱土壤上均可生长。耐干旱瘠薄，萌芽能力强，耐寒力中等，耐强太阳光照射，耐高温、浅根性，以海拔 400 m 以下者生长良好。抗风能力较弱。侧柏栽培、野生均有。喜生于湿润、肥沃、排水良好的钙质土壤上，在平地或悬崖峭壁上都能生长；在干燥、贫瘠的山地上，生长缓慢，植株细弱。浅根性，但侧根发达，萌芽性强，耐修剪、寿命长，抗烟尘，抗二氧化硫、氯化氢等有害气体，分布广，为中国应用最普遍的观赏树木之一。

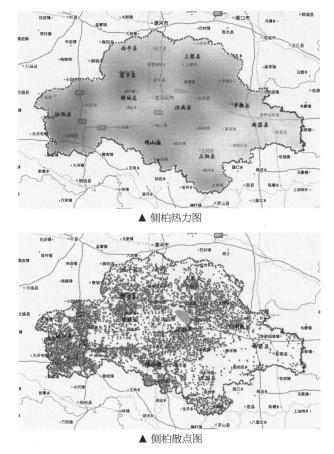

▲ 侧柏热力图

▲ 侧柏散点图

（三）侧柏属的利用价值

（1）园林绿化。侧柏在园林绿化中，有着不可或缺的地位。可用于行道、大门两侧、绿地周围、路边花坛及墙垣内外，均极美观。小苗可作绿篱，用于隔离带、围墙点缀，在城市绿化中是常用的植物。侧柏对污浊空气具有很强的耐力，在市区街心、路旁种植，生长良好，不碍视线，吸附尘埃，净化空气。侧柏丛植于窗下、门旁，极具点缀效果。夏绿冬青,不遮光线,不碍视野,尤其在雪中更显生机。侧柏配植于草坪、花坛、山石、林下,可增加绿化层次,丰富观赏美感。它的耐污染、耐寒、耐干旱的特点在绿化中得以很好的发挥。侧柏是绿化道路、绿化荒山的首选苗木之一。使用侧柏作为绿化苗木,优点是成本低廉,移栽成活率高,货源广泛。

(2)其他作用。侧柏木材富树脂,材质细密,纹理斜行,耐腐力强,坚实耐用,可供建筑使用,制作器具、家具、农具等。种子、根、枝叶、树皮均可供药用。

三、圆柏属

(一)圆柏属的形态特征

圆柏属(*Sabina* Mill.),常绿乔木或灌木。树皮薄,条状裂或鳞状块片裂。叶交互对生或轮生,刺形或鳞片状;通常幼时刺形,基部无关节,下延生长;在大树上全为鳞片叶,或二者兼有。雌雄异株或同株;雄球花黄色,有雄蕊5~8对。雌球花有珠鳞6~8对,交互对生或3枚轮生,每珠鳞的腹面基部有1~2枚胚珠。球果2或3年成熟,熟时不开裂;种鳞合生,肉质;苞鳞与种鳞结合。种子无翅,有棱或凹槽。

(二)圆柏属的主要树种

圆柏属的主要树种是圆柏。

圆柏的形态特征及分布:圆柏(*Sabina chinensis* (L.)Ant.)又名桧、刺柏、红心柏、珍株柏。常绿乔木,高达20 m,胸径达3.5 m;树皮深灰色,纵裂,成条片开裂;幼树的枝条通常斜上伸展,形成尖塔形树冠,老则下部大枝平展,形成广圆形的树冠;树皮灰褐色,纵裂,裂成不规则的薄片脱落;小枝通常直或稍成弧状弯曲,生鳞叶的小枝近圆柱形或近四棱形,径1~1.2 mm。叶二型,即刺叶及鳞叶;刺叶生于幼树之上,老龄树则全为鳞叶,壮龄树兼有刺叶与鳞叶;生于一年生小枝的一回分枝的鳞叶三叶轮生,直伸而紧密,近披针形,先端微渐尖,长2.5~5 mm,背面近中部有椭圆形微凹的腺体;刺叶三叶交互轮生,斜展,疏松,披针形,先端渐尖,长6~12 mm,上面微凹,有两条白粉带。雌雄异株,稀同株,雄球花黄色,椭圆形,长2.5~3.5 mm,雄蕊5~7对,常有3~4花药。球果近圆球形,径6~8 mm,两年成熟,熟时暗褐色,被白粉或白粉脱落。有1~4粒种子,种子卵圆形,扁,顶端钝,有棱脊及少数树脂槽;子叶2枚,出土,条形,长1.3~1.5 cm,宽约1 mm,先端锐尖,下面有两条白色气孔带,上面则不明显。

生长习性:喜光树种,较耐阴,喜温凉、温暖气候及湿润土壤。在华北及长江下游海拔500 m以下、中上游海拔1 000 m以下排水良好之山地可选用造林。忌积水,耐修剪,易整形。耐寒、耐热,对土壤要求不严,能生于酸性、中性及石灰质土壤上,对土壤的干旱及潮湿均有一定的抗性。但以在中性、深厚而排水良好处生长最佳。深根性,侧根也很发达。生长速度中等而较侧柏略慢,25年生者高8 m左右。寿命极长。对多种有害气体有一定抗性,是针叶树中对氯气和氟化氢抗性较强的树种。对二氧化硫的抗性显著胜过油松。能吸收一定数量的硫和汞,防尘和隔音效果良好。常见的病害有圆柏梨锈病、圆柏苹果锈病及圆柏石楠锈病等。这些病以圆柏为越冬寄主。对圆柏本身虽伤害不太严重,但对梨、苹果、海棠、石楠等则危害颇巨,故应注意防治,最好避免在苹果、梨园等附近种植。

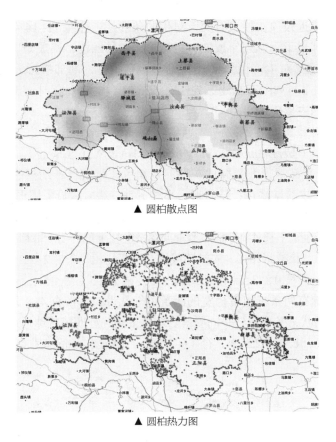

▲ 圆柏散点图

▲ 圆柏热力图

（三）圆柏属的利用价值

（1）园林绿化树种。圆柏属中的圆柏幼龄树树冠整齐，圆锥形，树形优美，大树干枝扭曲，姿态奇古，可以独树成景，是我国传统的园林树种。古庭院、古寺庙等风景名胜区多有千年古柏，"清""奇""古""怪"各具幽趣。可以群植于草坪边缘作背景，或丛植片林、镶嵌树丛边缘、建筑附近。

（2）其他用途。圆柏可作药用，以枝、叶及树皮入药。全年可采，鲜用或晒干使用。有祛风散寒、活血消肿、解毒利尿等功能；可用于治疗风寒感冒、肺结核、尿路感染；外用可用于治疗荨麻疹、风湿关节痛等。

四、水杉属

（一）水杉属的形态特征

水杉属（*Metasequoia* Miki ex Hu et Cheng），杉科，只有水杉1种，落叶乔木，大枝不规则轮生，小枝对生或近对生；冬芽有6~8对交叉对生的芽鳞。叶交叉对生，基部扭转列成二列，羽状，条形，扁平，柔软，无柄或几无柄，上面中脉凹下，下面中脉隆起，每边各有4~18条气孔线，冬季与侧生小枝一同脱落。雌雄同株，球花基部有交叉对生的苞片；雄球花单生叶腋或枝顶，有短梗，球花枝呈总状花序状或圆锥花序状，雄蕊交叉对生，约20枚，每雄蕊有3花药，花丝短，药隔显著，药室纵裂，花粉无气囊；雌球花有短梗，单生于去年生枝顶或近枝顶，梗上有交叉对生的条形叶，珠鳞 11~14 对，交叉对生，每珠鳞有 5~9 枚胚珠。球果下垂，当年成熟，近球形，微具四棱，稀成矩圆状球形，有长梗；种鳞木质，盾形，交叉对生，顶部横长斜方形，有凹槽，基部楔形，宿存，发育种鳞有 5~9 粒种子；种子扁平，周围有窄翅，先端有凹缺；子叶 2,发芽时出土。

（二）水杉属的主要树种

水杉属的主要树种为水杉。

形态特征：水杉（*Metasequoia glyptostroboides* Hu & W. C. Cheng），乔木，高达 35 m，胸径达 2.5 m；树干基部常膨大；树皮灰色、灰褐色或暗灰色，幼树裂成薄片脱落，大树裂成长条状脱落，内皮淡紫褐色；枝斜展，小枝下垂，幼树树冠尖塔形，老树树冠广圆形，枝叶稀疏；一年生枝光滑无毛，幼时绿色，后渐变成淡褐色，二、三年生枝淡褐灰色或褐灰色；侧生小枝排成羽状，长 4~15 cm，冬季凋落；主枝上的冬芽卵圆形或椭圆形，顶端钝，长约 4 mm，径 3 mm，芽鳞宽卵形，先端圆或钝，长宽几相等，为 2~2.5 mm，边缘薄而色浅，背面有纵脊。叶条形，长 0.8~3.5（常 1.3~2）cm，宽 1~2.5（常 1.5~2）mm，上面淡绿色，下面色较淡，沿中脉有两条较边带稍宽的淡黄色气孔带，每带有 4~8 条气孔线，叶在侧生小枝上列成二列，羽状，冬季与枝一同脱落。球果下垂，近四棱状球形或矩圆状球形，成熟前绿色，熟时深褐色，长 1.8~2.5 cm，径 1.6~2.5 cm，梗长 2~4 cm，其上有交对生的条形叶；

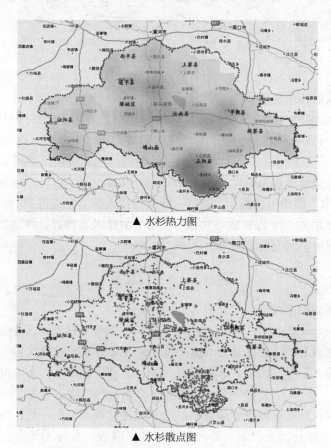

▲ 水杉热力图

▲ 水杉散点图

种鳞木质，盾形，通常11~12对，交叉对生，鳞顶扁菱形，中央有一条横槽，基部楔形，高7~9 mm，能育种鳞有5~9粒种子；种子扁平，倒卵形，间或圆形或矩圆形，周围有翅，先端有凹缺，长约5 mm，径4 mm；子叶2枚，条形，长1.1~1.3 cm，宽1.5~2 mm，两面中脉微隆起，上面有气孔线，下面无气孔线；初生叶条形，交叉对生，长1~1.8 cm，下面有气孔线。花期2月下旬，球果11月成熟。

生长习性：喜气候温暖湿润，夏季凉爽，冬季有雪而不严寒，并且产地年平均温度在13 ℃，极端最低温度-8 ℃，极端最高温度24 ℃左右，无霜期230天；年降水量1 500 mm，年平均相对湿度82%。土壤为酸性山地黄壤、紫色土或冲积土，pH 4.5~5.5。多生于山谷或山麓附近地势平缓、土层深厚、湿润或稍有积水的地方，耐寒性强，耐水湿能力强，在轻盐碱地可以生长。为喜光性树种，根系发达，生长的快慢常受土壤水分的支配，在长期积水、排水不良的地方生长缓慢，树干基部通常膨大和有纵棱。喜光，不耐贫瘠和干旱，可净化空气，生长快，移栽容易成活。适应温度为-8~24 ℃。

（三）水杉属的利用价值

（1）水杉属中的水杉是"活化石"树种，是秋叶观赏树种。在园林中最适于列植，也可丛植、片植，可用于堤岸、湖滨、池畔、庭院等绿化，也可盆栽，或可成片栽植营造风景林，并适配常绿地被植物；还可栽于建筑物前或用作行道树。水杉对二氧化硫有一定的抵抗能力，是工矿区绿化的优良树种。

（2）可供房屋建筑、板料、电杆、家具及木纤维工业原料等用。

五、落羽杉属

（一）落羽杉属的形态特征

落羽杉属，落叶或半常绿性乔木；主枝宿存，冬芽形小，球形。雌雄同株；总状花序状或圆锥花序状，生于小枝顶端，花丝短；种鳞木质，种子呈不规则三角形，有明显锐利的棱脊；发芽时出土。本属共3种，原产北美及墨西哥，我国均已引种，作庭园树及造林树用。落叶或半常绿性乔木；小枝有两种：主枝宿存，侧生小枝冬季脱落；冬芽形小，球形。叶螺旋状排列，基部下延生长，异型：钻形叶在主枝上斜上伸展，或向上弯曲而靠近小枝，宿存；条形叶在侧生小枝上列成二列，冬季与枝一同脱落。雌雄同株；雄球花卵圆形，在球花枝上排成总状花序状或圆锥花序状，生于小枝顶端，有多数或少数（6~8）螺旋状排列的雄蕊，每雄蕊有4~9花药，药隔显著，药室纵裂，花丝短；雌球花单生于去年生小枝的顶端，由多数螺旋状排列的珠鳞所组成，每珠鳞的腹面基部有2胚珠，苞鳞与珠鳞几全部合生。球果球形或卵圆形，具短梗或几无梗；种鳞木质，盾形，顶部呈不规则的四边形；苞鳞与种鳞合生，仅先端分离，向外突起成三角状小尖头；发育的种鳞各有2粒种子，种子呈不规则三角形，有明显锐利的棱脊；子叶4~9枚，发芽时出土。

（二）落羽杉属的主要树种

落羽杉属的主要树种：落羽杉、池杉。

1. 落羽杉

形态特征：落羽杉（学名：*Taxodium distichum* (L.) Rich.），又名落羽松，是落叶大乔木，树高可达 25~50 m。在幼龄至中龄阶段（50 年生以下）树干圆满通直，圆锥形或伞状卵形树冠，50 年以上有些植株会逐渐形成不规则宽大树冠。池杉树冠比较窄，在 50 年以下基本是尖塔形。它是古老的"孑遗植物"，耐低温，耐盐碱，耐水淹。落羽杉是落叶乔木，在原产地高达 50 m，胸径可达 2 m；树干尖削度大，干基通常膨大，常有屈膝状的呼吸根；树皮棕色，裂成长条片脱落；枝条水平开展，幼树树冠圆锥形，老则呈宽圆锥状；新生幼枝绿色，到冬季则变为棕色；生叶的侧生小枝排成二列。叶条形，扁平，基部扭转在小枝上列成二列，羽状，长 1~1.5 cm，宽约 1 mm，先端尖，上面中脉凹下，淡绿色，下面黄绿色或灰绿色，中脉隆起，每边有 4~8 条气孔线，凋落前变成暗红褐色。雄球花卵圆形，有短梗，在小枝顶端排列成总状花序状或圆锥花序状。球果球形或卵圆形，有短梗，向下斜垂，熟时淡褐黄色，有白粉，径约 2.5 cm；种鳞木质，盾形，顶部有明显或微明显的纵槽；种子不规则三角形，有锐棱，长 1.2~1.8，褐色。球果 10 月成熟。

　　生长习性：落羽杉为强阳性树种，适应性强，能耐低温、干旱、涝渍和土壤瘠薄，耐水湿，抗污染，抗台风，且病虫害少，生长快。其树形优美，羽毛状的叶丛极为秀丽，入秋后树叶变为古铜色，是良好的秋色观叶树种。常栽种于平原地区及湖边、河岸、水网地区。

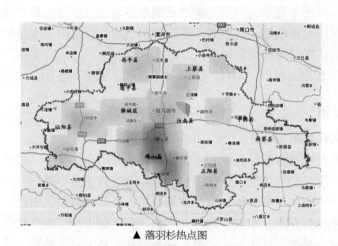

▲ 落羽杉热点图

▲ 落羽杉散点图

2. 池杉

形态特征：池杉（学名：*Taxodium distichum* var. *imbricatum* (Nuttall) Croom），是杉科落羽杉属植物。落叶乔木，高可达 25 m。主干挺直，树冠尖塔形。树干基部膨大，通常有屈膝状的呼吸根（低湿地生长尤为显著）；树皮褐色，纵裂，成长条片脱落；枝条向上伸展，树冠较窄，呈尖塔形；当年生小枝绿色，细长，通常微向下弯垂，二年生小枝呈褐红色。叶钻形，微内曲，在枝上螺旋状伸展，上部微向外伸展或近直展，下部通常贴近小枝，基部下延，长 4~10 mm，基部宽约 1 mm，向上渐窄，先端有渐尖的锐尖头，下面有棱脊，上面中脉微隆起，每边有 2~4 条气孔线。球果圆球形或矩圆状球形，有短梗，向下斜垂，熟时褐黄色，长 2~4 cm，径 1.8~3 cm；种鳞木质，盾形，中部种鳞高 1.5~2 cm；种子不规则三角形，微扁，红褐色，长 1.3~1.8 cm，宽 0.5~1.1 cm，边缘有锐脊。花期 3~4 月，球果 10 月成熟。

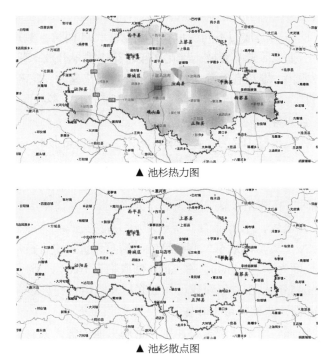

▲ 池杉热力图

▲ 池杉散点图

生长习性：强阳性树种，不耐庇荫。适宜于年均温度 12~20 ℃地区生长，温度偏高，更有利于生长。耐寒性较强，短暂的低温（-17 ℃）不受冻害；降水量丰富（降水量在 1 000 mm 以上）利于生长，耐湿性强，长期浸在水中也能正常生长，但也具一定的耐旱性。喜深厚、疏松、湿润的酸性土壤。抗风力强，萌芽力强，为速生树种。对酸碱性较敏感，当土壤 pH 达到 9 时，常导致幼苗死亡，但黄化现象会随苗龄增大而消失。

（三）落羽杉属的利用价值

（1）观赏。落羽杉属枝叶茂盛，秋季落叶较迟，冠形雄伟秀丽，适生于水滨湿地条件，特别适合水边湿地成片栽植。

（2）其他作用。本属的一些植物可作建筑、电杆、家具、造船等用。

第四章　阔叶用材树种

一、杨属

（一）杨属的形态特征

形态特征：杨属（*Populus*），杨柳科的一属。落叶乔木，树干通常端直；树皮光滑或纵裂，常为灰白色。有顶芽（胡杨无），芽鳞多数，常有黏脂。枝有长（包括萌枝）短枝之分，圆柱状或具棱线。叶互生，多为卵圆形、卵圆状披针形或三角状卵形，在不同的枝（如长枝、短枝、萌枝）上常为不同的形状，齿状缘；叶柄长，侧扁或圆柱形，先端有或无腺点。葇荑花序下垂，常先叶开放；雄花序较雌花序稍早开放；苞片先端尖裂或条裂，膜质，早落，花盘斜杯状；雄花有雄蕊4至多数，着生于花盘内，花药暗红色，花丝较短，离生；子房花柱短，柱头2~4裂。蒴果2~4（5）裂。种子小，多数，子叶椭圆形。

（二）杨属的主要树种

杨属的主要树种：欧美杨107号、欧美杨108号、中林46杨。

1. 欧美杨107号

形态特征：欧美杨107号是从美洲黑杨和欧洲黑杨中选育出的优良品种，属于速生杨的一种，鉴定的新品种，杨树生长快，抗病虫能力强，5年生胸径达14~25 cm，比普通杨树大40%~114%，品种速生，干形通直，抗云斑天牛能力强。5年生杨平均胸径达20.82 cm，其材性良好，干型优美，树冠窄，侧枝细，叶满冠，抗病虫，抗风折。木材基本密度为0.322 g/cm^3，纤维长度为1 044.4 mm，1%NaOH抽取物为16.64 g。胸径年均增长量2.5~6.0 cm，年树高增长量2.0~5.0 m，3~4年间伐可作纸浆材及民用材，7~8年主伐可成为干茎材。育苗每亩3 000~3 500株，造林每亩110株。

生长习性：适应性强，耐寒，耐旱，速生，抗病虫能力强，繁育容易，无性繁殖能力强，扦插成活率高，育苗及造林成活率均在93%以上。

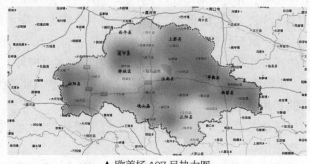

▲ 欧美杨107号热力图

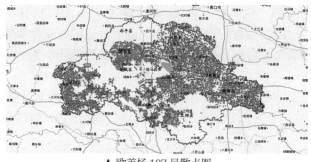

▲ 欧美杨 107 号散点图

2. 欧美杨 108 号

形态特征：欧美杨 108 号常用的名字叫 108 号杨树，是从意大利引种的一种速生性杨树品种，特点是生长速度快，病虫害少，产材量高，树干笔直。生长量：该品种胸径年生长量 4 cm 左右，高度相当扦插，可达 4 m 以上。材质好，是纸浆材和板材的优质材料；干直、冠窄，抗风能力强，适于营造防护林、用材林；无性繁殖成活率高，可达 95% 以上。

生长习性：喜年降水量在 100 mm 左右，土壤环境，可以在沙壤地上生长，适应 pH 值为 7~9，−40 ℃地区仍然安全越冬；可种植范围：东北南部、西北、华北等地。

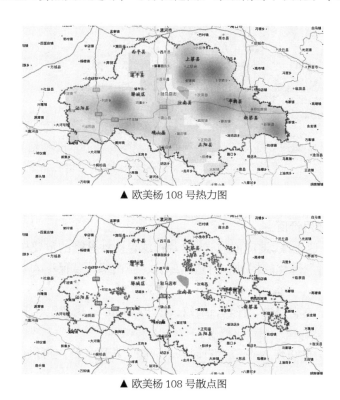

▲ 欧美杨 108 号热力图

▲ 欧美杨 108 号散点图

3. 中林 46 杨

形态特征：中林 46 杨是由中国林业科学院林业研究所选育成功的优良品种。其母本是美洲黑杨 I-69 杨，父本是欧亚黑杨。常绿落叶乔木；速生；优质；高产；多年生；花期 3~4 月；果期 5 月成熟。该品种为雌株，树干通直圆满，4 月初放叶，9 月中旬封顶。中林 46 杨速生，材质优良，纤维变化幅度小，适于做造纸、胶合板等各种用材；具有一定的抗病能力，抗水疱型溃疡病、杨树烂皮病、早期落叶病等，对天社蛾、潜叶蛾抗性较强。缺点是容易风折。

生长习性：喜光；耐寒性较差；耐盐碱，适宜在沙壤土上生长。抗病虫害、生长迅速、材积量大。进入夏季应进行大面积的浇水，保持土壤湿润，雨季及时排水，春秋季少量浇水。

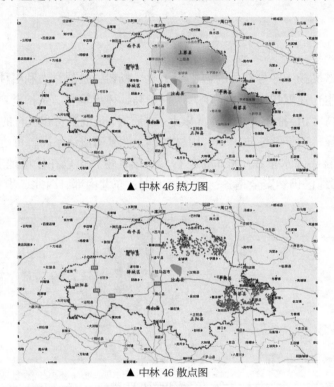

▲ 中林 46 热力图

▲ 中林 46 散点图

（三）杨属的利用价值

（1）绿化价值。速生性，适应能力强，是栽植绿色防沙林带的重要树种，为营造防护林、水土保持林或"四旁"绿化的树种；对道路绿化、荒山绿化、保证农业高产稳产，都有极其重大的意义。

（2）经济价值。木材白色，轻软，细致，比重 0.4~0.5，供建筑、板料、造纸、包装箱、家具等用。

（3）其他价值。叶可作为牛、羊的饲料，芽脂、花序、树皮可供药用。

二、柳属

（一）柳属的形态特征

形态特征：柳属（*Salix*），杨柳科下的一个属，乔木或匍匐状、垫状、直立灌木。枝圆柱形，髓心近圆形。无顶芽，侧芽通常紧贴枝上，芽鳞单一。叶互生，稀对生，通常狭而长，多为披针形，羽状脉，有锯齿或全缘；叶柄短；具托叶，多有锯齿，常早落。葇荑花序直立或斜展，先叶开放，或与叶同时开放，稀后叶开放；苞片全缘，有毛或无毛，宿存，稀早落；花丝离生或部分或全部合；腺体 1~2；雌蕊由 2 心皮组成，子房无柄或有柄，花柱长短不一，单 1 或分裂，柱头 1~2，分裂或不裂。蒴果 2 瓣裂；种子小，多为暗褐色。

（二）柳属的主要树种

柳属的主要树种：旱柳、垂柳。

1. 旱柳

形态特征：旱柳（*Salix matsudana* Koidz），杨柳科柳属植物，乔木，高达 18 m。大枝斜上，幼枝被毛。芽微有短柔毛。叶片披针形，长 5~10 cm，宽 1~1.5 cm，上面绿色，有光泽，下面苍白色，边缘具细腺锯齿，幼叶有丝状柔毛；叶柄短，长 5~8 mm，在上面有长柔毛。花序与叶同时开放；雄花序圆柱形，长 1.5~2.5（3）cm，轴有长毛；雄蕊 2，花丝基部有长毛，腺体 2；雌花序较雄花序短，长达 2 cm，有 3~5 小叶生于短花序梗上；子房长椭圆形，无花柱或很短，腺体 2，背生和腹生。果序长达 2（2.5）cm。花期 4 月，果期 4~5 月。为平原地区常见树种。

生长习性：喜光，耐寒，湿地、旱地皆能生长，但以湿润而排水良好的土壤上生长最好；根系发达，抗风能力强，生长快，易繁殖。

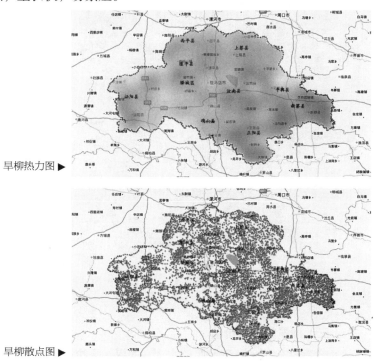

旱柳热力图 ▶

旱柳散点图 ▶

2. 垂柳

形态特征：垂柳（*Salix babylonica*），杨柳科柳属植物，高大落叶乔木，高达 12~18 m，树冠开展而疏散。树皮灰黑色，不规则开裂；枝细，下垂，淡褐黄色、淡褐色或带紫色，无毛。芽线形，先端急尖。叶狭披针形或线状披针形，长 9~16 cm，宽 0.5~1.5 cm，先端长渐尖，基部楔形，两面无毛或微有毛，上面绿色，下面色较淡，锯齿缘；叶柄长（3）5~10 mm，有短柔毛；托叶仅生在萌发枝上，斜披针形或卵圆形，边缘有齿牙。花序先叶开放，或与叶同时开放；雄花序长 1.5~2（3）cm，有短梗，轴有毛；雄蕊 2，花丝与苞片近等长或较长，基部多少有长毛，花药红黄色；苞片披针形，外面有毛；腺体 2；雌花序长达 2~3（5）cm，有梗，基部有 3~4 小叶，轴有毛；子房椭圆形，无毛或下部稍有毛，无柄或近无柄，花柱短，柱头 2~4 深裂；苞片披针形，长 1.8~2（2.5）mm，外面有毛；腺体 1。蒴果长 3~4 mm，带绿黄褐色。花期 3~4 月，果期 4~5 月。

生长习性：柳树属于广生态幅植物，对环境的适应性很广，喜光，喜湿，耐寒，偏湿树种。但一些种也较耐旱和耐盐碱，在生态条件较恶劣的地方能够生长，在立地条件优越的平原沃野，生长更好。一般寿命为 20~30 年，少数种可达百年以上。一年中生长期较长，发芽早，落叶晚，南方个别种为常绿树。

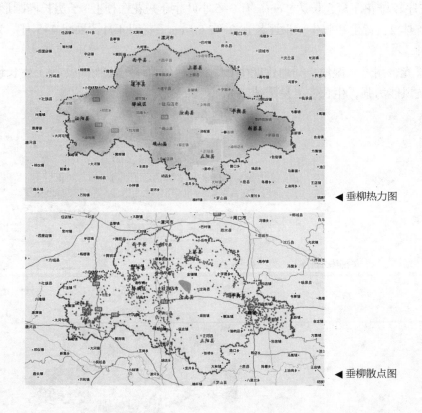

◀垂柳热力图

◀垂柳散点图

（三）柳属的利用价值

（1）绿化价值。柳树是保持水土、固堤、防沙和"四旁"绿化及美化环境的优良树种。

（2）经济价值。柳树的材质轻，易切削，干燥后不变形，无有毒气味，可供家具、器具、建筑、制箱板等用途；木材纤维含量高，是造纸和人造棉的原料；柳木和柳枝是很好的薪炭柴，许多种柳条可编筐、编箱等。柳叶可以做一些家畜的饲料。树皮含鞣质，可提制栲胶。早春蜜源植物。

三、榆属

（一）榆属的形态特征

形态特征：榆属（*Ulmus* L.），榆科。一般高约 25 m，树皮粗糙。榆树的叶呈椭圆形或椭圆状波针形，叶长 2~8 cm、宽 1.5~2.5 cm，两面叶面无毛，或背面脉腋有毛。叶侧脉有 9~16 对，叶缘为重锯齿，稀单锯齿。叶柄长 2~10 mm。榆树在早春发叶前先开花，花呈簇状生成聚伞花序，花被钟形，开 4~5 花瓣，每朵花有雄蕊 4~5 条。翅果近圆形或宽倒卵形，长 1.3~1.5 cm，果皮表面无毛，顶端凹缺。内藏种子，近翅果中部，很少接近凹缺处；果柄长约 2 mm。

（二）榆属的主要树种

榆属的主要树种：白榆、榔榆。

1. 白榆

形态特征：白榆（*Ulmus pumila* L.）也称家榆、榆树，为榆科榆属，落叶乔木，树冠圆球形，高达 25 m，胸径 1 m，在干瘠之地长成灌木状；幼树树皮平滑，灰褐色或浅灰色，大树之皮暗灰色，不规则深纵裂，粗糙；小枝无毛或有毛，淡黄灰色、淡褐灰色或灰色，稀淡褐黄色或黄色，有散生皮孔，无膨大的木栓层及凸起的木栓翅；冬芽近球形或卵圆形，芽鳞

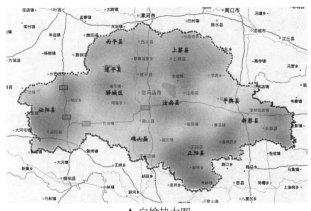

▲ 白榆热力图

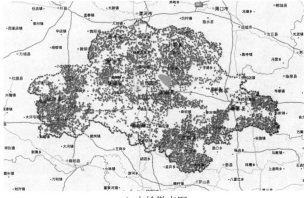

▲ 白榆散点图

背面无毛，内层芽鳞的边缘具白色长柔毛。叶椭圆状卵形、长卵形、椭圆状披针形或卵状披针形，长 2~8 cm，宽 1.2~3.5 cm，先端渐尖，基部偏斜或近对称，一侧楔形至圆，另一侧圆至半心脏形，叶面平滑无毛，叶背幼时有短柔毛，后变无毛或部分脉腋有簇生毛，边缘具重锯齿或单锯齿，侧脉每边 9~16 条，叶柄长 4~10 mm，通常仅上面有短柔毛。花先叶开放，在上一年生枝的叶腋成簇生状。翅果近圆形，稀倒卵状圆形，长 1.2~2 cm，除顶端缺口柱头面被毛外，余处无毛。花果期 3~6 月。

生长习性：白榆是喜光性树种。耐寒性强，在冬季绝对低温达 −40~−48 ℃ 的严寒地区也能生长。白榆抗旱性强，在年降水量不足 200 mm、空气相对湿度 50% 以下的荒漠地区能正常生长。但喜土壤湿润、深厚、肥沃。耐盐碱性较强，在含 0.3% 的氯化物盐土和含 0.35% 的苏打盐土，pH 9 时尚能生长。

2. 榔榆

形态特征：榔榆（拉丁学名：*Ulmus parvifolia* Jacq），是榆科榆属植物，落叶乔木，或冬季叶变为黄色或红色宿存至第二年新叶开放后脱落，高达 25 m，胸径可达 1 m；树冠广圆形，树干基部有时呈板状根，树皮灰色或灰褐色，裂成不规则鳞状薄片剥落，露出红褐色内皮，近平滑，微凹凸不平；当年生枝密被短柔毛，深褐色；冬芽卵圆形，红褐色，无毛。叶质地厚，披针状卵形或窄椭圆形，稀卵形或倒卵形，中脉两侧长宽不等，长 1.7~8（常 2.5~5）cm，宽 0.8~3（常 1~2）cm，先端尖或钝，基部偏斜，楔形或一边圆，叶面深绿色，有光泽，除中脉凹陷处有疏柔毛外，余处无毛，侧脉部凹陷，叶背色较浅，幼时被短柔毛，

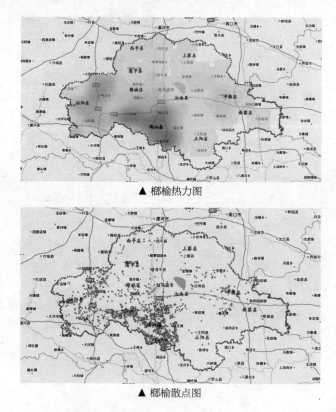

▲ 榔榆热力图

▲ 榔榆散点图

后变无毛或沿脉有疏毛，或脉腋有簇生毛，边缘从基部到先端有钝而整齐的单锯齿，稀重锯齿（如萌发枝的叶），侧脉每边 10~15 条，细脉在两面均明显，叶柄长 2~6 mm，仅上面有毛。花秋季开放，3~6 数在叶脉簇生或排成簇状聚伞花序，花被上部杯状，下部管状，花被片 4，深裂至杯状花被的基部或近基部，花梗极短，被疏毛。翅果椭圆形或卵状椭圆形，长 10~13 mm，宽 6~8 mm，除顶端缺口柱头面被毛外，余处无毛，果翅稍厚，基部的柄长约 2 mm，两侧的翅较果核部分为窄，果核部分位于翅果的中上部，上端接近缺口，花被片脱落或残存，果梗较管状花被为短，长 1~3 mm，有疏生短毛。花果期 8~10 月。

生长习性：生长于平原、丘陵、山坡及谷地。喜光，耐干旱，在酸性、中性及碱性土上均能生长，但以气候温暖、土壤肥沃、排水良好的中性土壤为最适宜的生境。对有毒气体烟尘抗性较强。

（三）榆属的利用价值

（1）园林价值。榆新叶嫩绿可人，树皮斑驳可观，树形优美，姿态潇洒，枝叶细密，具有较高的观赏价值。在庭园中孤植、丛植，与亭榭、山石配植都很合适。栽作庭荫树、行道树或制作成盆景，均有良好的观赏效果。因抗性较强，还可选作厂矿区绿化树种。

（2）食用价值。榆树的嫩果和幼叶可以食用或作饲料。

（3）工业价值。翅果含油率为 20%~40%，以癸酸为主要成分（占 40%~70%），次为辛酸、月桂酸、棕榈酸、油酸及亚油酸，是医药和轻、化工业的重要原料。

（4）经济价值。各种榆树的木材坚重，硬度适中，力学强度较高，纹理直或斜，结构略粗，有光泽，具花纹，具有韧性强、弯挠性能良好、耐磨损等优点，为上等用材。榆树木材有连续相扣的木纹，品质坚直，可供建房、制家具及农具使用。

（5）其他价值。坚韧的榆树皮可以制成绳索。榆树也是抗有毒气体如二氧化碳及氯气的树种。

四、槐属

（一）槐属的形态特征

形态特征：槐属（*Styphnolobium* Schott）是豆科的一个属。落叶或常绿乔木、灌木、亚灌木或多年生草本，稀攀缘状。奇数羽状复叶；小叶多数，全缘；托叶有或无，少数具小托叶。花序总状或圆锥状，顶生、腋生或与叶对生；花白色、黄色或紫色，苞片小，线形，或缺如，常无小苞片；花萼钟状或杯状，萼齿 5，等大，或上方 2 齿近合生而成为近二唇形；旗瓣形状、大小多变，圆形、长圆形、椭圆形、倒卵状长圆形或倒卵状披针形，翼瓣单侧生或双侧生，具皱褶或无，形状与大小多变，龙骨瓣与翼瓣相似，无皱褶；雄蕊 10，分离或基部有不同程度的连合，花药卵形或椭圆形，丁字着生；子房具柄或无，胚珠多数，花柱直或内弯，无毛，柱头棒状或点状，稀被长柔毛，呈画笔状。荚果圆柱形或稍扁，串珠状，果皮肉质、革质或壳质，有时具翅，不裂或有不同的开裂方式；种子 1 至多数，卵形、椭圆形或近球形，种皮黑色、深褐色、赤褐色或鲜红色；子叶肥厚，偶具胶质内胚乳。

（二）槐属的主要树种

槐属的主要树种：国槐、龙爪槐。

1. 国槐

形态特征：槐，又名国槐，乔木，高达 25 m；树皮灰褐色，具纵裂纹。当年生枝绿色，无毛。羽状复叶长达 25 cm；叶轴初被疏柔毛，旋即脱净；叶柄基部膨大，包裹着芽；托叶形状多变，有时呈卵形，叶状，有时线形或钻状，早落；小叶 4~7 对，对生或近互生，纸质，卵状披针形或卵状长圆形，长 2.5~6 cm，宽 1.5~3 cm，先端渐尖，具小尖头，基部宽楔形或近圆形，稍偏斜，下面灰白色，初被疏短柔毛，旋变无毛；小托叶 2 枚，钻状。圆锥花序顶生，常呈金字塔形，长达 30 cm；花梗比花萼短；小苞片 2 枚，形似小托叶；花萼浅钟状，长约 4 mm，萼齿 5，近等大，圆形或钝三角形，被灰白色短柔毛，萼管近无毛；花冠白色或淡黄色，旗瓣近圆形，长和宽约 11 mm，具短柄，有紫色脉纹，先端微缺，基部浅心形，翼瓣卵状长圆形，长 10 mm，宽 4 mm，先端浑圆，基部斜戟形，无皱褶，龙骨瓣阔卵状长圆形，与翼瓣等长，宽达 6 mm；雄蕊近分离，宿存；子房近无毛。荚果串珠状，长 2.5~5 cm 或稍长，径约 10 mm，种子间缢缩不明显，种子排列较紧密，具肉质果皮，成熟后不开裂，具种子 1~6 粒；种子卵球形，淡黄绿色，干后黑褐色。花期 6~7 月，果期 8~10 月。

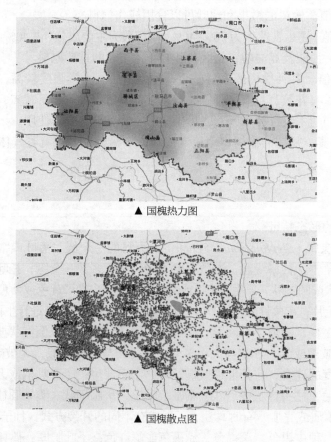

▲ 国槐热力图

▲ 国槐散点图

生长习性：耐寒，喜光，稍耐阴，不耐阴湿而抗旱，在低洼积水处生长不良，深根，对土壤要求不严，较耐瘠薄，石灰及轻度盐碱地（含盐量 0.15% 左右）上也能正常生长。

但在湿润、肥沃、深厚、排水良好的沙质土壤上生长最佳。

2. 龙爪槐

形态特征：龙爪槐（*Sophora japonica*），豆科槐属植物，为乔木，高达25 m；树皮灰褐色，具纵裂纹。当年生枝绿色，无毛，羽状复叶长达25 cm；叶轴初被疏柔毛，旋即脱净；叶柄基部膨大，包裹着芽；托叶形状多变，有时呈卵形，叶状，有时线形或钻状，早落；小叶4~7对，对生或近互生，纸质，卵状披针形或卵状长圆形，长2.5~6 cm，宽1.5~3 cm，先端渐尖，具小尖头，基部宽楔形或近圆形，稍偏斜，下面灰白色，初被疏短柔毛，旋变无毛；小托叶2枚，钻状。圆锥花序顶生，常呈金字塔形，长达30 cm；花梗比花萼短；小苞片2枚，形似小托叶；花萼浅钟状，长约4 mm，萼齿5，近等大，圆形或钝三角形，被灰白色短柔毛，萼管近无毛；花冠白色或淡黄色，旗瓣近圆形，长和宽约11 mm，具短柄，有紫色脉纹，先端微缺，基部浅心形，翼瓣卵状长圆形，长10 mm，宽4 mm，先端浑圆，基部斜戟形，无皱褶，龙骨瓣阔卵状长圆形，与翼瓣等长，宽达6 mm；雄蕊近分离，宿存；子房近无毛。荚果串珠状，长2.5~5 cm或稍长，径约10 mm，种子间缢缩不明显，种子排列较紧密，具肉质果皮，成熟后不开裂，具种子1~6粒；种子卵球形，淡黄绿色，干后黑褐色。花期7~8月，果期8~10月。

生长习性：喜光，稍耐阴。能适应干冷气候。喜生于土层深厚、湿润肥沃、排水良好的沙质壤土。深根性，根系发达，抗风力强，萌芽力亦强，寿命长。对二氧化硫、氟化氢、氯气等有毒气体及烟尘有一定抗性。

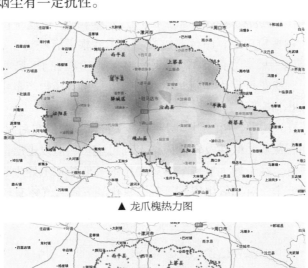

▲ 龙爪槐热力图

▲ 龙爪槐散点图

（三）槐属的利用价值

（1）生态价值。有些树种姿态优美，可作行道树或庭园绿化树种，也可作为园林观赏树种；个别种类的根茎发达，有保持水土的作用，为平原及浅山丘陵造林树种。

（2）经济价值。本属一些种类木材坚硬，富有弹性，可供建筑和家具用材；又是优良的蜜源植物；种子含有胶质内胚乳，可供工业用料；树种都含有多种类型生物碱，在医药方面有较多的用途；花、种子、茎、叶和树皮可作杀虫剂。

五、刺槐属

（一）刺槐属的形态特征

形态特征：刺槐属（*Robinia*），为落叶乔木或灌木；有时植物株各部（花冠除外）具腺刚毛。无顶芽，腋芽为叶柄下芽。奇数羽状复叶；托叶刚毛状或刺状；小叶全缘；具小叶柄及小托叶。总状花序腋生，下垂；苞片膜质，早落；花萼钟状，5齿裂，上方2萼，齿近合生；花冠白色、粉红色或玫瑰红色，花瓣具柄，旗瓣大，反折，翼瓣弯曲，龙骨瓣内弯，钝头；雄蕊二体，对旗瓣的1枚分离，其余9枚合生，花药同型，2室纵裂；子房具柄，花柱钻状，顶端具毛，柱头小，顶生，胚珠多数。荚果扁平，果瓣薄，有时外面密被刚毛；种子长圆形或偏斜肾形，无种阜。

（二）刺槐属的主要树种

刺槐属的主要树种：刺槐。

形态特征：刺槐（*Robinia pseudoacacia* L.），又名洋槐，树皮灰褐色至黑褐色，浅裂至深纵裂，稀光滑。刺槐树皮厚，暗色，纹裂多；树叶根部有一对1~2 mm长的刺；花为白色，有香味，穗状花序；果实为荚果，每个果荚中有4~10粒种子。刺槐木材坚硬，耐腐蚀，燃烧缓慢，热值高。刺槐花可食用。刺槐花产的蜂蜜很甜，蜂蜜产量也高。栽培变种有泓森槐、红花刺槐、金叶刺槐等。

生长习性：中等喜光树种，稍耐阴，耐寒，喜干冷气候，但在高温多湿之地也能生长。对土壤要求不严，在石灰质、酸性及轻盐碱地上均可生长，但以土层深厚肥沃、排水良好的沙质壤土上生长最好，在干燥、贫瘠、多风的山地及低洼积水处生长不良。深根性，萌芽力强，寿命长。耐烟尘，对二氧化硫、氯气、氯化氢等有害气体有较强的抗性。

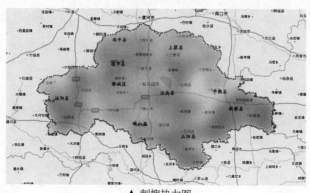

▲ 刺槐热力图

▲ 刺槐散点图

（三）刺槐属的利用价值

刺槐是优良的行道树种、庭院观赏和中药的速生材树种；木材坚硬耐水，可作枕木、车辆、家具、建筑用材；树皮可作造纸和栲胶原料；树皮及叶可入药，有利尿、止血功效；花流蜜多，蜜质上等，是优良的蜜源植物。

六、栎属

（一）栎属的形态特征

栎属（*Quercus* L.）为常绿、落叶乔木，稀灌木。冬芽具数枚芽鳞，覆瓦状排列。叶螺旋状互生；托叶常早落。花单性，雌雄同株；雌花序为下垂柔黄花序，花单朵散生或数朵簇生于花序轴下；花被杯形，4~7裂或更多；雄蕊与花被裂片同数或较少，花丝细长，花药2室，纵裂，退化雌蕊细小；雌花单生，簇生或排成穗状，单生于总苞内，花被5~6深裂，有时具细小退化雄蕊，子房3室，稀2或4室，每室有2胚珠；花柱与子房室同数，柱头侧生带状或顶生头状。壳斗（总苞）包着坚果一部分，稀全包坚果。壳斗外壁的小苞片鳞形，线形，钻形，覆瓦状排列，紧贴或开展。每壳斗内有1个坚果。坚果当年或翌年成熟，坚果顶端有突起柱座，底部有圆形果脐，不育胚珠位于种皮的基部，种子萌发时子叶不出土。

（二）栎属的主要树种

栎属的主要树种：麻栎、栓皮栎、槲栎。

1. 麻栎

形态特征：落叶乔木，高达30 m，胸径达1 m，树皮深灰褐色，深纵裂。幼枝被灰黄色柔毛，后渐脱落，老时灰黄色，具淡黄色皮孔。冬芽圆锥形，被柔毛。叶片形态多样，通常为长椭圆状披针形，长8~19 cm，宽2~6 cm，顶端长渐尖，基部圆形或宽楔形，叶缘有刺芒状锯齿，叶片两面同色，幼时被柔毛，老时无毛或叶背面脉上有柔毛，侧脉每边13~18条；叶柄长1~3(~5) cm，幼时被柔毛，后渐脱落。雄花序常数个集生于当年生枝下部叶腋，有花1~3朵，花柱30壳斗杯形，包着坚果约1/2，连小苞片直径2~4 cm，高约1.5 cm；小苞片钻形或扁条形，向外反曲，被灰白色茸毛。坚果卵形或椭圆形，直径1.5~2 cm，高1.7~2.2 cm，顶端圆形，果脐突起。花期3~4月，果期当年9~10月。

生长习性：该种喜光，深根性，对土壤条件要求不严，耐干旱、瘠薄，亦耐寒、耐旱；适宜酸性土壤，亦适宜石灰岩钙质土，是荒山瘠地造林的先锋树种。与其他树种混交能形成良好的干形，深根性，萌芽力强，但不耐移植。抗污染、抗尘土、抗风能力都较强。寿命长，可达500~600年。

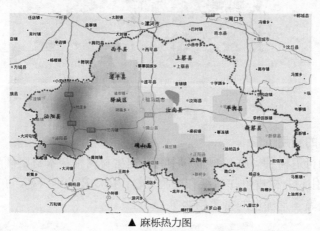

▲ 麻栎热力图

▲ 麻栎散点图

2. 栓皮栎

形态特征：落叶乔木，高达30 m，胸径达1 m以上，树皮黑褐色，深纵裂，木栓层发达。小枝灰棕色，无毛；芽圆锥形，芽鳞褐色，具缘毛。叶片卵状披针形或长椭圆形，长8~20 cm，宽2~8 cm，顶端渐尖，基部圆形或宽楔形，叶缘具刺芒状锯齿，叶背密被灰白色星状茸毛，侧脉每边13~18条，直达齿端；叶柄长1~5 cm，无毛。雄花序长达14 cm，花序轴密被褐色茸毛，花被4~6裂，雄蕊10枚或较多；雌花序生于新枝上端叶腋；花柱30壳斗杯形，包着坚果2/3，连小苞片直径2.5~4 cm，高约1.5 cm；小苞片钻形，反曲，被短毛。坚果近球形或宽卵形，高、径约1.5 cm，顶端圆，果脐突起。花期3~4月，果期翌年9~10月。

生长习性：喜光树种，幼苗能耐阴。深根性，根系发达，萌芽力强。适应性强，抗风、抗旱、耐火、耐瘠薄，在酸性、中性及钙质土壤均能生长，尤以在土层深厚肥沃、排水良好的壤土或沙壤土上生长最好。

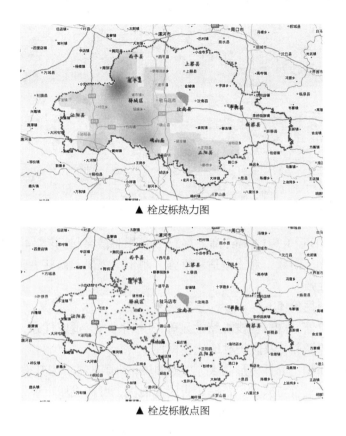

▲ 栓皮栎热力图

▲ 栓皮栎散点图

3. 槲栎

形态特征：落叶乔木，高达 30 m；树皮暗灰色，深纵裂。老枝暗紫色，具多数灰白色突起的皮孔；小枝灰褐色，近无毛，具圆形淡褐色皮孔；芽卵形，芽鳞具缘毛。叶片长椭圆状倒卵形至倒卵形，长 10~30 cm，宽 5~16 cm，顶端微钝或短渐尖，基部楔形或圆形，叶缘具波状钝齿，叶背被灰棕色细茸毛，侧脉每边 10~15 条，叶面中脉侧脉不凹陷；叶柄长 1~1.3 cm，无毛。雄花序长 4~8 cm，雄花单生或数朵簇生于花序轴，微有毛，花被 6 裂，雄蕊通常 10 枚；雌花序生于新枝叶腋，单生或 2~3 朵簇生。壳斗杯形，包着坚果约 1/2，直径 1.2~2 cm，高 1~1.5 cm；小苞片卵状披针形，长约 2 mm，排列紧密，被灰白色短柔毛。

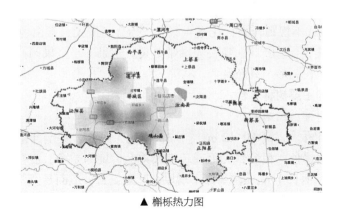

▲ 槲栎热力图

▲ 槲栎散点图

坚果椭圆形至卵形,直径 1.3~1.8 cm,高 1.7~2.5 cm,果脐微突起。花期 4~5 月,果期 9~10 月。

生长习性:喜光,耐寒,对土壤适应性强。耐干旱瘠薄,萌芽力强。耐烟尘,对有害气体抗性强,抗风性强。

(三)栎属的利用价值

(1)工程造林价值。麻栎、栓皮栎特性显著,其根系发达,适应性强,叶色季相变化明显,是营造防风林、水源涵养林及防护林的优良树种。

(2)园林绿化价值。麻栎树形高大,树冠伸展,浓荫葱郁,因其根系发达,适应性强,可作庭荫树、行道树,若与枫香、苦槠、青冈等混植,可构成城市风景林。槲栎叶片大且肥厚,叶形奇特、美观,叶色翠绿油亮、枝叶稠密,属于美丽的观叶树种。

(3)其他价值。栎属木材材质坚硬,干密度 0.7~0.96 g/m³,供制造车船、农具、地板、室内装饰等用材。有些种类的树叶可饲柞蚕;种子富含淀粉,可供酿酒或作家畜饲料,加工后也可供工业用或食用;壳斗、树皮富含鞣质,可提取栲胶;朽木可培养香菇、木耳。

七、白蜡属

(一)白蜡属的形态特征

白蜡属(*Fraxinus* Linn.),又称梣属,木樨科植物。落叶乔木或灌木,稀常绿。小枝具皮孔,常于节处膨大。奇数羽状复叶,极稀单叶,对生,叶轴腹面常有沟槽;小叶常 3~13 枚,羽状脉,常具锯齿。圆锥花序;花单性,两性或杂性;花小;具花萼,稀无,花萼钟状或杯状,4 裂或不规则开裂:花冠 4 深裂,稀 2~6 或无,常白色;雄蕊 2 或 3~4 枚;子房常 2 室,每室具 2 悬垂胚珠,花柱先端常 2 裂。翅果,小坚果圆凸或稍扁,上端具扁平长翅。种子椭圆状长圆形,具胚乳。

(二)白蜡属的主要树种

白蜡属的主要树种:白蜡树。

形态特征:落叶乔木,高 10~12 m;树皮灰褐色,纵裂。芽阔卵形或圆锥形,被棕色柔毛或腺毛。小枝黄褐色,粗糙,无毛或疏被长柔毛,旋即秃净,皮孔小,不明显。羽状复叶长 15~25 cm;叶柄长 4~6 cm,基部不增厚;叶轴挺直,上面具浅沟,初时疏被柔毛,旋即秃净;小叶 5~7 枚,硬纸质,卵形、倒卵状长圆形至披针形,长 3~10 cm,宽 2~4 cm,

顶生小叶与侧生小叶近等大或稍大，先端锐尖至渐尖，基部钝圆或楔形，叶缘具整齐锯齿，上面无毛，下面无毛或有时沿中脉两侧被白色长柔毛，中脉在上面平坦，侧脉 8~10 对，下面凸起，细脉在两面凸起，明显网结；小叶柄长 3~5 mm。圆锥花序顶生或腋生枝梢，长 8~10 cm；花序梗长 2~4 cm，无毛或被细柔毛，光滑，无皮孔；花雌雄异株；雄花密集，花萼小，钟状，长约 1 mm，无花冠，花药与花丝近等长；雌花疏离，花萼大，桶状，长 2~3 mm，4 浅裂，花柱细长，柱头 2 裂。翅果匙形，长 3~4 cm，宽 4~6 mm，上中部最宽，先端锐尖，常呈犁头状，基部渐狭，翅平展，下延至坚果中部，坚果圆柱形，长约 1.5 cm；宿存萼紧贴于坚果基部，常在一侧开口深裂。花期 4~5 月，果期 7~9 月。

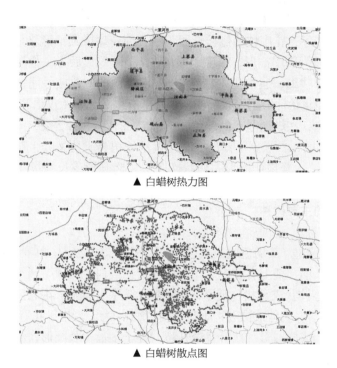

▲ 白蜡树热力图

▲ 白蜡树散点图

　　生长习性：白蜡树属于阳性树种，喜光，对土壤的适应性较强，在酸性土、中性土及钙质土上均能生长，耐轻度盐碱，喜湿润、肥沃和沙质、沙壤质土壤。生于海拔 800~1 600 m 山地杂木林中。

　　（三）白蜡属的利用价值

　　（1）园林绿化价值。行道树，也常用作绿化树种及行道树。

　　（2）其他价值。有些种类经济价值高，木材坚韧，富弹性，为优良用材树种。白蜡树可放养白蜡虫生产白蜡，为中国特产。一些种类的枝条柔韧坚实，为优良编织及棍棒材料。数种树皮入中药称"秦皮"，可止痢明目。

八、泡桐属

（一）泡桐属的形态特征

泡桐属（*Paulownia* Sieb. et Zucc.）是玄参科落叶乔木，但在热带为常绿，树冠圆锥形、伞形或近圆柱形，幼时树皮平滑而具显著皮孔，老时纵裂；通常假二歧分枝，枝对生，常无顶芽；除老枝外全体均被毛，毛有各种类型，如星状毛、树枝状毛、多节硬毛、黏质腺毛等，有些种类密被星状毛和树枝状毛，肉眼观察似茸毛，故通称茸毛，某些种在幼时或营养枝上密生黏质腺毛或多节硬毛。叶对生，大而有长柄，生长旺盛的新枝上有时3枚轮生，心脏形至长卵状心脏形，基部心形，全缘、波状或3~5浅裂，在幼株中常具锯齿，多毛，无托叶。花3~5朵成小聚伞花序，具总花梗或无，但因经冬叶状总苞和苞片脱落而多数小聚伞花序组成大型花序，花序枝的侧枝长短不一，使花序成圆锥形、金字塔形或圆柱形；萼钟形或基部渐狭而为倒圆锥形，被毛；萼齿5，稍不等，后方一枚较大；花冠大，紫色或白色，花冠管基部狭缩，通常在离基部5~6 mm处向前驼曲或弓曲，曲处以上突然膨大或逐渐扩大，花冠漏斗状钟形至管状漏斗形，腹部有两条纵褶（仅白花泡桐无明显纵褶），内面常有深紫色斑点，在纵褶隆起处黄色，檐部二唇形，上唇2裂，多少向后翻卷，下唇3裂，伸长；雄蕊4枚，二强，不伸出，花丝近基处扭卷，药叉分；花柱上端微弯，约与雄蕊等长，子房二室。蒴果卵圆形、卵状椭圆形、椭圆形或长圆形，室背开裂，果皮较薄或较厚而木质化；种子小而多，有膜质翅，具少量胚乳。

（二）泡桐属的主要树种

泡桐属的主要树种：泡桐。

形态特征：树皮灰色、灰褐色或灰黑色，幼时平滑，老时纵裂。单叶，对生，叶大，卵形，全缘或有浅裂，具长柄，柄上有茸毛。花大，淡紫色或白色，顶生圆锥花序，由多数聚伞花序复合而成。花萼钟状或盘状，肥厚，5深裂，裂片不等大。花冠钟形或漏斗形，上唇2裂、反卷，下唇3裂，直伸或微卷；雄蕊4枚，2长2短，着生于花冠筒基部；雌蕊1枚，花柱细长。蒴果卵形或椭圆形，熟后背缝开裂。种子多数为长圆形，小而轻，两侧具有条纹的翅。在某些地区，泡桐花又被称为喇叭花。

生长习性：喜光，较耐阴，喜温暖气候，耐寒性不强，对黏重瘠薄土壤有较强适应性。幼年生长极快，是速生树种。泡桐原产中国，在海拔1 200 m以下的山地、丘陵、岗地、平原生长良好。耐干旱能力较强，在年降水量400~500 mm的地方仍能正常生长，但不宜在强风袭击的风口和山脊处栽植。多栽于"四旁"，在土壤肥沃、深厚、湿润但不积水的阳坡山场或平原、岗地、丘陵、山区栽植，均能生长良好。

（三）泡桐属的利用价值

（1）园林绿化价值。良好的绿化和行道树种。

（2）其他价值。该属的物种为高大乔木，材质优良，轻而韧，具有很强的防潮隔热性能，易于加工，便于雕刻，可利用制作胶合板、航空模型、车船衬板、空运水运设备；还可制作各种乐器、雕刻手工艺品、家具、电线压板和优质纸张等；建筑上做梁、檩、门、窗和房间隔板等；农业上制作水车、渡槽、抬杠等，泡桐叶、花可作猪、羊饲料。医学上还发现泡桐的叶、花、木材有消炎、止咳、利尿、降压等功效。

九、悬铃木属

（一）悬铃木属的形态特征

形态特征：悬铃木属（*Platanus*）是悬铃木科中现存的唯一属，落叶乔木，枝叶被树枝状及星状茸毛，树皮苍白色，薄片状剥落，表面平滑；侧芽卵圆形，先端稍尖，有单独一块鳞片包着，包藏于膨大叶柄的基部，不具顶芽。叶互生，大形单叶，有长柄，具掌状脉，掌状分裂，偶有羽状脉而全缘，具短柄，边缘有裂片状粗齿；托叶明显，边缘开张，基部鞘状，早落。花单性，雌雄同株，排成紧密球形的头状花序，雌雄花序同形，生于不同的花枝上，雄花头状花序无苞片，雌花头状花序有苞片；萼片3~8，三角形，有短柔毛；花瓣与萼片同数，倒披针形；雄花有雄蕊3~8个，花丝短，药隔顶端增大成圆盾状鳞片；雌花有3~8个离生心皮，子房长卵形，1室，有1~2个垂生胚珠，花柱伸长，突出头状花序外，柱头位于内面。果为聚合果，由多数狭长倒锥形的小坚果组成，基部围以长毛，每个坚果有种子1个；种子线形，胚乳薄，胚有不等形的线形子叶。

（二）悬铃木属的主要树种

悬铃木属的主要树种：一球悬铃木、二球悬铃木、三球悬铃木。

1. 一球悬铃木

形态特征：一球悬铃木（*Platanus occidentalis* L.）是悬铃木科悬铃木属落叶大乔木，高40余 m；树皮有浅沟，呈小块状剥落；嫩枝有黄褐色茸毛被。叶大、阔卵形，通常3浅裂，稀为5浅裂，宽10~22 cm，长度比宽度略小；基部截形，阔心形，或稍呈楔形；裂片短三角形，宽度远较长度为大，边缘有数个粗大锯齿；上下两面初时被灰黄色茸毛，不久脱落，上面秃净，下面仅在脉上有毛，掌状脉3条，离基约1 cm；叶柄长4~7 cm，密被茸毛；托叶较大，长2~3 cm，基部鞘状，上部扩大呈喇叭形，早落。花通常4~6数，单性，聚成圆球形头状花序。雄花的萼片及花瓣均短小，花丝极短，花药伸长，盾状药隔无毛。雌花基部有长茸毛；萼片短小；花瓣比萼片长4~5倍；心皮4~6个，花柱伸长，比花瓣为长。头状果序圆球形，单生稀为2个，直径约3 cm，宿存花柱极短；小坚果先端钝，基部的茸毛长为坚果之半，不突出头状果序外。花期5月，果期9~10月。

生长习性：喜温暖湿润气候，在年平均气温13~20 ℃，年降水量800~1200 mm的地区生长良好。在北方，春季晚霜常使幼叶、嫩梢受冻害，并使树皮冻裂。阳性速生树种，抗性强，能适应城市街道透气性差的土壤条件，但因根系发育不良，易被大风吹倒。对土壤要求不严，以湿润、肥沃的微酸性或中性壤土生长最盛。微碱性或石灰性土也能生长，但易发生黄叶病，短期水淹后能恢复生长，萌芽力强，耐修剪。

2. 二球悬铃木

形态特征：二球悬铃木（*Platanus acerifolia* (Aiton) Willdenow）是悬铃木科悬铃木属植物，是三球悬铃木与一球悬铃木的杂交种。落叶大乔木，树皮光滑，嫩枝密生灰黄色茸毛，老枝秃净。叶阔卵形，上下两面嫩时有灰黄色毛被，下面的毛被更厚而密；基部截形或微心形；中央裂片阔三角形，宽度与长度约相等；叶柄密生黄褐色毛被；托叶中等大，基部鞘状，上部开裂。花通常 4 数。雄花的萼片卵形，被毛；花瓣矩圆形；雄蕊比花瓣长，盾形药隔有毛。果枝有头状果序 1~2 个，稀为 3 个；头状果序直径约 2.5 cm，宿存花柱长 2~3 mm，刺状，坚果之间无突出的茸毛，或有极短的毛。

生长习性：喜光，不耐阴，生长迅速、成荫快，喜温暖湿润气候，在年平均气温 13~20 ℃、降水量 800~1 200 mm 的地区生长良好，对土壤要求不严，耐干旱、瘠薄，亦耐湿。根系浅易风倒，萌芽力强，耐修剪。抗烟尘、硫化氢等有害气体。对氯气、氯化氢抗性弱。该种树干高大，枝叶茂盛，生长迅速，易成活，耐修剪；对二氧化硫、氯气等有毒气体有较强的抗性。

3. 三球悬铃木

形态特征：三球悬铃木（*Platanus orientalis* Linn.），又叫裂叶悬铃木、鸠摩罗什树，悬铃木属落叶大乔木，是二球悬铃木的亲本，高可达 30 m，是世界著名的优良庭荫树和行道树，有"行道树之王"之称。其树冠阔钟形；干皮灰褐色至灰白色，呈薄片状剥落。幼枝、幼叶密生褐色星状毛。叶掌状 5~7 裂，深裂达中部，裂片长大于宽，叶基阔楔形或截形，叶缘有齿牙，掌状脉；托叶圆领状。花序头状，黄绿色。多数坚果聚全叶球形，3~6 球成一串，宿存花柱长，呈刺毛状，果柄长而下垂。

生长习性：喜光，喜湿润温暖气候，较耐寒。对土壤要求不严，但适生于微酸性或中性、排水良好的土壤，微碱性土壤虽能生长，但易发生黄化。抗空气污染能力较强，叶片具吸收有毒气体和滞积灰尘的作用。

（三）悬铃木属的利用价值

（1）园林绿化价值。适应性强，又耐修剪整形，是优良的行道树种，广泛用于城市绿化，在园林中孤植于草坪或旷地，列植于甬道两旁，尤为雄伟壮观，又因其对多种有毒气体抗性较强，并能吸收有害气体，作为街坊、厂矿绿化颇为合适。

（2）其他价值。果可入药，木材可制作家具。

十、臭椿属

（一）臭椿属的形态特征

形态特征：臭椿属（*Ailanthus* Desf.）是苦木科臭椿属植物，落叶或常绿乔木或小乔木；小枝被柔毛，有髓。叶互生，奇数羽状复叶或偶数羽状复叶；小叶 13~41，纸质或薄革质，对生或近于对生，基部偏斜，先端渐尖，全缘或有锯齿，有的基部二侧各有 1~2 大锯齿，锯齿尖端的背面有腺体。花小，杂性或单性异株，圆锥花序生于枝顶的叶腋；萼片 5，覆瓦状排列；花瓣 5，镊合状排列；花盘 10 裂；雄蕊 10，着生于花盘基部，但在雌花中的雄蕊不发育或退化；2~5 个心皮分离或仅基部稍结合，每室有胚珠 1 颗，弯生或倒生，花柱 2~5，分离或结合，但在雄花中仅有雌花的痕迹或退化。翅果长椭圆形，种子 1 颗生于翅的中央，扁平，圆形、倒卵形或稍带三角形，稍带胚乳或无胚乳，外种皮薄，子叶 2，扁平。

（二）臭椿属的主要树种

臭椿属的主要树种：臭椿。

形态特征：落叶乔木，高可达 20 余 m，树皮平滑而有直纹；嫩枝有髓，幼时被黄色或黄褐色柔毛，后脱落。叶为奇数羽状复叶，长 40~60 cm，叶柄长 7~13 cm，有小叶 13~27；小叶对生或近对生，纸质，卵状披针形，长 7~13 cm，宽 2.5~4 cm，两侧各具 1 或 2 个粗锯齿，齿背有腺体 1 个，叶面深绿色，背面灰绿色，揉碎后具臭味。圆锥花序长 10~30 cm；花淡绿色，花梗长 1~2.5 mm；萼片 5，覆瓦状排列，裂片长 0.5~1 mm；花瓣 5，长 2~2.5 mm，基部两侧被硬粗毛；雄蕊 10，花丝基部密被硬粗毛，雄花中的花丝长于花瓣，雌花中的花丝短于花瓣；花药长圆形，长约 1 mm；心皮 5，花柱黏合，柱头 5 裂。翅果长椭圆形，长 3~4.5 cm，宽 1~1.2 cm；种子位于翅的中间，扁圆形。花期 4~5 月，果期 8~10 月。

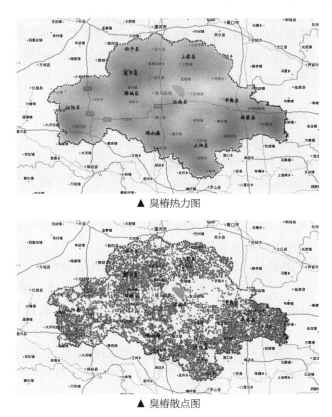

▲ 臭椿热力图

▲ 臭椿散点图

生长习性：喜光，不耐阴。适应性强，除黏土外，各种土壤和中性、酸性及钙质土都能生长，适生于深厚、肥沃、湿润的砂质土壤。耐寒，耐旱，不耐水湿，长期积水会烂根死亡。

（三）臭椿的利用价值

（1）园林绿化价值。臭椿树干通直高大，春季嫩叶紫红色，秋季红果满树，是良好的观赏树和行道树。可孤植、丛植或与其他树种混栽，适宜于工厂、矿区等绿化。枝叶繁茂，春季嫩叶紫红色，秋季满树红色翅果，颇为美观。

（2）其他价值。臭椿材质坚韧、纹理直，具光泽，易加工，是建筑和家具制作的优良用材，也是造纸的优质原料。椿叶可以饲养樗蚕，丝可织椿绸，茎皮纤维制人造棉和绳索。种子含脂肪油 30%~35%，为半干性油，残渣可作肥料；根含苦楝素、脂肪油及鞣质。臭椿树皮、根皮、果实均可入药,具有清热燥湿、收涩止带、止泻、止血之功效。臭椿叶不能食用。

十一、香椿属

(一)香椿属的形态特征

形态特征:香椿属(*Toona*)为楝科落叶乔木,树干上树皮粗糙,鳞块状脱落;芽有鳞片。叶互生,羽状复叶;小叶全缘,很少有稀疏的小锯齿,常有各式透明的小斑点。花小,两性,组成聚伞花序,再排列成顶生或腋生的大圆锥花序;花萼短,管状,5齿裂或分裂为5萼片;花瓣5,远长于花萼,与花萼裂片互生,分离,花芽时覆瓦状或旋转排列;雄蕊5,分离,与花瓣互生,着生于肉质、具5棱的花盘上,花丝钻形,花药丁字着生,基部心形,退化雄蕊5或不存在,与花瓣对生;花盘厚,肉质,成一个具5棱的短柱;子房5室,每室有2列的胚珠8~12颗,花柱单生,线形,顶端具盘状的柱头。果为蒴果,革质或木质,5室,室轴开裂为5果瓣;种子每室多数,上举,侧向压扁,有长翅,胚乳薄,子叶叶状,胚根短,向上。

(二)香椿属的主要树种

香椿属的主要树种:香椿。

形态特征:叶具长柄,偶数羽状复叶,长30~50 cm或更长;小叶16~20,对生或互生,纸质,卵状披针形或卵状长椭圆形,长9~15 cm,宽2.5~4 cm,先端尾尖,基部一侧圆形,另一侧楔形,不对称,边全缘或有疏离的小锯齿,两面均无毛,无斑点,背面常呈粉绿色,侧脉每边18~24条,平展,与中脉几成直角开出,背面略凸起;小叶柄长5~10 mm。圆锥花序与叶等长或更长,被稀疏的锈色短柔毛或有时近无毛,小聚伞花序生于短的小枝上,多花;花长4~5 mm,具短花梗;花萼5齿裂或浅波状,外面被柔毛,且有睫毛;花瓣5,白色,长圆形,先端钝,长4~5 mm,宽2~3 mm,无毛;雄蕊10,其中5枚能育,5枚退化;花盘无毛,近念珠状;子房圆锥形,有5条细沟纹,无毛,每室有胚珠8颗,花柱比子房长,柱头盘状。蒴果狭椭圆形,长2~3.5 cm,深褐色,有小而苍白色的皮孔,果瓣薄;种子基部通常钝,上端有膜质的长翅,下端无翅。花期6~8月,果期10~12月。

生长习性:喜温,适宜在平均气温8~10 ℃的地区栽培,抗寒能力随苗树龄的增加而提高。香椿喜光,较耐湿,适宜生长于河边、宅院周围肥沃湿润的土壤中,一般以砂壤土

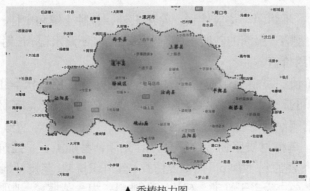

▲ 香椿热力图

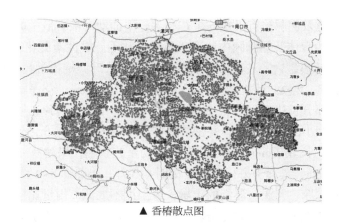

▲ 香椿散点图

为好。适宜的土壤酸碱度为 pH5.5~8.0。

（三）香椿属的利用价值

（1）园林绿化价值。香椿属的植物树干通直，树冠庞大、挺拔雄伟，枝叶茂密、形态优美，为我国人民熟知和喜爱的庭园绿化树种，最宜作庭荫树、"四旁"树及行道树。

（2）其他价值。香椿发的嫩芽可做成各种菜肴，它不仅营养丰富，且具有较高的药用价值。香椿含钙、磷、钾、钠等成分。有补虚壮阳固精、补肾、养发生发、消炎、止血止痛、行气理血、健胃等作用。香椿中含维生素 E 和性激素物质，具有抗衰老和补阳滋阴的作用。

十二、枫杨属

（一）枫杨属的形态特征

枫杨属（*Pterocarya*）是胡桃科落叶乔木，芽具 2~4 枚芽鳞或裸出，腋芽单生或数个叠生；木材为散孔型，髓部片状分隔。叶互生，常集生于小枝顶端，奇数（稀偶数）羽状复叶，小叶的侧脉在近叶缘处相互联结成环，边缘有细锯齿或细牙齿。葇荑花序单性；雄花序长而具多数雄花，下垂，单独生于小枝上端的叶丛下方，自早落的鳞状叶腋内或自叶痕腋内生出。雌花序单独生于小枝顶端，具极多雌花，开花时俯垂，果时下垂。果实为干的坚果，基部具 1 宿存的鳞状苞片及具 2 革质翅（由 2 小苞片形成），翅向果实两侧或向斜上方伸展，4 枚宿存的花被片及花柱，外果皮薄革质，内果皮木质，在内果皮壁内常具充满有疏松薄壁细胞的空隙。子叶 4 深裂，在种子萌发时伸出地面。

（二）枫杨属的主要树种

枫杨属的主要树种：枫杨。

形态特征：大乔木，高达 30 m，胸径达 1 m；幼树树皮平滑，浅灰色，老时则深纵裂；小枝灰色至暗褐色，具灰黄色皮孔；芽具柄，密被锈褐色盾状着生的腺体。叶多为偶数或稀奇数羽状复叶，长 8~16 cm（稀达 25 cm），叶柄长 2~5 cm，叶轴具翅至翅不甚发达，与叶柄一样被有疏或密的短毛；小叶 10~16 枚（稀 6~25 枚），无小叶柄，对生或稀近对生，长椭圆形至长椭圆状披针形，长 8~12 cm，宽 2~3 cm，顶端常钝圆或稀急尖，基部歪斜，上方 1 侧楔形至阔楔形，下方 1 侧圆形，边缘有向内弯的细锯齿，上面被有细小的浅色疣状凸起，沿中脉及侧脉被有极短的星芒状毛，下面幼时被有散生的短柔毛，成长后脱落而仅留有极稀疏的腺体及侧脉腋内留有1丛星芒状毛。雄性葇荑花序长6~10 cm，单独生于去年生枝条上叶痕腋内，花序轴常有稀疏的星芒状毛。雄花常具1（稀2或3）枚发育的花被片，雄蕊5~12枚。雌性葇荑花序顶生，长10~15 cm，花序轴密被星芒状毛及单毛，下端不生花的部分长达3 cm，具2枚长达5 mm的不孕性苞片。雌花几乎无梗，苞片及小苞片基部常有细小的星芒状毛，并密被腺体。果序长20~45 cm，果序轴常被有宿存的毛。果实长椭圆形，长6~7 mm，基部常有宿存的星芒状毛；果翅狭，条形或阔条形，长12~20 mm，宽3~6 mm，具近于平行的脉。花期4~5月，果熟期8~9月。

生长习性：喜深厚、肥沃、湿润的土壤，以温度不太低、雨量比较多的暖温带和亚热带气候较为适宜。喜光树种，不耐庇荫。耐湿性强，但不耐常期积水和水位太高之地。深根性树种，主根明显，侧根发达。萌芽力很强，生长很快。对有害气体二氧化硫及氯气的抗性弱。受害后叶片迅速由绿色变为红褐色至紫褐色，易脱落。受到二氧化硫危害严重者，几小时内叶全部落光。枫杨初期生长较慢，后期生长速度加快。

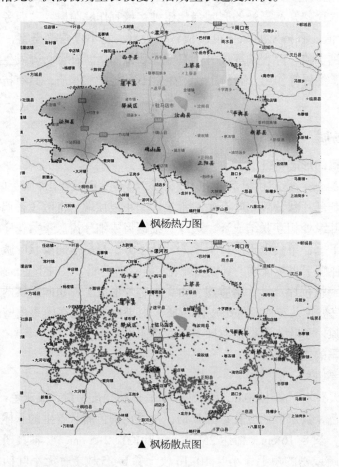

▲ 枫杨热力图

▲ 枫杨散点图

（三）枫杨属的利用价值

（1）工程造林价值。枫杨属植物是适应性、抗逆性强的深根性植物，可作为构建农田防护林、经济林、生态林的重要树种，还可栽种在风沙较大或山地等地区，以起到防风固沙、绿化荒山的作用。

（2）园林绿化价值。枫杨广泛栽植作园庭树或行道树。枫杨树干高大，树体通直粗壮，树冠丰满开展，枝叶茂盛，绿荫浓密，叶色鲜亮艳丽，形态优美典雅。公园及广场绿化枫杨树姿、冠、枝、叶、果实等都极具观赏特性。

（3）其他价值。枫杨的根、树皮、枝及叶均含鞣质，可提取栲胶；其纤维丰富，可用于纺织、制纤维板、胶合板、绳索等；其木材色白、质轻、易加工，可制火柴杆、农具、家具等；果实可作为饲料，还可酿酒，种子可榨油，可加工制成肥皂或润滑剂。

十三、棟属

（一）棟属的形态特征

棟属（*Melia* Linn.），落叶乔木或灌木，幼嫩部分常被星状粉状毛；小枝有明显的叶痕和皮孔。叶互生，一至三回羽状复叶；小叶具柄，通常有锯齿或全缘。圆锥花序腋生，多分枝，由多个二歧聚伞花序组成；花两性；花萼5~6深裂，覆瓦状排列；花瓣白色或紫色，5~6片，分离，线状匙形，开展，旋转排列；雄蕊管圆筒形，管顶有10~12齿裂，管部有线纹10~12条，口部扩展，花药10~12枚，着生于雄蕊管上部的裂齿间，内藏或部分突出；花盘环状；子房近球形，3~6室，每室有叠生的胚珠2颗，花柱细长，柱头头状，3~6裂。果为核果，近肉质，核骨质，每室有种子1颗；种子下垂，外种皮硬壳质，胚乳肉质，薄或无胚乳，子叶叶状，薄，胚根圆柱形。

（二）棟属的主要树种

棟属的主要树种：棟树。

形态特征：落叶乔木，高达10余m；树皮灰褐色，纵裂。叶为2~3回奇数羽状复叶，长20~40 cm；小叶对生，卵形、椭圆形至披针形，顶生一片通常略大，长3~7 cm，宽2~3 cm，先端短渐尖，基部楔形或宽楔形，多少偏斜，边缘有钝锯齿，幼时被星状毛，后两面均无毛，侧脉每边12~16条，广展，向上斜举。圆锥花序约与叶等长，无毛或幼时被鳞片状短柔毛；花芳香；花萼5深裂，裂片卵形或长圆状卵形，先端急尖，外面被微柔毛；花瓣淡紫色，倒卵状匙形，长约1 cm，两面均被微柔毛，通常外面较密；雄蕊管紫色，无毛或近无毛，长7~8 mm，有纵细脉，管口有钻形、2~3齿裂的狭裂片10枚，花药10枚，着生于裂片内侧，且与裂片互生，长椭圆形，顶端微凸尖；子房近球形，5~6室，无毛，每室有胚珠2颗，花柱细长，柱头头状，顶端具5齿，不伸出雄蕊管。核果球形至椭圆形，长1~2 cm，宽8~15 mm，内果皮木质，4~5室，每室有种子1颗；种子椭圆形。花期4~5月，果期10~12月。

生长习性：棟喜温暖、湿润气候，喜光，不耐庇荫，较耐寒，在酸性、中性和碱性土壤中均能生长，在含盐量0.45%以下的盐渍地上也能良好生长。耐干旱、瘠薄，也能生长于水边，但以在深厚、肥沃、湿润的土壤上生长较好。

（三）棟属利用价值

（1）园林绿化价值。耐烟尘，抗二氧化硫能力强，并能杀菌。适宜作庭荫树和行道树，

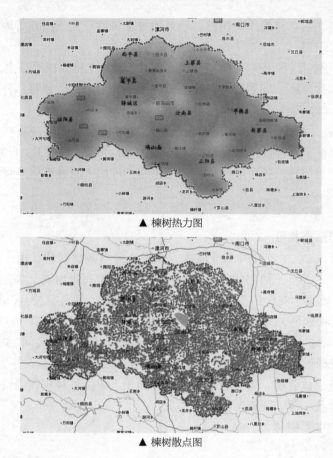

▲ 楝树热力图

▲ 楝树散点图

是良好的城市及矿区绿化树种。楝与其他树种混栽，能起到对树木虫害的防治作用。在草坪中孤植、丛植或配置于建筑物旁都很合适，也可种植于水边、山坡、墙角等处。

（2）其他价值。木材精致色美，易加工，可供建筑和家具用。性味苦、寒，有毒，能舒肝行气、止痛、驱虫、疗癣。

十四、栾树属

（一）栾树属的形态特征

栾树属（*Koelreuteria*）是无患子科下的一个属，落叶乔木或灌木。叶互生，一回或二回奇数羽状复叶，无托叶；小叶互生或对生，通常有锯齿或分裂，很少全缘。聚伞圆锥花序大型，顶生，很少腋生；分枝多，广展；花中等大，杂性同株或异株，两侧对称；萼片，或少有 4 片，镊合状排列，外面 2 片较小；花瓣 4 片或有时 5 片，略不等长，具爪，瓣片内面基部有深 2 裂的小鳞片；花盘厚，偏于一边，上端通常有圆裂齿；雄蕊通常 8 枚，有时较少，着生于花盘之内，花丝分离，常被长柔毛；子房 3 室，花柱短或稍长，柱头 3 裂或近全缘；胚珠每室 2 颗，着生于中轴的中部以上。蒴果膨胀，卵形、长圆形或近球形，具 3 棱，室背开裂为 3 果瓣，果瓣膜质，有网状脉纹；种子每室 1 颗，球形，无假种皮，种皮脆壳质，黑色；胚旋卷，胚根稍长。

（二）栾树属的主要树种

栾树属的主要树种：栾树。

形态特征：叶丛生于当年生枝上，平展，一回、不完全二回或偶有为二回羽状复叶，长可达 50 cm；小叶 11~18 片，无柄或具极短的柄，对生或互生，纸质，卵形、阔卵形至卵状披针形，长 5~10 cm，宽 3~6 cm，顶端短尖或短渐尖，基部钝至近截形，边缘有不规则的钝锯齿，齿端具小尖头。聚伞圆锥花序长 25~40 cm，密被微柔毛，分枝长而广展，在末次分枝上的聚伞花序具花 3~6 朵，密集呈头状；苞片狭披针形，被小粗毛；花淡黄色，稍芬芳；花梗长 2.5~5 mm；萼裂片卵形，边缘具腺状缘毛，呈啮蚀状；花瓣 4，开花时向外反折，线状长圆形，长 5~9 mm，瓣爪长 1~2.5 mm，被长柔毛，瓣片基部的鳞片初时黄色，开花时橙红色，参差不齐的深裂，被疣状皱曲的毛；雄蕊 8 枚，在雄花中的长 7~9 mm，雌花中的长 4~5 mm，花丝下半部密被白色、开展的长柔毛；花盘偏斜，有圆钝小裂片；子房三棱形，除棱上具缘毛外无毛，退化子房密被小粗毛。蒴果圆锥形，具 3 棱，长 4~6 cm，顶端渐尖，果瓣卵形，外面有网纹，内面平滑且略有光泽；种子近球形，直径 6~8 mm。花期 6~8 月，果期 9~10 月。

生长习性：栾树是一种喜光，稍耐半阴的植物；耐寒；但是不耐水淹，栽植注意土地，耐干旱和瘠薄，对环境的适应性强，喜欢生长于石灰质土壤上，耐盐渍及短期水涝。栾树具有深根性，萌蘖力强，生长速度中等，幼树生长较慢，以后渐快，有较强的抗烟尘能力。抗风能力较强，可抗 –25 ℃低温，对粉尘、二氧化硫和臭氧均有较强的抗性。

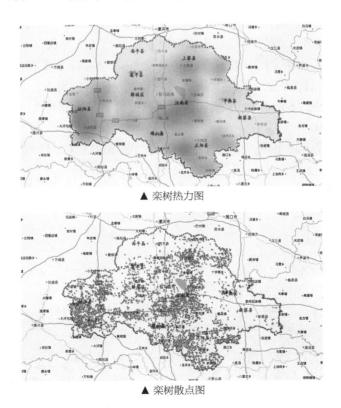

▲ 栾树热力图

▲ 栾树散点图

（三）栾树的利用价值

（1）园林绿化价值。夏季黄花满树，入秋叶色变黄，果实紫红，形似灯笼，十分美丽；栾树适应性强，季相明显，是理想的绿化、观叶树种。宜作庭荫树、行道树及园景树，栾树也是工业污染区配植的好树种。

（2）其他价值。栾树可提制栲胶，花可作黄色染料，种子可榨油。木材黄白色，易加工，可制家具；叶可作蓝色染料，花供药用，亦可作黄色染料。能入药，可以清肝明目。

十五、梓属

（一）梓属的形态特征

梓属（*Catalpa*），落叶乔木。无顶芽。单叶对生或三叶轮生；掌状脉 3~5 条，下面脉腋常具腺斑，揉搓后有令人不快的气味。顶生总状花序或圆锥花序；两性花，大而美丽；萼二唇形或不规则开裂；花冠钟形，二唇形，上唇二裂，下唇三裂，内有条纹及斑点；发育雄蕊 2 枚，内藏；子房 2 室，有多数胚珠。长柱形蒴果，2 裂。种子多数，呈 2~4 列，扁平矩圆形，两端有白色长毛；胚直伸，子叶先端常有凹缺或 2 裂。生长迅速，材粗而纹理直，耐腐，易加工。

（二）梓属的主要树种

梓属的主要树种：楸树、梓树。

1. 楸树

形态特征：小乔木，高 8~12 m。叶三角状卵形或卵状长圆形，长 6~15 cm，宽达 8 cm，顶端长渐尖，基部截形、阔楔形或心形，有时基部具有 1~2 牙齿，叶面深绿色，叶背无毛；叶柄长 2~8 cm。顶生伞房状总状花序，有花 2~12 朵。花萼蕾时圆球形，2 唇开裂，顶端有；2 尖齿。花冠淡红色，内面具有 2 黄色条纹及暗紫色斑点，长 3~3.5 cm。蒴果线形，长 25~45 cm，宽约 6 mm。种子狭长椭圆形，长约 1 cm，宽约 2 cm，两端生长毛。花期 5~6 月，果期 6~10 月。

生长习性：喜光，较耐寒，适生长于年平均气温 10~15 ℃，降水量 700~1 200 mm 的

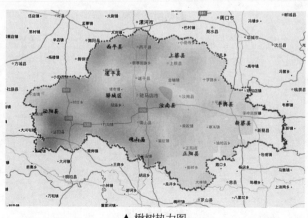

▲ 楸树热力图

▲ 楸树散点图

环境。喜深厚、肥沃、湿润的土壤，不耐干旱、积水，忌地下水位过高，稍耐盐碱。萌蘖性强，幼树生长慢，10年以后生长加快，侧根发达。耐烟尘、抗有害气体能力强。寿命长。自花不孕，往往开花而不结实。

2. 梓树

形态特征：乔木，高达15 m；树冠伞形，主干通直，嫩枝具稀疏柔毛。叶对生或近于对生，有时轮生，阔卵形，长宽近相等，长约25 cm，顶端渐尖，基部心形，全缘或浅波状，常3浅裂，叶片上面及下面均粗糙，微被柔毛或近于无毛，侧脉4~6对，基部掌状脉5~7条；

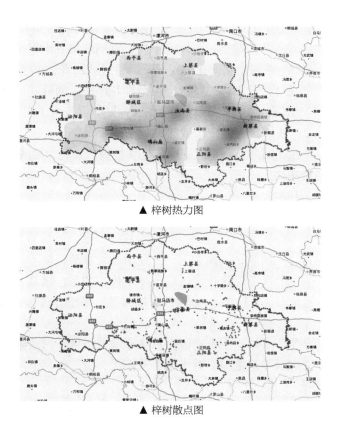

▲ 梓树热力图

▲ 梓树散点图

叶柄长 6~18 cm。顶生圆锥花序；花序梗微被疏毛，长 12~28 cm。花萼蕾时圆球形，2 唇开裂，长 6~8 mm。花冠钟状，淡黄色，内面具 2 黄色条纹及紫色斑点，长约 2.5 cm，直径约 2 cm。能育雄蕊 2，花丝插生于花冠筒上，花药叉开；退化雄蕊 3。子房上位，棒状。花柱丝形，柱头 2 裂。蒴果线形，下垂，长 20~30 cm，粗 5~7 mm。种子长椭圆形，长 6~8 mm，宽约 3 mm，两端具有平展的长毛。

生长习性：适应性较强，喜温暖，也能耐寒。土壤以深厚、湿润、肥沃的夹沙土较好。不耐干旱瘠薄。抗污染能力强，生长较快。可利用边角隙地栽培。

（三）梓属利用价值

（1）园林绿化价值。梓属树种树姿优美，叶片浓密，宜作行道树、庭荫树。还有较强的消声、滞尘、忍受大气污染能力，能抗二氧化硫、氯气、烟尘等，是良好的环保树种，可营建生态风景林。

（2）其他价值。木材宜作枕木、桥梁、电杆、车辆、船舶、坑木和建筑、高级地板、家具、水车、木桶等。还宜作细木工、美工、玩具和乐器用材。树皮、叶可作药用、农药和饲料。种子、果实均入药，有利尿功效，可治胃病、肾脏病、湿性腹膜炎和浮肿等症。

十六、朴属

（一）朴属的形态特征

乔木，芽具鳞片或否。叶互生，常绿或落叶，有锯齿或全缘，具 3 出脉或 3~5 对羽状脉，在后者情况下，由于基生 1 对侧脉比较强壮也似为 3 出脉，有柄；托叶膜质或厚纸质，早落或顶生者晚落而包着冬芽。花小，两性或单性，有柄，集成小聚伞花序或圆锥花序，或因总梗短缩而化成簇状，或因退化而花序仅具一两性花或雌花；花序生于当年生小枝上，雄花序多生于小枝下部无叶处或下部的叶腋，在杂性花序中，两性花或雌花多生于花序顶端；花被片 4~5，仅基部稍合生，脱落；雄蕊与花被片同数，着生于通常具柔毛的花托上；雌蕊具短花柱，柱头 2，线形，先端全缘或 2 裂，子房 1 室，具 1 倒生胚珠。果为核果，内果皮骨质，表面有网孔状凹陷或近平滑；种子充满核内，胚乳少量或无，胚弯，子叶宽。

（二）朴属的主要树种

朴属的主要树种：朴树。

形态特征：落叶乔木，高达 20 m。树皮平滑，灰色。一年生枝被密毛。叶互生，革质，宽卵形至狭卵形，长 3~10 cm，宽 1.5~4 cm，先端急尖至渐尖，基部圆形或阔楔形，偏斜，中部以上边缘有浅锯齿，三出脉，上面无毛，下面沿脉及脉腋疏被毛。花杂性（两性花和单性花同株），1~3 朵生于当年枝的叶腋；花被片 4 枚，被毛；雄蕊 4 枚，柱头 2 个。核果单生或 2 个并生，近球形，直径 4~5 mm，熟时红褐色，果核有穴和突肋。花期 4~5 月，果期 9~11 月。

生长习性：朴树多生于平原耐阴处；散生于平原及低山区，村落附近习见。喜光，适温暖湿润气候，适生于肥沃平坦之地。对土壤要求不严，有一定耐干旱能力，亦耐水湿及瘠薄土壤，适应力较强。

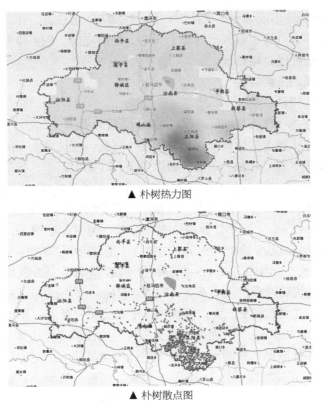

▲ 朴树热力图

▲ 朴树散点图

（三）朴属利用价值

（1）园林绿化价值。朴树是行道树品种，主要用于绿化道路、栽植公园小区、景观树等。能吸收有害气体，作为街坊、工厂、道路两旁、广场、校园绿化颇为合适。绿化效果体现在速度快，移栽成活率高，造价低廉。朴树树冠圆满宽广，树荫浓郁，农村"四旁"绿化也可用，还是河网区防风固堤树种。

（2）其他价值。朴树茎皮为造纸和人造棉原料；果实榨油作润滑油；木树坚硬，可供工业用材；茎皮纤维强韧，可作绳索和人造纤维。根、皮、嫩叶入药，有消肿止痛、解毒治热的功效，外敷治水火烫伤；叶制土农药，可杀红蜘蛛。

十七、黄连木属

（一）黄连木属的形态特征

黄连木属（*Pistacia* L.），漆树科。乔木或灌木；叶常绿或脱落，互生，3 小叶或羽状复叶；小叶全缘；花小，单性异株，无花瓣，为腋生的总状花序或圆锥花序；雄花萼 1~5 裂；雄蕊 3~5 枚；雌花萼 2~5 裂；子房无柄，1 室，有胚珠 1 颗；果为核果，具有很强的生长能力。具树脂，无托叶，奇数或偶数羽状复叶，稀单叶或 3 小叶；小叶全缘。总状花序或圆锥花序腋生；花小，雌雄异株；雄花：苞片 1；花被片 3~9；雄蕊 3~5，稀达 7，花丝极短，与花盘连合或无花盘，花药大，长圆形，药隔伸出，细尖，基着药，侧向纵裂；不育雌蕊存在或无；雌花：苞片 1；花被片 4~10，膜质，半透明，无不育雄蕊；花盘小或无；

心皮 3, 合生, 子房近球形或卵形, 无毛, 1 室, 1 胚珠, 花柱短, 柱头 3 裂, 头状扩展呈卵状长圆形或长圆形, 外弯。核果近球形, 无毛, 外果皮薄, 内果皮骨质; 种子压扁, 种皮膜质, 无胚乳, 子叶厚, 略凸起。

(二) 黄连木属的主要树种

黄连木属的主要树种: 黄连木。

形态特征: 黄连木 (*Pistacia chinensis* Bunge), 落叶乔木, 高达 25 余 m; 树干扭曲。树皮暗褐色, 呈鳞片状剥落, 幼枝灰棕色, 具细小皮孔, 疏被微柔毛或近无毛。奇数羽状复叶互生, 有小叶 5~6 对, 叶轴具条纹, 被微柔毛, 叶柄上面平, 被微柔毛; 小叶对生或近对生, 纸质, 披针形、卵状披针形或线状披针形, 长 5~10 cm, 宽 1.5~2.5 cm, 先端渐尖或长渐尖, 基部偏斜, 全缘。两面沿中脉和侧脉被卷曲微柔毛或近无毛, 侧脉和细脉两面突起; 小叶柄长 1~2 mm。花单性异株, 先花后叶, 圆锥花序腋生, 雄花序排列紧密, 长 6~7 cm, 雌花序排列疏松, 长 15~20 cm, 均被微柔毛; 花小, 花梗长约 1 mm, 被微柔毛; 苞片披针形或狭披针形, 内凹, 长 1.5~2 mm, 外面被微柔毛, 边缘具睫毛; 雄花: 花被片 2~4, 披针形或线状披针形, 大小不等, 长 1~1.5 mm, 边缘具睫毛; 雄蕊 3~5, 花丝极短, 长不到 0.5 mm, 花药长圆形, 大, 长约 2 mm; 雌蕊缺; 雌花: 花被片 7~9, 大小不等, 长 0.7~1.5 mm, 宽 0.5~0.7 mm, 外面 2~4 片远较狭, 披针形或线状披针形, 外面被柔毛, 边缘具睫毛, 里面 5 片卵形或长圆形, 外面无毛, 边缘具睫毛; 不育雄蕊缺; 子房球形, 无毛, 径约 0.5 mm, 花柱极短, 柱头 3, 厚, 肉质, 红色。核果倒卵状球形, 略压扁, 径约 5 mm, 成熟时紫红色, 干后具纵向细条纹, 先端细尖。

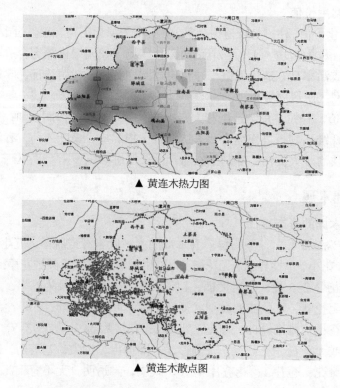

▲ 黄连木热力图

▲ 黄连木散点图

生长习性：黄连木喜光，适应性强，幼时稍耐阴；喜温暖，畏严寒；耐干旱瘠薄，对土壤要求不严。微酸性、中性和微碱性的沙质、黏质土均能适应，而以在肥沃、湿润而排水良好的石灰岩山地生长最好。深根性，主根发达，抗风力强，萌芽力强。生长较慢，寿命可长达 300 年以上。对二氧化硫、氯化氢和煤烟的抗性较强。

（三）黄连木属利用价值

（1）园林绿化价值。该属是较好的城市及风景区的优良绿化观赏树种。宜作庭荫树、行道树及观赏风景树，也常作"四旁"绿化及低山区造林树种。

（2）其他价值。该属植物具有重要的开发利用价值，是优良的木本油料树种。黄连木种子油可用于制肥皂、润滑油，油饼可作饲料和肥料。叶含鞣质10.8%，果实含鞣质5.4%，可提制栲胶。果、叶亦可做黑色染料。黄连木种子含油量高，种子富含油脂，是制取生物柴油的上佳原料。是建筑、家具、车辆、造船、农具、雕刻、居室装饰的优质用材。叶可提取芳香油，民间常用叶碾粉制"香"，叶及树皮皆可供药用。

十八、乌桕属

（一）乌桕属的形态特征

乌桕属（*Sapium* P. Br.），大戟科。

乔木或灌木。叶互生，罕有近对生，全缘或有锯齿，具羽状脉；叶柄顶端有 2 腺体或罕不存在；托叶小。花单性，雌雄同株或有时异株，若为雌雄同序则雌花生于花序轴下部，雄花生于花序轴上部，密集成顶生的穗状花序，穗状圆锥花序或总状花序，稀生于上部叶腋内，无花瓣和花盘；苞片基部具 2 腺体。雄花小，黄色，或淡黄色，数朵聚生于苞腋内，无退化雌蕊；花萼膜质，杯状，2~3 浅裂或具 2~3 小齿；雄蕊 2~3 枚，花丝离生，常短，花药 2 室，纵裂。雌花比雄花大，每一苞腋内仅 1 朵雌花；花萼杯状，3 深裂或管状而具 3 齿，稀为 2~3 萼片；子房 2~3 室，每室具 1 胚珠，花柱通常 3 枚，分离或下部合生，柱头外卷。蒴果球形、梨形或为 3 个分果片，稀浆果状，通常 3 室，室背弹裂、不整齐开裂或有时不裂；种子近球形，常附于三角柱状、宿存的中轴上，迟落，外面被蜡质的假种皮或否，外种皮坚硬；胚乳肉质，子叶宽而平坦。

（二）乌桕属的主要树种

乌桕属的主要树种：乌桕。

形态特征：乌桕（*Sapium sebiferum* (L.) Roxb.），落叶乔木，高可达 15 m 许，各部均无毛而具乳状汁液；树皮暗灰色，有纵裂纹；枝广展，具皮孔。叶互生，纸质，叶片菱形、菱状卵形或稀有菱状倒卵形，长 3~8 cm，宽 3~9 cm，顶端骤然紧缩具长短不等的尖头，基部阔楔形或钝，全缘；中脉两面微凸起，侧脉 6~10 对，纤细，斜上升，离缘 2~5 mm 弯拱网结，网状脉明显；叶柄纤细，长 2.5~6 cm，顶端具 2 腺体；托叶顶端钝，长约 1 mm。花单性，雌雄同株，聚集成顶生、长 6~12 cm 的总状花序，雌花通常生于花序轴最下部或罕有在雌花下部亦有少数雄花着生，雄花生于花序轴上部或有时整个花序全为雄花。雄花：花梗纤细，长 1~3 mm，向上渐粗；苞片阔卵形，长和宽近相等约 2 mm，顶端略尖，基部两侧各具一近肾形的腺体，每一苞片内具 10~15 朵花；小苞片 3，不等大，边缘撕裂状；

花萼杯状，3 浅裂，裂片钝，具不规则的细齿；雄蕊 2 枚，罕有 3 枚，伸出于花萼之外，花丝分离，与球状花药近等长。雌花：花梗粗壮，长 3~3.5 mm；苞片深 3 裂，裂片渐尖，基部两侧的腺体与雄花的相同，每一苞片内仅 1 朵雌花，间有 1 雌花和数雄花同聚生于苞腋内；花萼 3 深裂，裂片卵形至卵头披针形，顶端短尖至渐尖；子房卵球形，平滑，3 室，花柱 3，基部合生，柱头外卷。蒴果梨状球形，成熟时黑色，直径 1~1.5 cm。具 3 种子，分果爿脱落后而中轴宿存；种子扁球形，黑色，长约 8 mm，宽 6~7 mm，外被白色、蜡质的假种皮。花期 4~8 月。

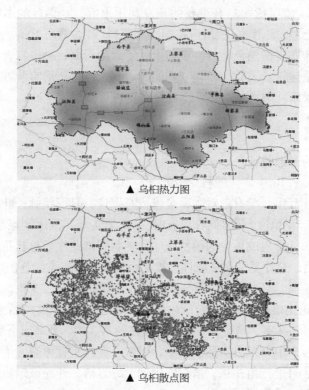

▲ 乌桕热力图

▲ 乌桕散点图

生长习性：生于旷野、塘边或疏林中。喜光树种，对光照、温度均有一定的要求，在年平均温度 15 ℃以上，年降水量在 750 mm 以上地区均可栽植。在海拔 500 m 以下当阳的缓坡或石灰岩山地生长良好。能耐间歇或短期水淹，对土壤适应性较强，红壤、紫色土、黄壤、棕壤及冲积土均能生长，中性、微酸性和钙质土都能适应，在含盐量 0.3% 以下的盐碱土也能生长良好。深根性，侧根发达，抗风、抗毒气（氟化氢），生长快，栽后一般 3~4 年开花结实，嫁接可提前 1~2 年开花结实，10 年以后进入盛果期，可延续至 50 年。经济寿命在 70 年左右。

（三）乌桕属的利用价值

（1）工程造林价值。可以在山地、平原和丘陵造林，甚至可以在土地比较干旱的石山地区种植，为中国特有的经济树种。

（2）园林绿化价值。在园林绿化中可栽作护堤树、庭荫树及行道树。可栽植于道路景观带，也可栽植于广场、公园、庭院中，或成片栽植于景区、森林公园中，能产生良好的造景效果。

（3）其他价值。本属的一些植物木材坚硬，纹理细致，用途广。叶为黑色染料，可染衣物。根皮可入药，可治毒蛇咬伤。白色之蜡质层（假种皮）溶解后可制肥皂、蜡烛；种子油适于涂料，可涂油纸、油伞等。

十九、鹅掌楸属

（一）鹅掌楸属的形态特征

鹅掌楸属（*Liriodendron* L.），木兰科。落叶乔木，树皮灰白色，纵裂小块状脱落；小枝具分隔的髓心。冬芽卵形，为2片黏合的托叶所包围，幼叶在芽中对折，向下弯垂。叶互生，具长柄，托叶与叶柄离生，叶片先端平截或微凹，近基部具1对或2列侧裂。花无香气，单生枝顶，与叶同时开放，两性，花被片9~17，3片1轮，近相等，药室外向开裂；雌蕊群无柄，心皮多数，螺旋状排列，分离，最下部不育，每心皮具胚珠2颗，自子房顶端下垂。聚合果纺锤状，成熟心皮木质，种皮与内果皮愈合，顶端延伸成翅状，成熟时自花托脱落，花托宿存；种子1~2颗，具薄而干燥的种皮，胚藏于胚乳中。木材导管壁无螺纹加厚，管间纹孔对列；花粉外壁具极粗而突起的雕纹覆盖层，外壁2，缺或甚薄。

（二）鹅掌楸属的主要树种

鹅掌楸属的主要树种：鹅掌楸。

形态特征：鹅掌楸（*Liriodendron chinense* (Hemsl.) Sargent.）。乔木，高达40 m，胸径1 m以上，小枝灰色或灰褐色。叶马褂状，长4~12(18) cm，近基部每边具1侧裂片，先端具2浅裂，下面苍白色，叶柄长4~8(16) cm。花杯状，花被片9，外轮3片绿色，萼片状，向外弯垂，内两轮6片、直立，花瓣状、倒卵形，长3~4 cm，绿色，具黄色纵条纹。花药长10~16 mm，花丝长5~6 mm，花期时雌蕊群超出花被之上，心皮黄绿色。聚合果长7~9 cm，具翅的小坚果长约6 mm，顶端钝或钝尖，具种子1~2颗。花期5月，果期9~10月。

生长习性：阳性，喜光，幼树稍耐蔽荫。喜温湿、凉爽气候，适应性较强，能耐 −20 ℃的低温，也能忍耐轻度的干旱和高温。叶片抗热性较强，在38 ℃气温下，未见受热害症状；在40 ℃高温热水处理下，叶面有极轻微的棕褐色坏死斑。适合在肥沃疏松、排水良好的土壤（pH 4.5~6.5）上生长；且生长迅速，病虫害少。忌低湿水涝，在干旱土地上会生长不良。

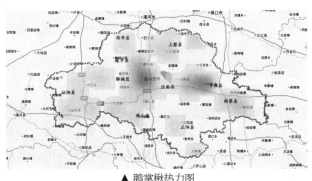

▲ 鹅掌楸热力图

▲ 鹅掌楸散点图

（三）鹅掌楸属利用价值

（1）工程造林价值。鹅掌楸属具有树干直、材质好、生长快等特点，所以具有较高的经济价值。大面积种植可有效解决木材资源紧缺的矛盾，并为林农带来可观的经济效益。

（2）园林绿化价值。鹅掌楸属是城市中极佳的行道树、庭荫树种和彩叶树种，无论丛植、列植或片植于草坪、公园入口处，均有独特的景观效果，对有害气体的抗性较强，也是工矿区绿化的优良树种之一，是古雅优美的庭园树种。可广泛应用于庭院、公园、道路及厂区绿化。

（3）其他价值。鹅掌楸属材质优良，淡黄褐色，纹理密致美观，切削性好，光滑，易加工，为船舱、火车内部装修及室内高级家具用材。叶和树皮可入药。

二十、枫香树属

（一）枫香树属的形态特征

枫香树属（*Liquidambar* L.），金缕梅科。落叶乔木。叶互生，有长柄，掌状分裂，具掌状脉，边缘有锯齿，托叶线形，或多或少与叶柄基部连生，早落。花单性，雌雄同株，无花瓣。雄花多数，排成头状或穗状花序，再排成总状花序；每一雄花头状花序有苞片4个，无萼片及花瓣；雄蕊多而密集，花丝与花药等长，花药卵形，先端圆而凹入，2室，纵裂。雌花多数，聚生在圆球形头状花序上，有苞片1个；萼筒与子房合生，萼裂针状，宿存，有时或缺；退化雄蕊有或无；子房半下位，2室，藏在头状花序轴内，花柱2个，柱头线形，有多数细小乳头状突起；胚珠多数，着生于中轴胎座。头状果序圆球形，有蒴果多数；蒴果木质，室间裂开为2片，果皮薄，有宿存花柱或萼齿；种子多数，在胎座最下部的数个完全发育，有窄翅，种皮坚硬，胚乳薄，胚直立。

（二）枫香树属的主要树种

枫香树属的主要树种：枫香树。

形态特征：枫香树（*Liquidambar formosana* Hance），落叶乔木，高达30 m，胸径最大可达1 m，树皮灰褐色，方块状剥落；小枝干后灰色，被柔毛，略有皮孔；芽体卵形，长约1 cm，略被微毛，鳞状苞片敷有树脂，干后棕黑色，有光泽。叶薄革质，阔卵形，掌状3裂，中央裂片较长，先端尾状渐尖；两侧裂片平展；基部心形；上面绿色，干后灰绿色，不发亮；下面有短柔毛，或变秃净仅在脉腋间有毛；掌状脉 3~5 条，在上下两面均显著，网脉明显可见；边缘有锯齿，齿尖有腺状突；叶柄长达 11 cm，常有短柔毛；托叶线形，游离，或略与叶柄连生，长 1~1.4 cm，红褐色，被毛，早落。雄性短穗状花序常多个排成总状，雄蕊多数，花丝不等长，花药比花丝略短。雌性头状花序有花 24~43 朵，花序柄长 3~6 cm，偶有皮孔，无腺体；萼齿 4~7 个，针形，长 4~8 mm，子房下半部藏在头状花序轴内，上半部游离，有柔毛，花柱长 6~10 mm，先端常卷曲。头状果序圆球形，木质，直径 3~4 cm；蒴果下半部藏于花序轴内，有宿存花柱及针刺状萼齿。种子多数，褐色，多角形或有窄翅。

生长习性：性喜阳光，多生于平地、村落附近及低山的次生林。

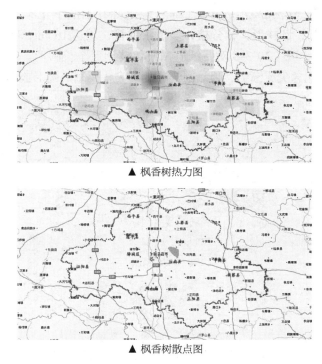

▲ 枫香树热力图

▲ 枫香树散点图

（三）枫香树属的利用价值

（1）园林绿化价值。枫香树在中国园林中栽作庭荫树，可于草地孤植、丛植，或于山坡、池塘与其他树木混植。枫香树属的树木因其外形美观和树叶变红，可作为行道树，并有很高的观赏价值。

（2）其他价值。木材稍坚硬，可做建筑、木工材料。树脂有香气，可用来调配香料。枫香树的根、叶及果实可入药，中医认为其味苦性平，用来治疗湿热肿毒等症状。

二十一、皂荚属

（一）皂荚属的形态特征

皂荚属（*Gleditsia* Linn），豆科。落叶乔木或灌木；干和枝通常具分枝的粗刺。叶互生，常簇生，一回和二回偶数羽状复叶常并存于同一植株上；叶轴和羽轴具槽；小叶多数，近对生或互生，基部两侧稍不对称或近于对称，边缘具细锯齿或钝齿，少有全缘；托叶小，早落。花杂性或单性异株，淡绿色或绿白色，组成腋生或少有顶生的穗状花序或总状花序，稀为圆锥花序；花托钟状，外面被柔毛，里面无毛；萼裂片 3~5，近相等；花瓣 3~5，稍不等，与萼裂片等长或稍长；雄蕊 6~10，伸出，花丝中部以下稍扁宽并被长曲柔毛，花药背着；子房无柄或具短柄，花柱短，柱头顶生；胚珠 1 至多数。荚果扁，劲直、弯曲或扭转，不裂或迟开裂；种子 1 至多颗，卵形或椭圆形，扁或近柱形。染色体 $2n=28$。

（二）皂荚属的主要树种

皂荚属的主要树种：皂荚。

形态特征：皂荚（*Gleditsia sinensis* Lam.），落叶乔木或小乔木，高可达 30 m；枝灰色至深褐色；刺粗壮，圆柱形，常分枝，多呈圆锥状，长达 16 cm，叶为一回羽状复叶，长 10~18（26）cm；小叶（2）3~9 对，纸质，卵状披针形至长圆形，长 2~8.5（12.5）cm，宽 1~4（6）cm，先端急尖或渐尖，顶端圆钝，具小尖头，基部圆形或楔形，有时稍歪斜，

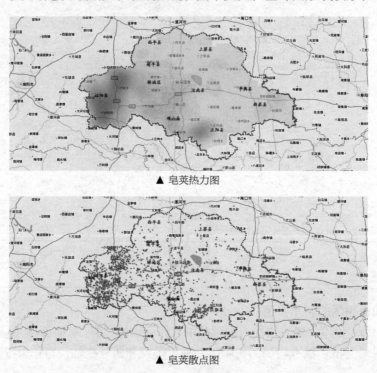

▲ 皂荚热力图

▲ 皂荚散点图

边缘具细锯齿，上面被短柔毛，下面中脉上稍被柔毛；网脉明显，在两面凸起；小叶柄长 1~2（5）mm，被短柔毛。花杂性，黄白色，组成总状花序；花序腋生或顶生，长 5~14 cm，被短柔毛；雄花：直径 9~10mm；花梗长 2~8（10）mm；花托长 2.5~3 mm，深棕色，外面被柔毛；萼片 4，三角状披针形，长 3 mm，两面被柔毛；花瓣 4，长圆形，长 4~5 mm，被微柔毛；雄蕊 8（6）；退化雌蕊长 2.5 mm；两性花：直径 10~12 mm；花梗长 2~5 mm；萼、花瓣与雄花的相似，唯萼片长 4~5 mm，花瓣长 5~6 mm；雄蕊 8；子房缝线上及基部被毛（偶有少数

湖北标本子房全体被毛），柱头浅 2 裂；胚珠多数。荚果带状，长 12~37 cm，宽 2~4 cm，劲直或扭曲，果肉稍厚，两面鼓起，或有的荚果短小，多少呈柱形，长 5~13 cm，宽 1~1.5 cm，弯曲作新月形，通常称猪牙皂，内无种子；果颈长 1~3.5 cm；果瓣革质，褐棕色或红褐色，常被白色粉霜；种子多颗，长圆形或椭圆形，长 11~13 mm，宽 8~9 mm，棕色，光亮。花期 3~5 月，果期 5~12 月。

生长习性：皂荚喜光，稍耐阴，生长于山坡林中或谷地、路旁，海拔自平地至 2 500 m。常栽培于庭院或宅旁。在微酸性、石灰质、轻盐碱土甚至黏土或沙土均能正常生长。属于深根性植物，具较强耐旱性，寿命可达六七百年。

（三）皂荚属的利用价值

（1）工程造林价值。皂荚树为生态经济型树种，耐旱节水，根系发达，可用作防护林和水土保持林。皂荚树具有固氮、适应性广、抗逆性强等综合价值，是退耕还林的首选树种。用皂荚营造草原防护林，能有效防止牧畜破坏，是林牧结合的优选树种。

（2）园林绿化价值。皂荚树耐热，耐寒，抗污染，可用于城乡景观林、道路绿化。

（3）其他价值。材坚而耐腐，纹理粗糙，供器具和薪炭用。荚果煎汁可代皂供洗涤用。根、茎、叶均可入药。

二十二、黄檀属

（一）黄檀属的形态特征

黄檀属（*Dalbergia*），豆科。乔木或灌木，直立或藤本。花小，通常多数，组成顶生或腋生圆锥花序。分枝有时呈二歧聚伞状；苞片和小苞片通常小，脱落，稀宿存；花萼钟状，裂齿 5，下方 1 枚通常最长，稀近等长，上方 2 枚常较阔且部分合生；花冠白色、淡绿色或紫色，花瓣具柄，旗瓣卵形、长圆形或圆形，先端常凹缺，翼瓣长圆形，瓣片基部楔形、截形或箭头状，龙骨瓣钝头，前喙先端多少合生；雄蕊 10 或 9 枚，通常合生为一上侧边缘开口的鞘（单体雄蕊），或鞘的下侧亦开裂而组成 5+5 的二体雄蕊，极稀不规则开裂为三至五体雄蕊，对旗瓣的 1 枚雄蕊稀离生而组成 9+1 的二体雄蕊，花药小，直，顶端短纵裂；子房具柄，有少数胚数，花柱内弯，粗短、纤细或锥尖，柱头小。荚果不开裂，长圆形或带状，翅果状，对种子部分多少加厚且常具网纹，其余部分扁平而薄，稀为近圆形或半月形而略厚，有 1 至数粒种子；种子肾形，扁平，胚根内弯。奇数羽状复叶，稀单叶；小叶互生，全缘；托叶早落；无小托叶。花冠蝶形，小，多数，成腋生或顶生圆锥花序；萼钟状，5 齿裂；雄蕊 10 个，稀有 9 个，单体或 2 体 (5+5)，稀为 (9+1)2 体；子房有柄，有少数胚珠，花柱内弯，柱头小，顶生。荚果椭圆形或带状，薄而扁平，不开裂，缝线处无翅。

（二）黄檀属的主要树种

黄檀属的主要树种：黄檀。

形态特征：黄檀（*Dalbergia hupeana* Hance），乔木，高 10~20 m；树皮暗灰色，呈薄片状剥落。幼枝淡绿色，无毛。羽状复叶长 15~25 cm；小叶 3~5 对，近革质，椭圆形至长圆状椭圆形，长 3.5~6 cm，宽 2.5~4 cm，先端钝，或稍凹入，基部圆形或阔楔形，两面无毛，细脉隆起，上面有光泽。圆锥花序顶生或生于最上部的叶腋间，连总花梗长 15~20

cm，径 10~20 cm，疏被锈色短柔毛；花密集，长 6~7 mm；花梗长约 5 mm，与花萼同疏被锈色柔毛；基生和副萼状小苞片卵形，被柔毛，脱落；花萼钟状，长 2~3 mm，萼齿 5，上方 2 枚阔圆形，近合生，侧方的卵形，最下一枚披针形，长为其余 4 枚之倍；花冠白色或淡紫色，长倍于花萼，各瓣均具柄，旗瓣圆形，先端微缺，翼瓣倒卵形，龙骨瓣关月形，与翼瓣内侧均具耳；雄蕊 10，成 5+5 的二体；子房具短柄，除基部与子房柄外，无毛，胚珠 2~3 粒，花柱纤细，柱头小，头状。荚果长圆形或阔舌状，长 4~7 cm，宽 13~15 mm，顶端急尖，基部渐狭成果颈，果瓣薄革质，对种子部分有网纹，有 1~2 粒种子；种子肾形，长 7~14 mm，宽 5~9 mm。花期 5~7 月。

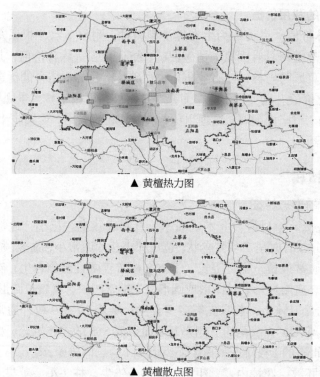

▲ 黄檀热力图

▲ 黄檀散点图

生长习性：生于山地林中或灌丛中，山沟溪旁及有小树林的坡地常见，海拔 600~1 400 m。喜光，耐干旱瘠薄，不择土壤，但以在深厚、湿润、排水良好的土壤生长较好，忌盐碱地；深根性，萌芽力强。生于山地林中或灌丛中，山沟溪旁及有小树林的坡地常见。

（三）黄檀属利用价值

（1）工程造林价值。黄檀对立地条件要求不严。在陡坡、山脊、岩石裸露、干旱瘠瘠的地区均可造林。是荒山荒地的先锋造林树种，天然林生长较慢，人工林生长快速。

（2）园林绿化价值。可作庭荫树、风景树、行道树，花香，开花能吸引大量蜂蝶。

（3）其他价值。黄檀木材坚韧、致密，是运动器械、玩具、雕刻及其他细木工优良用材。民间利用此材作斧头柄、农具等；果实可以榨油。其根皮，夏、秋季采挖，味辛、苦，性平，小毒，具有清热解毒、止血消肿之功效。主治疮疥疔毒、毒蛇咬伤、细菌性痢疾、跌打损伤等。

二十三、黄栌属

（一）黄栌属的形态特征

黄栌属（*Cotinus*），漆树科。落叶灌木或小乔木，木材黄色，树汁有臭味；芽鳞暗褐色。单叶互生，无托叶，全缘或略具齿；叶柄纤细。聚伞圆锥花序顶生；花小，杂性，仅少数发育，花梗纤细，长为花径的4~6倍，多数不孕花花后花梗伸长，被长柔毛；苞片披针形，早落；花萼5裂，裂片覆瓦状排列，卵状披针形，先端钝，宿存；花瓣5，长圆形，长为萼片的2倍，略开展；雄蕊5，比花瓣短，着生在环状花盘的下部，花药短卵形，比花丝短，药室内向纵裂；子房偏斜，压扁，1室，1胚珠，花柱3，侧生，短，柱头小而不显。核果小，暗红色至褐色，肾形，极压扁，侧面中部具残存花柱，外果皮薄，具脉纹，无毛或被毛，内果皮厚角质；种子肾形，种皮薄，无胚乳，子叶扁平，胚根长勾状。

（二）黄栌属的主要树种

黄栌属的主要树种：粉背黄栌。

形态特征：灌木，高2~7 m；小枝圆柱形，棕褐色，无毛。叶互生，纸质，卵圆形，长3.5~10 cm，宽2.5~7.5 cm，先端微凹或近圆形，基部圆形或浅心形，全缘，两面无毛，叶背明显被白粉；叶柄长1.5~3.3 cm，上面平。圆锥花序顶生，无毛，长达23 cm；花杂性，黄绿色；苞片披针形，长约1.5 mm；花柄长约3 mm，纤细；花萼5裂，裂片狭三角状披针形，

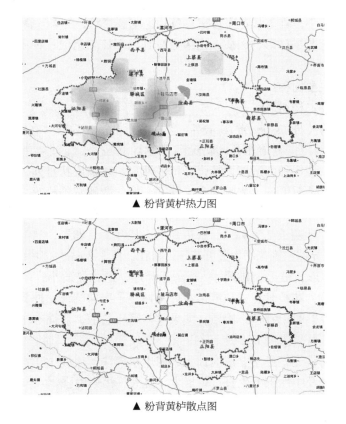

▲ 粉背黄栌热力图

▲ 粉背黄栌散点图

长约 1.1 mm，宽约 0.5 mm，无毛，先端短尖；花瓣 5，卵形或卵状椭圆形，长约 1.6 mm，宽约 0.9 mm，无毛；雄蕊 5，长约 1.2 mm，花丝近钻形，花药卵圆形，与花丝等长；花盘大，黄色，盘状；子房近球形，偏斜，径约 0.4 mm，无毛，花柱 3，分离，近顶生。核果棕褐色，无毛，具皱纹，近肾形，长 4~4.5 mm，宽 2.5~3 mm。

生长习性：生于向阳的山坡灌丛或疏林中。

（三）黄栌属利用价值

（1）园林绿化价值。黄栌属树姿优美，茎、叶、花都有较高的观赏价值，可栽培作观赏树种。

（2）其他价值。木材黄色，可提取黄色的工业染料，树皮和叶片还可提栲胶。枝、叶、皮、根皆可入药。

二十四、构属

（一）构属的形态特征

构属（*Broussonetia* L'Hert. ex Vent.），桑科。乔木或灌木，或为攀缘藤状灌木；有乳液，冬芽小。叶互生，分裂或不分裂，边缘具锯齿，基生叶脉三出，侧脉羽状；托叶侧生，分离，卵状披针形，早落。花单性异株，雄花排列成下垂的荑黄花序；雌花聚集成头状花序。小核果聚集成圆头状肉质的聚花果。落叶乔木、灌木或蔓生灌木；具锯齿，基脉 3 出；托叶早落。雌雄异株，稀同株；雄荑黄花序下垂，萼 4 裂，裂片镊合状排列，雄蕊 4，花丝在蕾中内折，退化雌蕊小；雌头状花序具宿存苞片，花被管状，3~4 齿裂，宿存，子房具柄，柱头侧生，线形。聚花果球形，肉质，由多数橙红色小核果组成。种皮近膜质，胚弯曲，子叶圆形。

（二）构属的主要树种

构属的主要树种：构树。

形态特征：构树（*Broussonetia papyrifera*）别名褚桃等，为落叶乔木，高 10~20 m；树皮暗灰色；小枝密生柔毛。树冠张开，卵形至广卵形；树皮平滑，浅灰色或灰褐色，不易裂，全株含乳汁。为强阳性树种，适应性特强，抗逆性强。叶螺旋状排列，广卵形至长椭圆状卵形，长 6~18 cm，宽 5~9 cm，先端渐尖，基部心形，两侧常不相等，边缘具粗锯齿，不分裂或 3~5 裂，小树之叶常有明显分裂，表面粗糙，疏生糙毛，背面密被茸毛，基生叶脉三出，侧脉 6~7 对；叶柄长 2.5~8 cm，密被糙毛；托叶大，卵形，狭渐尖，长 1.5~2 cm，宽 0.8~1 cm。花雌雄异株；雄花序为荑黄花序，粗壮，长 3~8 cm，苞片披针形，被毛，花被 4 裂，裂片三角状卵形，被毛，雄蕊 4，花药近球形，退化雌蕊小；雌花序球形头状，苞片棍棒状，顶端被毛，花被管状，顶端与花柱紧贴，子房卵圆形，柱头线形，被毛。聚花果直径 1.5~3 cm，成熟时橙红色，肉质；瘦果具与等长的柄，表面有小瘤，龙骨双层，外果皮壳质。花期 4~5 月，果期 6~7 月。

生长习性：构树喜光，速生、适应性强，耐干旱瘠薄，也能生于水边，多生于石灰岩山地，也能在酸性土及中性土上生长；耐烟尘，抗大气污染力强。

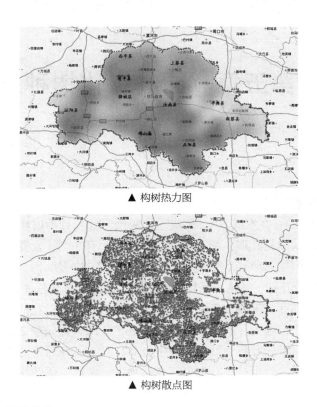

▲ 构树热力图

▲ 构树散点图

（三）构属的利用价值

（1）工程造林价值。构属树种具有速生、适应性强、分布广、易繁殖、热量高、轮伐期短的特点。是城乡绿化的重要树种，尤其适合用作荒山坡地绿化及防护林用。为抗有毒气体（二氧化硫和氯气）强的树种，可在大气污染严重地区栽植。

（2）其他价值。本属多数种类的韧皮纤维是造纸的高级原料，材质洁白。构树叶是很好的畜禽饲料，木材轻松，可作家具；根及种子可供药用，树液可治皮肤病，经济价值很高。

第五章　园林绿化树种

一、木兰属

一、木兰属的形态特征

木兰属（*Magnolia* L.），乔木或灌木，树皮通常灰色，光滑，或有时粗糙具深沟，通常落叶，少数常绿；小枝具环状的托叶痕，髓心连续或分隔；芽有 2 型；营养芽（枝、叶芽）腋生或顶生，具芽鳞 2，膜质，镊合状合成盔状托叶，包裹着次一幼叶和生长点，与叶柄连生。混合芽顶生（枝、叶及花芽），具 1 至数枚次第脱落的佛焰苞状苞片，包着 1 至数个节间，每节间有 1 腋生的营养芽，末端 2 节膨大，顶生着较大的花蕾；花柄上有数个环状苞片脱落痕。叶膜质或厚纸质，互生，有时密集成假轮生，全缘，稀先端 2 浅裂；托叶膜质，贴生于叶柄，在叶柄上留有托叶痕，幼叶在芽中直立，对折。花通常芳香，大而美丽，雌蕊常先熟，为甲壳虫传粉，单生枝顶，很少 2~3 朵顶生，两性，落叶种类在发叶前开放或与叶同时开放；花被片白色、粉红色或紫红色，很少黄色，9~21（45）片，每轮 3~5 片，近相等，有时外轮花被片较小，带绿色或黄褐色，呈萼片状；雄蕊早落，花丝扁平，药隔延伸成短尖或长尖，很少不延伸，药室内向或侧向开裂；雌蕊群和雄蕊群相连接，无雌蕊群柄。心皮分离，多数或少数，花柱向外弯曲，沿近轴面为具乳头状突起的柱头面，每心皮有胚珠 2 颗（很少在下部心皮具 3~4 颗）。聚合果成熟时通常为长圆状圆柱形，卵状圆柱形或长圆状卵圆形，常因心皮不育而偏斜弯曲。成熟蓇葖革质或近木质，互相分离，很少互相连合，沿背缝线开裂，顶端具或短或长的喙，全部宿存于果轴。种子 1~2 颗，外种皮橙红色或鲜红色，肉质，含油分，内种皮坚硬，种脐有丝状假珠柄与胎座相连，悬挂种子于外。

（二）木兰属的主要树种

木兰属的主要树种：望春玉兰、辛夷、荷花玉兰、玉兰。

1. 望春玉兰

形态特征：望春玉兰（*Magnolia biondii* Pamp.），又名望春花、迎春树、辛兰，属木兰科木兰属多年生落叶乔木，高可达 12 m，胸径达 1 m；树皮淡灰色，光滑；小枝细长，灰绿色，直径 3~4 mm，无毛；顶芽卵圆形或宽卵圆形，长 1.7~3 cm，密被淡黄色展开长柔毛。叶椭圆状披针形、卵状披针形，狭倒卵或卵形长 10~18 cm，宽 3.5~6.5 cm，先端急尖，或短渐尖，基部阔楔形，或圆钝，边缘干膜质，下延至叶柄，上面暗绿色，下面浅绿色，初被平伏绵毛，后无毛；侧脉每边 10~15 条；叶柄长 1~2 cm，托叶痕为叶柄长的 1/5~1/3。花先叶开放，直径 6~8 cm，芳香；花梗顶端膨大，长约 1 cm，具 3 苞片脱落痕；花被 9，外轮 3 片紫红色，近狭倒卵状条形，长约 1 cm，中内两轮近匙形，白色，外面基部常紫红色，长 4~5 cm，宽 1.3~2.5 cm，内轮的较狭小；雄蕊长 8~10 mm，花药长

4~5 mm，花丝长 3~4 mm，紫色；雌蕊群长 1.5~2 cm。聚合果圆柱形，长 8~14 cm，常因部分不育而扭曲；果梗长约 1 cm，径约 7mm，残留长绢毛；蓇葖浅褐色，近圆形，侧扁，具凸起瘤点；种子心形，外种皮鲜红色，内种皮深黑色，顶端凹陷，具 V 形槽，中部凸起，腹部具深沟，末端短尖不明显。花期 3 月，果熟期 9 月。

生长习性：喜温暖、湿润的环境；忌水涝；幼苗较耐阴，成年植株喜阳光充足。喜肥沃、疏松和排水良好的壤土。

2. 辛夷

形态特征：辛夷（*Magnolia lilii flora*），又名望春花，属木兰科植物。色泽鲜艳，花蕾紧凑，鳞毛整齐，芳香浓郁。干皮灰白色灰色，纵裂；小枝紫褐色，平滑无毛，具纵阔椭圆形皮孔，浅白棕色；顶生冬芽卵形，长 1~1.5 cm，被淡灰绿色绢毛，腋芽小，长 2~3 mm。叶互生，具短柄，柄长 1.5~2 cm，无毛，有时稍具短毛；叶片椭圆形或倒卵状椭圆形，长 10~16 cm，宽 5~8.5 cm，先端渐尖，基部圆形或呈圆楔形，全缘，两面均光滑无毛，有时于叶缘处具极稀短毛，表面绿色，背面浅绿色，主脉凸出。花于叶前开放，或近同时开放，单一，生于小枝顶端；花萼 3 片，绿色，卵状披针形，长约为花瓣的 1/4~1/3，通常早脱；花冠 6 片，外面紫红色，内面白色，倒卵形，长 8 cm 左右，雄蕊多数，螺旋排列，花药线形，花丝短；心皮多数分离，亦螺旋排列，花柱短小尖细。果实长椭圆形，有时稍弯曲。花期 2~3 月，果期 6~7 月。

生长习性：喜温暖气候，平地或丘陵地区均可栽培。土壤以疏松肥沃、排水良好、干燥的夹沙土为好。

3. 荷花玉兰

形态特征：荷花玉兰（*Magnolia grandiflora* L），常绿乔木，树皮淡褐色或灰色，薄鳞片状开裂；小枝粗壮。叶厚革质，椭圆形，长圆状椭圆形或倒卵状椭圆形，叶面深绿色，有光泽。花白色，有芳香，直径 15~20 cm；花被片 9~12，厚肉质，倒卵形，长 6~10 cm，宽 5~7 cm。聚合果圆柱状长圆形或卵圆形，蓇葖背裂，背面圆，顶端外侧具长喙；种子近卵圆形或卵形，长约 14 mm，径约 6 mm，外种皮红色，除去外种皮的种子，顶端延长成短颈。花期 5~6 月，果期 9~10 月，荷花玉兰是常绿乔木，在原产地高达 30 m；树皮淡褐色或灰色，薄鳞片状开裂；小枝粗壮，具横隔的髓心；小枝、芽、叶下面，叶柄、均密被褐色或灰褐色短茸毛（幼树的叶下面无毛）。叶厚革质，椭圆形，长圆状椭圆形或倒卵状椭圆形，长 10~20 cm，宽 4~7（10）cm，先端钝或短钝尖，基部楔形，叶面深绿色，有光泽；侧脉每边 8~10 条；叶柄长 1.5~4 cm，无托叶痕，具深沟。

生长习性：弱阳性，喜温暖湿润气候，抗污染，不耐碱土。幼苗期颇耐阴。喜温暖、湿润气候。较耐寒，能经受短期的 −19 ℃低温。在肥沃、深厚、湿润而排水良好的酸性或中性土壤上生长良好。根系深广，颇能抗风。病虫害少。生长速度中等，实生苗生长缓慢，10 年后生长逐渐加快。

4. 玉兰

形态特征：玉兰（*Magnolia denudata* Desr.），为木兰目木兰科木兰属落叶乔木，别名白玉兰、望春、玉兰花。花白色到淡紫红色，大型、芳香，花冠杯状，花先开放，叶子后长，花期 10 天左右。高达 25 m，胸径 1 m，枝广展形成宽阔的树冠；树皮深灰色，粗糙开裂；小枝稍粗壮，灰褐色；冬芽及花梗密被淡灰黄色长绢毛。叶纸质，倒卵形、宽倒卵形或倒卵状椭圆形，基部徒长枝叶椭圆形，长 10~15（18）cm，宽 6~10（12）cm，先端宽圆、平截或稍凹，具短突尖，中部以下渐狭成楔形，叶上深绿色，嫩时被柔毛，后仅中脉及侧脉留有柔毛，下面淡绿色，沿脉上被柔毛，侧脉每边 8~10 条，网脉明显；叶柄长 1~2.5 cm，被柔毛，上面具狭纵沟；托叶痕为叶柄长的 1/4~1/3。花蕾卵圆形，花先叶开放，直立，芳香，直径 10~16 cm；花梗显著膨大，密被淡黄色长绢毛；花被片 9 片，白色，基部常带粉红色，近相似，长圆状倒卵形，长 6~8（10）cm，宽 2.5~4.5（6.5）cm；雄蕊长 7~12 mm，花药长 6~7 mm，侧向开裂；药隔宽约 5 mm，顶端伸出成短尖头；雌蕊群淡绿色，无毛，圆柱形，长 2~2.5 cm；雌蕊狭卵形，长 3~4 mm，具长 4 mm 的锥尖花柱。聚合果圆柱形（在庭园栽培种常因部分心皮不育而弯曲），长 12~15 cm，直径 3.5~5 cm；蓇葖厚木质，褐色，具白色皮孔；种子心形，侧扁，高约 9 mm，宽约 10 mm，外种皮红色，内种皮黑色。花期 2~3 月（亦常于 7~9 月再开一次花），果期 8~9 月。

生长习性：玉兰性喜光，较耐寒，可露地越冬。喜干燥，忌低湿，栽植地渍水易烂根。喜肥沃、排水良好而带微酸性的砂质土壤，在弱碱性的土壤上亦可生长。

（三）木兰属的利用价值

（1）观赏价值。多数种类的花色艳丽多姿，色香兼备，是我国 2 500 多年的传统花卉，如玉兰、紫玉兰等二十余种早已引种至各国都市，享誉全球。玉兰树干光滑，枝叶茂密，树形优美，花色素雅，气味浓郁芳香，早春开放，花瓣白色，外面基部紫红色，十分美观，是园林绿化、庭院栽植的主要树种之一，它的苗子还是广玉兰、白玉兰和含笑花的砧木。

（2）药用价值。有些种类的树皮作厚朴或代厚朴药用，花蕾作辛夷药用，是我国 2 000 多年的传统中药。

二、樟属

（一）樟属的形态特征

樟属（*Cinnamomum* Trew），樟科的一属，常绿乔木或灌木；树皮、小枝和叶极芳香。芽裸露或具鳞片，具鳞片时鳞片明显或不明显，覆瓦状排列。叶互生、近对生或对生，有时聚生于枝顶，革质，离基三出脉或三出脉，亦有羽状脉。花小或中等大，黄色或白色，两性，稀为杂性，组成腋生或近顶生、顶生的圆锥花序，由 3 至多花的聚伞花序所组成。花被筒短，杯状或钟状，花被裂片 6，近等大，花后完全脱落，或上部脱落而下部留存在花被筒的边缘上，极稀宿存。能育雄蕊 9，稀较少或较多，排列成三轮，第一、二轮花丝无腺体，第三轮花丝近基部有一对具柄或无柄的腺体，花药 4 室，稀第三轮为 2 室，第一、二轮花药药室内向，第三轮花药药室外向。退化雄蕊 3，位于最内轮，心形或箭头形，具短柄。花柱与子房等长，纤细，柱头头状或盘状，有时具三圆裂。果肉质，有果托；果托杯状、钟状或圆锥状，截平或边缘波状，或有不规则小齿，有时有由花被片基部形成的平头裂片 6 枚。

（二）樟属的主要树种

樟属的主要树种是：樟树。

形态特征：樟（*Cinnamomum camphora* (L.) presl），又称香樟树，别名香樟、樟木、瑶人柴、栳樟、臭樟、乌樟，属樟科，常绿大乔木，高达 10~55 m，直径可达 3 m，树冠广卵形；树冠广展，枝叶茂密，气势雄伟，四季常青，是我国南方城市优良的绿化树、行道树及庭荫树。胸径 30~80 cm；树皮灰褐色。枝条圆柱形，紫褐色，无毛，嫩时多少具棱角。芽小，卵圆形，芽鳞疏被绢毛。叶互生，卵圆形或椭圆状卵圆形，长 8~17 cm，宽 3~10 cm，先端短渐尖，基部锐尖、宽楔形至圆形，坚纸质，上面光亮，幼时有极细的微柔毛，老时变无毛，下面苍白，极密被绢状微柔毛，中脉在上面平坦下面凸起，侧脉每边 4~6 条，最基部的一对近对生，其余的均为互生，斜升，两面近明显，侧脉脉腋在下面有明显的腺窝，上面相应处明显呈泡状隆起，横脉及细脉网状，两面不明显，叶柄长 2~3 cm，腹凹背凸，略被微柔毛。圆锥花序在幼枝上腋生或侧生，同时亦有近侧生，有时基部具苞叶，长（5）10~15 cm，多分枝，分枝两歧状，具棱角，总梗圆柱形，长 4~6 cm，与各级序轴均无毛。花绿白色，长约 2.5 mm，花梗丝状，长 2~4 mm，被绢状微柔毛。花被筒倒锥形，外面近无毛，花被裂片 6，卵圆形，长约 1.2 mm，外面近无毛，内面被白色绢毛，反折，很快脱落。能育雄蕊 9，第一、二轮雄蕊长约 1 mm，花药近圆形，花丝无腺体，第三轮雄蕊稍长，花丝近基部有一对肾形大腺体。退化雄蕊 3，位于最内轮，心形，近无柄，长约 0.5 mm。子房卵珠形，长约 1.2 mm，无毛，花柱长 1 mm，柱头头状。果球形，直径 7~8 mm，绿色，无毛；果托浅杯状，顶端宽 6 mm。花期 5~6 月，果期 7~8 月。

生长习性：樟树喜光，幼苗幼树耐阴，喜温暖湿润气候，耐寒性不强，怕冷，冬季最低温度不得低于 0 ℃，低于 0 ℃会遭冻害，低于 −5 ℃，会冻伤死亡。樟树在深厚、肥沃、湿润的酸性或中性黄壤、红壤上生长良好，不耐干旱、瘠薄和盐碱土，萌芽力强，耐修剪。

（三）樟属的利用价值

可提取樟脑和樟油，为化工及医药上的重要原料，其他种类的木材亦很有价值，可制樟木箱及建筑用材，其根材尤为美丽，供作美术品，亦可作为景观植物栽培。樟树全体均有樟脑香气，可提制樟脑和提取樟油。木材坚硬美观，宜制家具、箱子。

三、木瓜属

（一）木瓜属的形态特征

木瓜属（*Chaenomeles*），蔷薇目蔷薇科苹果亚科的一个属。落叶或半常绿，落叶或半常绿，灌木或小乔木，有刺或无刺；冬芽小，具 2 枚外露鳞片。单叶，互生，具齿或全缘，有短柄与托叶。花单生或簇生。先于叶开放或迟于叶开放；萼片 5，全缘或有齿；花瓣 5，大形，雄蕊 20 或多数排成两轮；花柱 5，基部合生，子房 5 室，每室具有多数胚珠排成两行。梨果大形，萼片脱落，花柱常宿存，内含多数褐色种子；种皮革质，无胚乳。

（二）木瓜属的主要树种

木瓜属的主要树种有：木瓜。

形态特征：木瓜（*Chaenomeles sinensis* (Thouin)Koehne），蔷薇科木瓜属，灌木或小乔木，

高达 5~10 m，叶片椭圆卵形或椭圆长圆形，稀倒卵形，长 5~8 cm，宽 3.5~5.5 cm，叶柄长 5~10 mm，微被柔毛，有腺齿；果实长椭圆形，长 10~15 cm，暗黄色，木质，味芳香，果梗短。花期 4 月，果期 9~10 月。树皮成片状脱落；小枝无刺，圆柱形，幼时被柔毛，不久即脱落，紫红色，二年生枝无毛，紫褐色；冬芽半圆形，先端圆钝，无毛，紫褐色。

生长习性：对土质要求不严，但在土层深厚、疏松肥沃、排水良好的沙质土壤上生长较好，低洼积水处不宜种植。喜半干半湿，在花期前后略干。土壤过湿，则花期短。见果后喜湿，若土干，果呈干瘪状，就很容易落果。果接近成熟期，土略干。果熟期土壤过湿则落果。喜温暖环境，不耐阴，栽植地可选择避风向阳处。

（三）木瓜属的利用价值

（1）观赏价值。木瓜属的木瓜树姿优美，花簇集中，花量大，花色美，常被作为观赏树种，还可作嫁接海棠的砧木，或作为盆景在庭院或园林中栽培，具有城市绿化和园林造景功能。

（2）营养价值。木瓜果实营养丰富，富含维生素。可制成美容产品如木瓜白肤香皂、香花雨木瓜白肤洗面奶等。木瓜对女性更有美容功效。

四、蔷薇属

（一）蔷薇属的形态特征

蔷薇属（*Rosa* L.）是双子叶植物纲蔷薇科下的一属植物，大约有 317 种物种及上千个栽培品种。其中很多品种植物是世界著名的观赏植物。中国产 91 种，月季、玫瑰和蔷薇为其代表植物。植物为直立、蔓延或攀缘灌木，多数被有皮刺、针刺或刺毛。叶互生，奇数羽状复叶，稀单叶。花单生或成伞房状，稀复伞房状或圆锥状花序；花瓣 5，开展，覆瓦状排列，白色、黄色、粉红色至红色；胚珠单生，下垂。瘦果木质，多数稀少数，着生在肉质萼筒内形成蔷薇果；种子下垂。染色体基数 $x=7$。

（二）蔷薇属的主要树种

蔷薇属的主要树种：月季、野蔷薇、小月季。

1. 月季

形态特征：月季（*Rosa chinensis* Jacq.），被称为花中皇后，又称"月月红"，是常绿、半常绿低矮灌木，四季开花，一般为红色或粉色，偶有白色和黄色，可作为观赏植物，也可作为药用植物。有三个自然变种，现代月季花型多样，有单瓣和重瓣，还有高心卷边等优美花型；其色彩艳丽、丰富，不仅有红、粉、黄、白等单色，还有混色、银边等品种；多数品种有芳香。月季的品种繁多，世界上已有近万种，中国也有千种以上。月季花是直立灌木，高 1~2 m；小枝粗壮，圆柱形，近无毛，有短粗的钩状皮刺。小叶 3~5，稀 7，连叶柄长 5~11 cm，小叶片宽卵形至卵状长圆形，长 2.5~6 cm，宽 1~3 cm，先端长渐尖或渐尖，基部近圆形或宽楔形，边缘有锐锯齿，两面近无毛，上面暗绿色，常带光泽，下面颜色较浅，顶生小叶片有柄，侧生小叶片近无柄，总叶柄较长，有散生皮刺和腺毛；托叶大部贴生于叶柄，仅顶端分离部分成耳状，边缘常有腺毛。花几朵集生，稀单生，直径 4~5 cm；花梗长 2.5~6 cm，近无毛或有腺毛，萼片卵形，先端尾状渐尖，有时呈叶状，边缘常有羽状裂片，稀全缘，外面无毛，内面密被长柔毛；花瓣重瓣至半重瓣，红色、粉红色至白色，倒卵形，先端有凹缺，基部楔形；花柱离生，伸出萼筒口外，约与雄蕊等长。果卵球形或梨形，长 1~2 cm，红色，萼片脱落。花期 4~9 月，果期 6~11 月。

生长习性：月季花对气候、土壤要求虽不严格，但以疏松、肥沃、富含有机质、微酸性、排水良好的壤土较为适宜。性喜温暖、日照充足、空气流通的环境。大多数品种最适温度白天为 15~26 ℃，晚上为 10~15 ℃。冬季气温低于 5 ℃ 即进入休眠。有的品种能耐 –15 ℃ 的低温和 35 ℃ 的高温；夏季温度持续 30 ℃ 以上时，即进入半休眠，植株生长不良，虽也能孕蕾，但花小瓣少，色暗淡而无光泽，失去观赏价值。

2. 野蔷薇

形态特征：野蔷薇（*Rosa multiflora* Thunb.）为攀缘灌木；小枝圆柱形，通常无毛，有短、粗稍弯曲皮束。小叶 5~9，近花序的小叶有时 3，连叶柄长 5~10 cm；小叶片倒卵形、长圆形或卵形，长 1.5~5 cm，宽 8~28 mm，先端急尖或圆钝，基部近圆形或楔形，边缘有尖锐单锯齿，稀混有重锯齿，上面无毛，下面有柔毛。小叶柄和叶轴有柔毛或无毛，有散生腺毛；托叶篦齿状，大部贴生于叶柄，边缘有或无腺毛。花多朵，排成圆锥状花序，花梗长 1.5~2.5 cm，无毛或有腺毛，有时基部有篦齿状小苞片；花直径 1.5~2 cm，萼片披针形，有时中部具 2 个线形裂片，外面无毛，内面有柔毛；花瓣白色，宽倒卵形，先端微凹，基部楔形；花柱结合成束，无毛，比雄蕊稍长。果近球形，直径 6~8 mm，红褐色或紫褐色，有光泽，无毛，萼片脱落。

生长习性：野蔷薇性强健，喜光，耐半阴，耐寒，对土壤要求不严，在黏重土上也可正常生长。耐瘠薄，忌低洼积水。以肥沃、疏松的微酸性土壤最好。

3. 小月季

形态特征：小月季（*Rosa chinensis var. minima* (Sims) Voss），是蔷薇科蔷薇属植物。矮小直立灌木。小枝有粗壮略带钩状的皮刺。羽状复叶，小叶 3~5，少数 7，广卵形至卵状矩圆形，叶小而狭，先端渐尖，基部宽楔形或近圆形，边缘有锐锯齿，两面无毛；托叶大部分附生在叶柄上，先端分离成披针形裂片，边缘具腺纤毛。花常数朵簇生，或单生，花较小，径约 3 cm；花梗长，绿色，散生短腺毛，花托近球形，萼片三角状卵形，先端尾尖，呈羽裂状，外面无毛，花瓣玫瑰红色，单瓣或重瓣，倒卵圆形或长圆形微香，花柱离生，具毛。蔷薇果卵形或梨形，熟时黄红色，萼裂片宿存。花期 4 月下旬至 10 月，果熟期 9~11 月。

生长习性：喜肥植物，春秋两季为生长旺盛期，需每隔 10~15 天追肥 1 次，可用有机肥也可用复合肥。需特别注意的是夏季高温季节和冬季低温时节应停止施肥。15~26 ℃ 的生长环境，最高不要高于 30 ℃，要保证每天接受半天时间的光照，但要避免被暴晒，最好使用疏松、排水良好、保水保肥的土壤。

（三）蔷薇属利用价值

（1）观赏价值。蔷薇属植物花香宜人，常见品种为突厥蔷薇、玫瑰花、山刺玫、野蔷薇等。蔷薇色泽鲜艳，气味芳香，是香色并具的观赏花。枝干成半攀缘状，可依架攀附成各种形态，宜布置于花架、花格、辕门、花墙、花柱、花篱等处，夏日花繁叶茂，为园林增添不少亮丽色彩，亦可控制成小灌木状，培育作盆花。有些品种可培育作切花。

（2）药用价值。果实成熟后富含维生素C，味酸甜可食，为治疗心血管病等的重要药品。

五、银杏属

（一）银杏属的形态特征

银杏属（*Ginkgo*）是裸子植物门银杏科下的一个属，是银杏目银杏科仅有的一个属。该属均为落叶乔木，树干高大，分枝繁茂；枝分长枝与短枝。叶扇形，有长柄，具多数叉状并列细脉，在长枝上螺旋状排列散生，在短枝上成簇生状。球花单性，雌雄异株，生于短枝顶部的鳞片状叶的腋内，呈簇生状。种子核果状，具长梗，下垂，外种皮肉质，中种皮骨质，内种皮膜质，胚乳丰富。

（二）银杏属的主要树种

银杏属的主要树种：银杏。

形态特征：银杏（*Ginkgo biloba* L.）是银杏科银杏属植物。乔木，高达40 m，胸径可达4 m；幼树树皮浅纵裂，大树之皮呈灰褐色，深纵裂，粗糙；幼年及壮年树冠圆锥形，老则广卵形；枝近轮生，斜上伸展（雌株的大枝常较雄株开展）；一年生的长枝淡褐黄色，二年生以上变为灰色，并有细纵裂纹；短枝密被叶痕，黑灰色，短枝上亦可长出长枝；冬芽黄褐色，常为卵圆形，先端钝尖。叶扇形，有长柄，淡绿色，无毛，有多数叉状并列细脉，顶端宽5~8 cm，在短枝上常具波状缺刻，在长枝上常2裂，基部宽楔形，柄长3~10（多为5~8）cm，幼树及萌生枝上的叶常较大而深裂（叶片长达13 cm，宽15 cm），有时裂片再分裂（这与较原始的化石种类之叶相似），叶在一年生长枝上螺旋状散生，在短枝上3~8叶呈簇生状，秋季落叶前变为黄色。球花雌雄异株，单性，生于短枝顶端的鳞片状叶的腋内，呈簇生状；雄球花荑黄花序状，下垂，雄蕊排列疏松，具短梗，花药常2个，长椭圆形，药室纵裂，药隔不发；雌球花具长梗，梗端常分两叉，稀3~5叉或不分叉，每叉顶生一盘状珠座，胚珠着生其上，通常仅一个叉端的胚珠发育成种子，风媒传粉。种子具长梗，下垂，常为椭圆形、长倒卵形、卵圆形或近圆球形，长2.5~3.5 cm，径为2 cm，外种皮肉质，熟时黄色或橙黄色，外被白粉，有臭味；中种皮白色，骨质，具2~3条纵脊；内种皮膜质，淡红褐色；胚乳肉质，味甘略苦；子叶2枚，稀3枚，发芽时不出土，初生叶2~5片，宽条形，长约5 mm，宽约2 mm，先端微凹，第4或第5片起之后生叶扇形，先端具一深裂及不规则的波状缺刻，叶柄长0.9~2.5 cm；有主根。

生长习性：银杏为喜光树种，深根性，对气候、土壤的适应性较宽，能在高温多雨及雨量稀少、冬季寒冷的地区生长，但生长缓慢或不良；能生于酸性土壤（pH 4.5）、石灰性土壤（pH 8）及中性土壤上，但不耐盐碱土及过湿的土壤。

（三）银杏属的利用价值

银杏为速生珍贵的用材树种，边材淡黄色，心材淡黄褐色，结构细，质轻软，富弹性，易加工，有光泽，比重0.45~0.48，不易开裂，不反挠，为优良木材，供建筑、家具、室内装饰、雕刻、绘图板等用。种子供食用（多食易中毒）及药用。叶可作药用和制杀虫剂，亦可作肥料。种子的肉质外种皮含白果酸、白果醇及白果酚，有毒。树皮含单宁。银杏树形优美，春夏季叶色嫩绿，秋季变成黄色，颇为美观，可作庭园树及行道树。银杏为速生珍贵的用材树种，边材淡黄色，心材淡黄褐色，结构细，质轻软，富弹性，易加工，有光泽，不易开裂，不反挠，为优良木材，供建筑、家具、室内装饰、雕刻、绘图板等用。叶可作药用和制杀虫剂，亦可作肥料。

六、雪松属

（一）雪松属的形态特征

雪松属（*Cedrus*）是松科落叶松亚科常绿乔木。冬芽小，有少数芽鳞，枝有长枝及短枝，枝条基部有宿存的芽鳞，叶脱落后有隆起的叶枕。叶针状，坚硬，通常三棱形，或背脊明显呈四棱形，叶在长枝上螺旋状排列、辐射伸展，在短枝上呈簇生状。球花单性，雌雄同株，直立，单生短枝顶端；雄球花具多数螺旋状着生的雄蕊，花丝极短，花药2，药室纵裂，药隔显著，鳞片状卵形，边缘有细齿，花粉无气囊；雌球花淡紫色，有多数螺旋状着生的珠鳞，珠鳞背面托短小苞鳞，腹（上）面基部有2枚胚珠。球果第二年（稀三年）成熟，直立；种鳞木质，宽大，排列紧密，腹面有2粒种子，鳞背密生短茸毛；苞鳞短小，熟时与种鳞一同从宿存的中轴上脱落；球果顶端及基部的种鳞无种子，种子有宽大膜质的种翅；子叶通常6~10枚。

（二）雪松属的主要树种

雪松属的主要树种：雪松。

形态特征：雪松（*Cedrus deodara* (Roxb.) G. Don）是松科雪松属植物。常绿乔木，高达30 m左右，胸径可达3 m；树皮深灰色，裂成不规则的鳞状片；枝平展、微斜展或微下垂，基部宿存芽鳞向外反曲，小枝常下垂，一年生长枝淡灰黄色，密生短茸毛，微有白粉，二、三年生枝呈灰色、淡褐灰色或深灰色。叶在长枝上辐射伸展，短枝之叶成簇生状（每年生出新叶15~20枚），叶针形，坚硬，淡绿色或深绿色，长2.5~5 cm，宽1~1.5 mm，上部较宽，先端锐尖，下部渐窄，常成三棱形，稀背脊明显，叶之腹面两侧各有2~3条气孔线，背面4~6条，幼时气孔线有白粉。雄球花长卵圆形或椭圆状卵圆形，长2~3 cm，径约1 cm；雌球花卵圆形，长约8 mm，径约5 mm。球果成熟前淡绿色，微有白粉，熟时红褐色，卵圆形或宽椭圆形，长7~12 cm，径5~9 cm，顶端圆钝，有短梗；中部种鳞扇状倒三角形，长2.5~4 cm，宽4~6 cm，上部宽圆，边缘内曲，中部楔状，下部耳形，基部爪状，鳞背密生短茸毛；苞鳞短小；种子近三角状，种翅宽大，较种子为长，连同种子长2.2~3.7 cm。

生长习性：在气候温和凉润、土层深厚、排水良好的酸性土壤上生长旺盛。要求温和凉润气候和土层深厚而排水良好的土壤。喜阳光充足，也稍耐阴。

（三）雪松属的利用价值

（1）观赏价值。雪松是世界著名的庭园观赏树种之一。它具有较强的防尘、减噪与杀菌能力，也适宜作工矿企业绿化树种。雪松树体高大，树形优美，最适宜孤植于草坪中央、建筑前庭之中心、广场中心或主要建筑物的两旁及园门的入口等处。其主干下部的大枝自近地面处平展，长年不枯，能形成繁茂雄伟的树冠。此外，列植于园路的两旁，形成甬道，亦极为壮观。

雪松建筑用材雪松木材轻软，具树脂，不易受潮。在原产地是一种重要的建筑用材。

（2）药用价值。雪松木中含有非常丰富的精油，可以经由蒸馏的方式将其从木片或木屑中萃取出来。雪松油具有抗脂漏、防腐、杀菌、补虚、收敛、利尿、调经、祛痰、杀虫及镇静等医疗功效。雪松杀菌、抗脂漏及温和的收敛作用是其能够有效治疗头皮屑及舒缓头皮发痒症状的原因；收敛的作用可以帮助治疗粉刺及油性皮疹。雪松也能用于关节炎及风湿等症状，能够滋补全身；对于心理及精神紧张、焦虑、强迫症、恐惧等症状也有绝佳的舒缓作用。将雪松与甜杏仁等基底油混合，或是加入洗澡水中稀释，可有助于舒缓气喘、支气管炎、呼吸道问题、关节疼痛、肌肤出油及头皮屑等症状。用香薰炉或是喷雾器将精油散布在空气中也能帮助治疗关节炎、支气管炎、风湿及呼吸道问题。

七、木樨属

（一）木樨属的形态特征

木樨属（*Osmanthus* Lour.），是木樨科下的一属植物。常绿灌木或小乔木。叶对生，单叶，叶片厚革质或薄革质，全缘或具锯齿，两面通常具腺点；具叶柄。花两性，通常雌蕊或雄蕊不育而成单性花，雌雄异株或雄花、两性花异株，聚伞花序簇生于叶腋，或再组成腋生或顶生的短小圆锥花序；苞片2枚，基部合生；花萼钟状，4裂；花冠白色或黄白色，少数栽培品种为橘红色，呈钟状，圆柱形或坛状，浅裂、深裂，或深裂至基部，裂片4枚，花蕾时呈覆瓦状排列；雄蕊2枚，稀4枚，着生于花冠管上部，药隔常延伸呈小尖头；子房2室，每室具下垂胚珠2枚，花柱长于或短于子房，柱头头状或2浅裂，不育雌蕊呈钻状或圆锥状。果为核果，椭圆形或歪斜椭圆形，内果皮坚硬或骨质，常具种子1枚；胚乳肉质；子叶扁平；胚根向上。

（二）木樨属的主要树种

木樨属的主要树种：桂花。

形态特征：桂花是中国木樨属众多树木的习称，代表物种木樨（*Osmanthus fragrans* (Thunb.) Lour.），又名岩桂，系木樨科常绿灌木或小乔木，高3~5 m，最高可达18 m；树皮灰褐色。小枝黄褐色，无毛。叶片革质，椭圆形、长椭圆形或椭圆状披针形，长7~14.5 cm，宽2.6~4.5 cm，先端渐尖，基部渐狭呈楔形或宽楔形，全缘或通常上半部具细锯齿，两面无毛，腺点在两面连成小水泡状突起，中脉在上面凹入，下面凸起，侧脉6~8对，多达10对，在上面凹入，下面凸起；叶柄长0.8~1.2 cm，最长可达15 cm，无毛。聚伞花序簇生于叶腋，或近于帚状，每腋内有花多朵；苞片宽卵形，质厚，长2~4 mm，具小尖头，无毛；花梗细弱，长4~10 mm，无毛；花极芳香；花萼长约1 mm，裂片稍不整齐；花冠黄白色、淡黄色、黄色或橘红色，长3~4 mm，花冠管仅长0.5~1 mm；雄蕊着生于花冠管中部，花丝极短，长约0.5 mm，花药长约1 mm，药隔在花药先端稍延伸呈不明显的小尖头；雌蕊长约1.5 mm，花柱长约0.5 mm。果歪斜，椭圆形，长1~1.5 cm，呈紫黑色。花期9月至10月上旬，果期翌年3月。有生长势强、枝干粗壮、叶形较大、叶表粗糙、叶色墨绿、花色橙红的丹桂；有长势中等、叶表光滑、叶缘具锯齿、花呈乳白色的银桂，且花朵茂密、香味甜郁；生长势较强，叶表光滑，叶缘稀疏锯齿或全缘，花呈淡黄色，花朵稀疏、淡香，除秋季9~10月与上列品种同时开花外，还可每2个月或3个月又开一次的四季桂。丹桂和四季桂，果实为紫黑色核果，俗称桂子。桂花实生苗有明显的主根，根系发达深长。幼根浅黄褐色，老根黄褐色。

生长习性：桂花性喜日光，在全日照条件下，枝叶葱翠，树形优美，着花繁密；亦稍耐阴，但在疏林中或大树下，枝叶稀疏，着花亦少。适于温暖湿润气候，在适宜条件下，一年可抽梢三次，一般春秋抽梢两次。较耐寒，曾有经历短期 −18 ℃低温，成年树无明显冻害；亦较耐高温，气温达 40 ℃时，枝叶无灼伤现象。

桂花对土壤的要求不太严格，喜好湿润而排水性良好的沙质土壤，较黏重土壤生长亦佳，但切忌渍水。嗜肥，施用各种完全肥料后，植株生长迅速、茂盛，但亦较耐瘠薄土壤。在 45 ℃左右的山坡岩岭间亦生长正常，其萌发力和再生能力均较强，移植大树时经截干修剪，2~3 年即可恢复树冠。

（三）木樨属的利用价值

（1）观赏价值。木犀属的桂花树终年常绿，枝繁叶茂，秋季开花，芳香四溢。在园林中应用普遍，常作园景树，有孤植、对植，也有成丛成林栽种。桂花常与建筑物、山、石相配，以丛生灌木型的植株植于亭、台、楼、阁附近，是园林绿化的主要树种。

（2）工业价值。本属各种植物的花中均含有芳香油，可提取香精浸膏净油等产品，多应用于薰茶食品及化学工业。木材材质致密，纹理美观，不易炸裂，刨面光洁，是良好的雕刻用材。

八、紫薇属

（一）紫薇属的形态特征

紫薇属（*Lagerstroemia* L.），落叶或常绿灌木或乔木。叶对生、近对生或聚生于小枝的上部，全缘；托叶极小，圆锥状，脱落。花两性，辐射对称，顶生或腋生的圆锥花序；花梗在小苞片着生处具关节；花萼半球形或陀螺形，革质，常具棱或翅，5~9 裂；花瓣通常 6，或与花萼裂片同数，基部有细长的爪，边缘波状或有皱纹；雄蕊 6 至多数，着生于萼筒近基部，花丝细长，长短不一；子房无柄，3~6 室，每室有多数胚珠，花柱长，柱头头状。蒴果木质，基部有宿存的花萼包围，成熟时室背开裂为 3~6 果瓣；种子多数，顶端有翅。

（二）紫薇属的主要树种

紫薇属的主要树种：紫薇。

形态特征：紫薇（*Lagerstroemia indica* L.），别名痒痒花、痒痒树、紫金花、紫兰花、蚊子花、西洋水杨梅、百日红、无皮树。是双子叶植物纲千屈菜科紫薇属落叶灌木或小乔木，高可达 7 m；树皮平滑，灰色或灰褐色；枝干多扭曲，小枝纤细，具 4 棱，略成翅状。叶互生或有时对生，纸质，椭圆形、阔矩圆形或倒卵形，长 2.5~7 cm，宽 1.5~4 cm，顶端短尖或钝形，有时微凹，基部阔楔形或近圆形，无毛或下面沿中脉有微柔毛，侧脉 3~7 对，小脉不明显；无柄或叶柄很短。花色玫红色、大红色、深粉红色、淡红色或紫色、白色，直径 3~4 cm，常组成 7~20 cm 的顶生圆锥花序；花梗长 3~15 mm，中轴及花梗均被柔毛；花萼长 7~10 mm，外面平滑无棱，但鲜时萼筒有微突起短棱，两面无毛，裂片 6，三角形，直立，无附属体；花瓣6，皱缩，长12~20 mm，具长爪；雄蕊36~42，外面6枚着生于花萼上，比其余的长得多；子房3~6室，无毛。蒴果椭圆状球形或阔椭圆形，长1~1.3 cm，幼时绿色至黄色，成熟时或干燥时呈紫黑色，室背开裂；种子有翅，长约8 mm。花期6~9月，果期9~12月。

生长习性：紫薇喜暖湿气候，喜光，略耐阴，喜肥，尤喜深厚肥沃的沙质壤土，好生于略有湿气之地，亦耐干旱，忌涝，忌种在地下水位高的低湿地方，性喜温暖，而能抗寒，萌蘖性强。紫薇还具有较强的抗污染能力，对二氧化硫、氟化氢及氯气的抗性较强。半阴生，喜生于肥沃湿润的土壤上，也能耐旱，不论钙质土或酸性土都生长良好。

（三）紫薇属的利用价值

（1）观赏价值。本属大多数种类都有大而美丽的花，常栽培作庭园观赏树；有的种类在石灰岩石山可生长成乔木，而且伐后萌蘖力强，是绿化石灰岩石山的良好树种。

（2）工业价值。本属一些种类的木材坚硬，纹理通直，结构细致，木材加工性质优良，刨削后切面光滑，易干燥，抗白蚁力较强，是珍贵的室内装修材料，优良的造船材料，也可作建筑、家具、箱板等用材，可代核桃木作电工器材，其小材可作雕刻及农具把柄。

第六章　经济林树种

一、板栗

（一）板栗的形态特征、生长习性

形态特征：高达 20 m 的乔木，胸径 80 cm，冬芽长约 5 mm，小枝灰褐色，托叶长圆形，长 10~15 mm，被疏长毛及鳞腺。叶椭圆至长圆形，长 11~17 cm，宽稀达 7 cm，顶部短至渐尖，基部近截平或圆，或两侧稍向内弯而呈耳垂状，常一侧偏斜而不对称，新生叶的基部常狭楔尖且两侧对称，叶背被星芒状伏贴茸毛或因毛脱落变为几无毛；叶柄长 1~2 cm。雄花序长 10~20 cm，花序轴被毛；花 3~5 朵聚生成簇，雌花 1~3（~5）朵发育结实，花柱下部被毛。成熟壳斗的锐刺有长有短，有疏有密，密时全遮蔽壳斗外壁，疏时则外壁可见，壳斗连刺径 4.5~6.5 cm；坚果高 1.5~3 cm，宽 1.8~3.5 cm。花期 4~6 月，果期 8~10 月。

生长习性：板栗为喜光树种，开花期光照充足，空气干爽，则开花坐果良好。故栗树以栽植在半阳坡、阳坡或开阔地段为宜。北方栗较抗旱耐旱，南方栗较耐湿耐热。适于栗树生长的年平均温度为 10~15 ℃，生长期（4~10 月）气温在 16~20 ℃，冬季不低于 −25 ℃的地方为宜。

（二）板栗的主要栽培品种及分布

主要栽培品种有豫板栗 1 号（豫罗红）、豫板栗 3 号（确红栗）、豫板栗 4 号（确山油栗）。主要分布在确山县。

1. 豫罗红

豫罗红，字义理解：豫代表河南，罗代表信阳市罗山县，红代表栗子以红色为主。豫罗红原产于河南省罗山县，是河南省林科所历时 13 年，从实生油栗中选育出的优良品种。豫罗红属于板栗里的油栗品种，少生虫，耐储存，结果率高，口感栗香、甜、面。曾经出口到日本，向全国很多地区进行过推广。豫罗红的特点，和它的地理环境有着很大关系，因信阳地区属于大别山脉以北，再加上其产量 80% 以上都是在淮河及浉河地带，靠沙质细土生长，有山有水有沙，便形成了豫罗红独特的产品性质。该品种选育研究获 1990 年林业部及河南省科技进步成果奖，并被国家列为"八五"全国重点推广计划项目，已推广到全国十多个省（市、区）。该品种树势中强，树冠紧凑，枝条疏生、粗壮，分枝角度大。结果母枝萌发成枝率为 67.67%，连续结果能力为 50%。结果母枝抽生结果枝 1.75 个，结果枝着苞 2.03 个，每苞含坚果 2.77 个，单粒重 11 g 左右，每 500 g 坚果 49.2 粒，出实率 45%。坚果椭圆形，皮薄，紫红色，鲜艳。果肉淡黄色、甜脆、细腻、香味浓，有糯性，含糖 17%、淀粉 58.4%。丰产、稳产、耐储藏，抗病虫，10 月初成熟。

2. 确红栗、确山油栗

确红栗和确山油栗是确山本地培养的品种。确山板栗,河南省确山县特产,中国国家地理标志产品。确山板栗简称"确栗",以个大、粒饱、味鲜著称,历来受到各地果业的重视。确山县共有板栗种植面积 19.21 万亩,年产量达 2 万 t。20 世纪 60 年代,确山产的确红栗、确山油栗,曾被评为中国优良品种。在国际市场上,确栗也享有较高声誉,远销至港澳地区、日本及东南亚各国。2005 年 8 月 25 日,原国家质检总局批准对"确山板栗"实施地理标志产品保护。确山板栗素以坚果大、色泽美观、油质发亮、涩皮易剥、易储存、肉质细腻、营养丰富、口感香甜味美等诸多优点而闻名于世。在感官上,确山板栗与南方板栗相比,既有南方果形大的特点,又克服了南方板栗色泽差、品质不好的缺点;与北方板栗相比,在色泽、品质、耐储上等同,却又克服了北方板栗坚果小、不丰满的特点。确山板栗生长环境在北亚热带与南暖温带的过渡地带,气候湿润、雨热同期,光、热、水条件非常适宜板栗生长,而且这些地方多为砾质土、沙壤土、黄棕壤土,土层深厚,有机质含量较高。正是这种独特的气候条件形成了确山板栗色泽鲜亮、坚果大、果肉肥厚、肉质细腻、营养丰富、口感香甜味美的独特品质。

营养价值:确山板栗富含维生素 C、维生素 E、脂肪酶、铁、钙、磷等成分,蛋白质、糖类、淀粉等人体需要的营养物质,是一种营养丰富的食品。多食栗果能养胃健脾、活血止血,具有养颜美容、延年益寿之功效。

二、核桃

(一)核桃的形态特征、生长习性

形态特征:核桃,又称胡桃、羌桃,是胡桃科植物。与扁桃、腰果、榛子并称为世界著名的"四大干果"。一般高达 3~5 m,树皮灰白色,浅纵裂,枝条髓部片状,幼枝先端具细柔毛(2 年生枝常无毛)。也有高达 20~25 m,树干较别的种类矮,树冠广阔。树皮幼时灰绿色,老时则灰白色而纵向浅裂。小枝无毛,具有光泽,被盾状着生的腺体,灰绿色,后来带褐色。羽状复叶长 25~50 cm,小叶 5~9 个,稀有 13 个。椭圆状卵形至椭圆形,顶生小叶通常较大,长 5~15 cm,宽 3~6 cm,先端急尖或渐尖,基部圆或楔形,有时为心脏形。全缘或有不明显钝齿,表面深绿色,无毛,背面仅脉腋有微毛,小叶柄极短或无,有些外壳坚硬,有些比较软。奇数羽状复叶长 25~30 cm,叶柄及叶轴幼时被有极短腺毛及腺体小叶通常 5~9 枚,稀 3 枚,椭圆状卵形至长椭圆形,长 6~15 cm,宽 3~6 cm,顶端钝圆或急尖、短渐尖,基部歪斜、近于圆形,边缘全缘或在幼树上者具稀疏细锯齿,上面深绿色,无毛,下面淡绿色,侧脉 11~15 对,腋内具簇短柔毛,侧生小叶具极短的小叶柄或近无柄,生于下端者较小,顶生小叶常具长 3~6 cm 的小叶柄。雄葇荑花序长 5~10 cm,雄花有雄蕊 6~30 个,萼 3 裂,雌花 1~3 朵聚生,花柱 2 裂,赤红色。花期 5 月,雄性葇荑花序下垂,长 5~10 cm、稀达 15 cm。雄花的苞片、小苞片及花被片均被腺毛。雄蕊 6~30 枚,花药黄色,无毛。雌性穗状花序通常具 1~3(~4)雌花。雌花的总苞被极短腺毛,柱头浅绿色。果实椭圆形,直径约 5 cm,灰绿色。幼时具腺毛,老时无毛,内部坚果球形,黄褐色,表面有不规则槽纹。果序短,杞俯垂,具 1~3 果实;果实近于球状,直径 4~6 cm,无毛。

果核稍具皱曲,有 2 条纵棱,顶端具短尖头。隔膜较薄,内里无空隙,内果皮壁内具不规则的空隙或无空隙而仅具皱曲。核桃壳是内果皮,外果皮和内果皮在未成熟是为青色,成熟后脱落。新核桃种皮甚苦。

生长习性:核桃,喜光,耐寒,抗旱、抗病能力强,适应多种土壤生长,喜肥沃湿润的沙质壤土,喜水、肥,喜阳,同时对水肥要求不严,落叶后至发芽前不宜剪枝,易产生伤流。适宜大部分土地生长。喜石灰性土壤,常见于山区河谷两旁土层深厚的地方。

(二)核桃的主要栽培品种

主要栽培品种有薄丰核桃、清香核桃、香玲核桃。

1. 薄丰核桃

薄丰核桃品种树势中强,树枝开张,分枝能力强。雄先型,中熟品种。侧生混合芽率达 90% 以上。嫁接后第 2 年后开始形成雌花,第 3 年后开始出现雄花。坐果率在 64% 左右,多为双果。嫁接苗 2 年结果,4 年生株产坚果 4 kg,5 年生株产坚果 7 kg,6 年生株产坚果 15 kg。坚果卵圆形,纵径、横径、侧径平均 3.7 cm,坚果重 13 g 左右,壳面光滑,缝合线窄而平,结合较紧密,外形美观,最大特点是果壳极薄,壳厚仅 1.0 mm,薄如一张纸,极易取仁,可取整仁或半仁,出仁率 58% 左右,仁浅黄色,品质佳,味浓香。

2. 清香核桃

清香核桃是日本核桃品种中最优良的品种,20 世纪 80 年代初由河北农业大学郗荣庭教授从日本引进。经过河北农业大学所属基地多年的试验观察,并与国内外核桃优良品种比较,该品种表现出健壮的生长势、出众的丰产性、美观的坚果外形和优异的种仁品质,是优质商品核桃生产的理想品种,在我国核桃生产中具有很好的发展前景。清香核桃属晚实类型中结果早、丰产性强的品种。树体中等大小,树姿半开张,幼树时生长较旺,结果后树势稳定。高接树第二年开花结果,坐果率 85% 以上。新栽植的嫁接苗第二年开花株率 60% 以上,第三年开花株率 100%,盛果期亩产 300~400 kg。4 月上旬萌芽展叶,中旬雄花盛期,4 月中下旬雌花盛期,9 月中旬果实成熟,11 月初落叶。坚果较大,平均单果重 16.7 g,近圆锥形,大小均匀,壳皮光滑淡褐色,外形美观,缝合线紧密。壳厚 1.0~1.1 mm,种仁饱满,内褶壁退化,取仁容易,出仁率 52%~53%。仁色浅黄,风味极佳,绝无涩味。从栽培性状上说,该品种结果早,丰产性强,生长势健壮,适应性广泛,连续结果能力较强,大小年现象不明显,经济结果寿命较长。从抗病性方面,可以说清香是目前北方核桃品种当中最抗病的一个核桃优良品种。从坚果商品性状上说,该品种美观端正,外观果面光滑,外壳薄厚适中,种仁饱满,颜色浅,涩味轻、口感好,不易变味。从机械化加工方面说,该品种壳厚 1 mm,缝合线隆起结合紧密,无漏仁现象,不易破损,适于机械采收、脱青皮,易于清洗,耐储运,也适宜机械化取仁。可以说,清香核桃是优质商品核桃生产基地建设的理想品种,在核桃生产中具有很好的发展前景。

3. 香玲核桃

该品种是山东省果树所 1978 年杂交育成的早实、优质核桃新品种,1989 年经部级鉴定命名。坚果卵圆形,平均单果重量 12.2 g,壳面光滑、美观。壳厚 0.9 mm,容易取仁,商品性好;出仁率达 65.4%,种仁饱满,内种皮淡黄色,无涩味,脂肪含量达 65.7%,

蛋白质含量 21.6%，品质上等。为雄先型品种，以中短果枝结果为主，侧芽结果率达81.7%，较丰产。果实 8 月下旬成熟，属中熟品种，抗黑斑病、炭疽病。适宜在土层较厚、肥沃的土地条件下栽培。后被引入陕西黄龙县种植生产。树势中等，树姿直立，树冠圆柱形，分枝力强，有 2 次生长。雄先型，中熟品种，栽植第二年开始结果，第五年进入盛果期，如果进行密植丰产栽培，科学管理，亩产最高可达 500 kg 以上。果枝率 85.7%，侧生果株率 88.9%，每果枝平均坐果 1.6 个。坚果长椭圆形。单果重 9.5~15.4 g，壳面较光滑，缝合线平，不易开裂，取仁极易，出仁率 61.2%。核仁色浅，果仁饱满，丰产性能好。坚果圆形，果基较平，果顶微尖，纵径 3.94 cm，横径 3.29 cm，香玲核桃品种平均坚果重 12.2 g。壳面光滑美观，浅黄色，缝合线窄而平，结合紧密，壳厚 0.9 mm，香玲核桃品种可取整仁。核仁充实饱满，味香不涩，坚果品质上等。

三、柿子

（一）柿子的形态特征、生长习性

形态特征：柿子为柿科柿属植物，落叶乔木，原产东亚。在我国已有 3000 多年的栽培历史，果形有球形、扁球形、球形而略呈方形、卵形等，直径 3.5~8.5 cm 不等，基部通常有棱，嫩时绿色，后变黄色、橙黄色，果肉较脆硬，老熟时果肉变成柔软多汁，呈橙红色或大红色等，有种子数颗；种子褐色，椭圆状，长约 2 cm，宽约 1 cm，侧扁，在栽培品种中通常无种子或有少数种子；宿存萼在花后增大增厚，宽 3~4 cm，4 裂，方形或近圆形，近平扁，厚革质或干时近木质，外面有伏柔毛，后变无毛，里面密被棕色绢毛，裂片革质，宽 1.5~2 cm，长 1~1.5 cm，两面无毛，有光泽；果柄粗壮，长 6~12 mm。果期 9~10 月。

生长习性：柿树是深根性树种，又是阳性树种，喜温暖气候、充足阳光和深厚、肥沃、湿润、排水良好的土壤，适生于中性土壤，较能耐寒，且较能耐瘠薄，抗旱性强，不耐盐碱土。

（二）柿子的主要栽培品种

主要栽培品种有博爱八月黄、磨盘柿等。

1. 博爱八月黄

博爱八月黄是河南省博爱县特产柿子，为栽培历史悠久的传统优良品种。果实 10 月中下旬成熟，果实中等，平均单果重 140 g。近扁方圆形，皮橘红色，果粉较多，果肉橙黄色，肉质细密，脆甜，无核，品质好。博爱八月黄枝条生长开张，树势强键，新梢粗壮，棕褐色。果常有纵沟 2 条，果顶广平微凹，十字沟浅，基部方形，蒂大方形，具方形纹，果肉无核，含糖 17%~20%。该品种高产、稳产，树体健旺，寿命长，柿果宜鲜食，也宜加工，最宜制饼。该品种除易遭柿蒂虫危害外，具有较强的适应性和抗逆性。

2. 磨盘柿

磨盘柿的树势强健，萌芽率低，发枝力弱，5 年生砧木嫁接后第 4 年开始结果，20 年后进入盛果期。大小年明显，丰产性中等，适应性强，较抗寒。全株仅有雌花，单性结实能力强，不需配置授粉树。果实 9 月下旬开始着色，10 月下旬成熟。果实特大，平均单果重 241 g，最大单果重 500 g 以上。大小较整齐。扁圆形，橙黄色或浅橙红色，软化后橙红色。果皮细而光滑、多果粉、无网状花纹，皮厚而韧，容易剥离。

缢痕深而明显，位于果腰，将果分成上下两层，呈磨盘状，故称"磨盘柿"。果肉橙黄色，无黑斑，纤维细长。肉质松脆，软化后水质，汁液特多，味甜。成熟时实心。果内无肉球，无种子。果实能完全软化，硬柿变成软柿有明显界限，软后果皮不皱缩、不裂。易脱涩，耐储运。宜鲜食。枝条粗壮，稀疏，叶大，椭圆形，先端渐尖，基部楔形，叶片粗短。平均单果质量 260 g 左右，最大单果质量 500 g 以上。果实扁圆形，中部有缢痕，形若磨盘，果顶平或凹。柿蒂深陷，果柄粗短，萼片大而平，基部联合。果皮橙黄色至橙红色，有蜡质。果肉淡黄色，果肉松，纤维少，汁多味甜，无核。果实 10 月上中旬成熟，以生食为主，也可制饼、造酒。

四、枣

（一）枣的形态特征、生长习性

形态特征：枣（*Ziziphus jujuba* Mill.），别称枣子、大枣、刺枣、贯枣。鼠李科枣属植物，落叶小乔木。落叶小乔木，稀灌木，高达 10 余 m；树皮褐色或灰褐色；有长枝，短枝和无芽小枝（新枝）比长枝光滑，紫红色或灰褐色，呈之字形曲折，具 2 个托叶刺，长刺可达 3 cm，粗直，短刺下弯，长 4~6 mm；短枝短粗，矩状，自老枝发出；当年生小枝绿色，下垂，单生或 2~7 个簇生于短枝上。叶纸质，卵形，卵状椭圆形，或卵状矩圆形；长 3~7 cm，宽 1.5~4 cm，顶端钝或圆形，稀锐尖，具小尖头，基部稍不对称，近圆形，边缘具圆齿状锯齿，上面深绿色，无毛，下面浅绿色，无毛或仅沿脉多少被疏微毛，基生三出脉；叶柄长 1~6 mm，或在长枝上的可达 1 cm，无毛或有疏微毛；托叶刺纤细，后期常脱落。花黄绿色，两性，5 基数，无毛，具短总花梗，单生或 2~8 个密集成腋生。聚伞花序；花梗长 2~3 mm；萼片卵状三角形；花瓣倒卵圆形，基部有爪，与雄蕊等长；花盘厚，肉质，圆形，5 裂；子房下部藏于花盘内，与花盘合生，2 室，每室有 1 胚珠，花柱 2 半裂。核果矩圆形或长卵圆形，长 2~3.5 cm，直径 1.5~2 cm，成熟时红色，后变红紫色，中果皮肉质，厚，味甜，核顶端锐尖，基部锐尖或钝，2 室，具 1 或 2 种子，果梗长 2~5 mm；种子扁椭圆形，长约 1 cm，宽 8 mm。花期 5~7 月，果期 8~9 月。

生长习性：生长于海拔 1 700 m 以下的山区、丘陵或平原，属于喜温果树，产区年均温 15 ℃左右，芽萌动期温度需要在 13~15 ℃，抽枝展叶期温度在 17 ℃，开花坐果期温度在 22~25 ℃，果实成熟期温度要在 18~22 ℃。枣耐旱、耐涝性较强，但开花期要求较高的空气湿度，否则不利于授粉坐果。枣喜光性强，对光反应较敏感，对土壤适应性强，耐贫瘠、耐盐碱。怕风，应注意避开风口处。

（二）枣的主要栽培品种

主要栽培品种有尖脆枣、灵宝大枣、桐柏大枣。

1. 尖脆枣

本品种是河南省新蔡县选育出的早熟、鲜食优良品种，2012 年 12 月通过了河南省林木品种审定委员会审定。果实长锥形，果肩平圆，向一侧歪斜，果顶渐细，顶端尖圆，形似辣椒；果面不平，有隆起，紫红色具光泽。平均单果重 6.33 g，最大 15.6 g。果肉绿白色，质地致密，较脆，汁液较多，可溶性固形物含量 28.5%，可食率 97.18%。

2. 灵宝大枣

灵宝大枣，河南省灵宝市特产，中国国家地理标志产品。灵宝大枣果实大，多为短圆筒形，单果重 25 g 左右，最大的达 33 g。果皮深红，肉厚核小，质韧汁少，味甘甜，肉质松软，风味佳，带有清香，含糖量高，适宜制干枣和酸枣。灵宝大枣以皮薄、肉厚、核小、含糖高、微量元素丰富等独有的特点享誉海内外。灵宝大枣果实大，扁圆形，平均果重 22.3 g，最大果重 34 g，大小较均匀。果肩广圆，略宽于果顶。梗洼浅广，环洼大而浅。果顶宽平，顶洼广、中等深。果柄较细短。果面平整，果皮中等厚，紫红色或深红色。果肉厚，绿白色，质地致密，较硬，汁液少，味甜略酸，含可溶性固形物 32.4%，总糖 23%，可食率 96.7%~97.7%，出干率 58% 左右，制干品质中上。干枣含总糖 70.2%，果皮深红，肉厚核小，质韧汁少，味甘甜，风味独特，带有清香，适宜制干枣，适合长途运输。在灵宝产区，4 月中旬萌芽，5 月下旬始花，9 月中旬采收。果实生育期 110 天左右。灵宝大枣可润心肺、补肾胃、疗热寒。枣肉所含单宁、硝酸盐、酒石酸可入西药，所含维生素 P 是治疗高血压的特效药物。中医主要用于治疗肝炎，另外，大枣还具有降血脂、降胆固醇等重要作用。

3. 桐柏大枣

桐柏大枣果实形近圆，特大，纵径 5.1 cm，横径 5 cm，单果重 30 g 左右，最大鲜果重 80 g。1982 年在河南桐柏县果园乡发现，1983 年定名。果皮色泽鲜亮，肉厚，质脆而甜，鲜食口感好，鲜枣肉每百克含糖 25.8 g，维生素 C 458.2 mg，有机酸 0.32 g。核小，鲜重 3 g 左右。果实 9 月下旬成熟，果实发育期 110 天左右。该品种对气候、土壤适应性较强，抗旱，抗涝，耐瘠薄，耐盐碱，生长期能耐 43 ℃的高温，休眠期能抵御 –32 ℃的低温，抗风力较弱。进入结果期早，极丰产、稳产。

五、梨

(一) 梨的形态特征、生长习性

形态特征：梨，落叶乔木或灌木，叶片多呈卵形，大小因品种不同而各异。花为白色，或略带黄色、粉红色，有五瓣。果实形状有圆形的，也有基部较细尾部较粗的，即俗称的"梨形"；不同品种的果皮颜色大相径庭，有黄色、绿色、黄中带绿、绿中带黄、黄褐色、绿褐色、红褐色、褐色，个别品种亦有紫红色；野生梨的果径较小，在 1~4 cm，而人工培植的品种果径可达 8 cm，长度可达 18 cm。少数品种花叶同时开放或先展叶后开花，花粉受精后，果实开始发育，花托发育为果肉，子房发育为果心，胚珠发育为种子。果实生长发育过程中，前期主要是细胞分裂，组织分化，后期则是细胞膨大和果肉成熟。果实体积生长曲线成 S 形。梨根系生长每年有两个生长高峰：第一次生长高峰出新梢停止生长时；第二次高峰出 9~10 月。在适宜条件下，梨根系可周年生长，无休眠期。

生长习性：梨树早丰早产栽培技术的应用需要保证良好的生长环境，其中对环境气候的要求比较严格。在温暖的环境成长相对快速，根据梨树种类的不同，最适宜的生长温度也会发生变化。梨树是一种喜欢光照的树种，在光照充足的环境下产量会增加，阴暗的环境下产量会减少，甚至会造成零产量的情况。梨树生长一年所需的光照时长为 1 600 h，相对光强度达到 35% 时梨树的生产速率加快，低于 15% 时生产速率缓慢。梨树果实中水分占比达 80% 以上，是梨的最主要成分，所以梨树生长中对水的需求量较大。根据不同的品种，梨树对水分的需求会发生变化。

（二）梨的主要栽培品种

主要栽培品种有黄金梨、七月酥梨、晚秋黄梨。

1. 黄金梨

落叶乔木，果实扁圆形，平均单果重 350 g，9 月上旬成熟。成熟时果皮黄绿色，储藏后变为金黄色。果皮极洁净，套袋时果皮成金黄色，呈透明状。果肉细嫩而多汁，白色，石细胞少，果心很小。含糖量可达 14.7%。味清甜，而俱香气。风味独特，品质极佳。易成花一般栽后次年成花可见果。异花授粉，极丰产。梨即"百果之宗"，因其鲜嫩多汁，酸甜适口，所以又有"天然矿泉水"之称。果实性状：果实近圆形或稍扁，平均单果重 250 g，大果重 500 g。不套袋果果皮黄绿色，储藏后变为金黄色。套袋果果皮淡黄色，果面洁净，果点小而稀。果肉白色，肉质脆嫩，多汁，石细胞少，果心极小，可食率达 95% 以上，不套袋果可溶性固形物含量 14%~16%，套袋果 12%~15%，风味甜。果实 9 月中下旬成熟，果实发育期 129 天左右。较耐储藏。栽培在有机质含量高的沙质土壤上，并要土层深厚，透气良好，浇水条件好。

2. 七月酥梨

树冠圆头形，树姿半开张。主干及多年生枝棕褐色，较光滑，1 年生枝红褐色。叶片狭椭圆形，深绿色，嫩叶绿黄色。叶柄平均长 6.1 cm，粗 3.1 mm。叶片长 12.7 cm，宽 5.3 cm。叶缘细锯齿而整齐，叶尖渐尖，叶基椭圆形。花冠中等大小，白色，花瓣 5~6 片，平均每序花 7 朵。果实 5~6 室，种子小，圆锥形，黄褐色。 七月酥梨果实大，平均单果重 220 g，最大果重 520 g，卵圆形，果实纵径 7.6 cm，横径 7.8 cm；果皮翠绿色，果面洁净，较光滑；蜡质中多；华北、西北地区产的无果锈，果点较小而密。果梗长 3.5 cm，粗 3.1 mm，梗洼浅，中广。萼片多数脱落，稍有残存，萼洼中深中广。果形整齐，外观好。果心小，果肉白色，肉质松脆，硬度去皮 5.88 kg/cm^2，带皮 9.515 kg/cm^2。果肉细，石细胞极少，汁液多，风味甘甜，微香，品质上等。货架寿命 20 天，在冷藏条件下可储藏 1~2 个月，最佳食用期 10 天。生长习性：七月酥梨为普通株型，生长势较强。6 年生树高 3.1 m，干高 31 cm，干周 20 cm，冠径东西 3.2 m，南北 2.8 m，新梢长 80 cm，粗 1.1 cm，萌芽率较高（68%），成枝力低，一般延长枝剪口下只抽生 1~2 个分枝。该种较丰产，但水肥条件差的果园稳产性差，有大小年现象。

3. 晚秋黄梨

晚秋黄梨是指秋天成熟的黄色的梨，是梨类品种中的一种。秋黄梨含有蛋白质，脂肪，糖，粗纤维，钙、磷、铁等矿物质，多种维生素等。能促进食欲，帮助消化，可用于高热时补充水分和营养。形态特征：有些近似圆形，但大多数是椭圆形的，尾部凹陷。梨皮呈黄色、棕色、红色或绿色，可以食用。梨的果肉通常又软又薄，有些品种的梨子在接近中心的地方有沙砾样的口感，其果肉呈白色或奶酪色，口感很不错。品种特性：挂果早见效快，当年栽培，当年便可开花结果。

（1）产量高。栽植第二年亩产可达 750~1 250 kg，第三年 2 000~3 000 kg，四年后亩产超过 5 000 kg。

（2）管理简单。该品种适应性强，耐寒、耐旱，无论山地、平原、丘陵、沙滩薄地，pH 值在 5~7.8，海拔在 2 500 m 以下均能栽种，该品种属白花授粉，基本不退化，无大小年之分。

（3）果质极佳。果形扁圆硕大，单果重 500~800 g，最大可达 1 800 g；皮薄核小，无石细胞，果肉细滑，洁白香甜，果糖含量高达 16.8 g；富含抗氧化物，果实切面 15 天内不变色、不变质；果皮中有一层薄膜，能够锁住水分不易流失，所以储存期长达 6~8 个月。

（4）适应性强。晚秋黄梨属矮化密植型，山坡、丘陵、低洼地、沙土地、盐碱地都可种植，并且耐存放、耐低温、不腐烂。

全市各县区均有栽培，但是最有名的是泌阳县的梨。泌阳县梨的栽植面积共计 4.18 万亩，年产量达 3.76 万 t。泌阳县马谷田镇地处桐柏、伏牛两大山脉交会处和江淮交界处，因昼夜温差大，光照时间长，所产的"马谷田瓢梨"，栽培历史悠久，在清代种植规模和影响就相当大，具有果质细嫩无渣，含水较多，味甘甜清香、略带微酸；食之如含冰噙蜜，香甜酥脆，凉爽可口，瓢梨以其独特的风味闻名遐迩。在 1998 年的河南省优质种梨鉴评会上，马谷田瓢梨名列榜首。眼下，梨乡人民按照无公害标准，不断增加科技含量，嫁接、改造，已形成了六月酥、黄金梨、风水梨、香蕉梨等数十个优质品种。

六、桃

（一）桃的形态特征、生长习性

形态特征：桃（*Amygdalus persica* L.），蔷薇科桃属植物。桃是一种乔木，高 3~8 m；树冠宽广而平展；树皮暗红褐色，老时粗糙呈鳞片状；小枝细长，无毛，有光泽，绿色，向阳处转变成红色，具大量小皮孔；冬芽圆锥形，顶端钝，外被短柔毛，常 2~3 个簇生，中间为叶芽，两侧为花芽。叶片长圆披针形、椭圆披针形或倒卵状披针形，长 7~15 cm，宽 2~3.5 cm，先端渐尖，基部宽楔形，上面无毛，下面在脉腋间具少数短柔毛或无毛，叶边具细锯齿或粗锯齿，齿端具腺体或无腺体；叶柄粗壮，长 1~2 cm，常具 1 至数枚腺体，有时无腺体。花单生，先于叶开放，直径 2.5~3.5 cm；花梗极短或几无梗；萼筒钟形，被短柔毛，稀几无毛，绿色而具红色斑点；萼片卵形至长圆形，顶端圆钝，外被短柔毛；花瓣长圆状椭圆形至宽倒卵形，粉红色，罕为白色；雄蕊 20~30，花药绯红色；花柱几与雄蕊等长或稍短；子房被短柔毛。果实形状和大小均有变异，卵形、宽椭圆形或扁圆形，直径（3）5~7（12）cm，长几与宽相等，色泽变化由淡绿白色至橙黄色，常在向阳面具红晕，外面密被短柔毛，稀无毛，腹缝明显，果梗短而深入果洼；果肉白色、浅绿白色、黄色、橙黄色或红色，多汁有香味，甜或酸甜；核大，离核或黏核，椭圆形或近圆形，两侧扁平，顶端渐尖，表面具纵、横沟纹和孔穴；种仁味苦，稀味甜。花期 3~4 月，果实成熟期因品种而异，通常为 8~9 月。

生长习性：喜光，喜温暖，稍耐寒，喜肥沃、排水良好的土壤，碱性土、黏重土均不适宜，不耐水湿，忌洼地积水处栽培，根系较浅。

（二）桃的主要栽培品种

主要栽培品种有安农水蜜、白云仙桃、春蕾、久保桃、早黄蟠桃、黄金蜜桃 1 号、中农金硕油桃。

1. 安农水蜜

安农水蜜品种来源：安徽农业大学园艺系于 1986 年在砂子早生中发现的自然株变选育而成，1993 年定名。果实性状：果实椭圆或近圆形，平均单果重 245 g，大果重 558 g。果顶圆平微凹，缝合线浅。果皮底色乳白色，微黄，易剥离，果面着艳丽红晕。果肉乳白色，阳面稍带淡红色，细软多汁，风味香甜适口，可溶性固形物含量 11.5%~13.5%，半离核，品质优。在皖中地区 6 月 15~18 日果实成熟，发育期 65~68 天。树势强健，树姿开张，易成花，复花芽多，一般栽后两年见果，幼树以长中果枝结果为主，成龄树以中短果枝结果为主。有明显花果自疏现象，有利于果实的增大和品质的提高。较丰产。无花粉，需配置授粉树。

2. 白云仙桃

贾楼白云仙桃是河南省驻马店市泌阳县贾楼乡的特产。贾楼乡素有"白云仙桃之乡"美誉。全乡以"白云仙桃"为主的林果种植已初具规模，成为贾楼农民致富的支柱产业。贾楼乡全乡以白云仙桃为主的林果种植面积达 3 万亩，年产优质桃 3 000 万 kg，产值 6 000 万元，省、市、县多次组织人员到该乡观摩、交流林果业发展及经验。新建优质"白云仙桃"示范园 800 亩，改造低产园 2 000 亩。"白云仙桃"品牌已顺利通过农业部农业标准化项目验收，成立和壮大了"白云仙桃"专业合作社。贾楼的林果业叫响了市场，生态优势凸显，多次被泌阳县委、县政府授予林果业生产先进乡镇。

3. 春蕾

上海市农业科学院园艺研制的桃树品种，果实性状为长卵圆形，平均单果重 68 g，最大果重 169.8 g。果皮黄色，果顶尖圆，先着色，为艳丽的玫瑰红色；果肉乳白色，顶部果肉有少量红色素。果实初熟时肉质甜脆可口，完熟时肉质变软，汁中多，风味淡甜微香，含可溶性固形物 9.3%~10.0%。核软，多开裂，半离或离核，品质中上，在北方地区栽培品质稍好。果实发育期 58~62 天，在山东泰安地区 5 月 26 日成熟。栽培习性：树势强健，树姿开张，萌芽力、成枝力强，生长量大，各类果枝均能结果，但以长中果枝结果为主；花芽起始节位 2~3 节，复花芽多，花粉量多，坐果率高，生理落果轻，丰产性能好。先端及顶端优势较强，喜光，结果部位易外移。抗寒，抗旱，不耐涝，无特殊病虫害。

4. 久保桃

久保桃是水蜜桃的一种，引自日本，为日本人大久保重五郎在 1920 年发现，1927 年命名，是日本栽培面积最大的品种。大久保，果型大，果重 230~280 g，果形圆而不正，果皮底色乳白向阳面、顶部及缝合处侧着红晕，果肉白色、溶质，肉质致密，纤维少，汁液多，香气中等，风味甜酸而浓，果实近核处着玫瑰红色。久保桃的果实近圆形，果皮鲜红色，果面光滑美观，味甜、香味浓，含可溶性固形物 16.48%，品质上等，营养丰富，含有多种糖、果酸、维生素和 20 多种微量元素，深受消费者喜爱，许多地方都将其作为重点发展的果树树种之一。7 月底成熟。目前，对于大久保桃储藏保鲜的研究多采用物理保鲜处理和化学保鲜处理，且多数是在低温环境下的冷藏保鲜试验。

5. 早黄蟠桃

早黄蟠桃为杂交新品种，是 1989 年中国科学院郑州果树研究所以 8-21 蟠桃为母本、法国蟠桃为父本杂交选育而成的，原代号 89-4-25，1997 年命名。树体生长健壮，较开张。叶腺肾形，花为蔷薇型，有花粉，自然授粉坐果率高。各类果枝均可结果，丰产。果形扁平，平均单果重 95 g，大果可达 120 g。果顶凹入，两半部较对称，缝合线较深。果皮黄色，果面 70% 着玫瑰红晕和细点，外观美，果皮可以剥离。果肉橙黄色，软溶质，汁液多，纤维中等。风味甜，香气浓郁，可溶性固形物 13%~15%，半离核，可食率高。桃汁成品色香味俱佳。郑州地区 4 月初开花，6 月 25 日果实成熟，果实生育期 80~85 天。

6. 黄金蜜桃 1 号

黄金蜜桃 1 号系中国农科院郑州果树所选育，2016 年通过河南省林木良种审定。果实圆整，单果重 110~175 g，80% 以上果面着玫瑰红色，艳丽美观。果肉金黄色，黏核，风味浓甜，香气郁，可溶性固形物 11%~14%，肉脆，完熟后柔软多汁，品质优良。肉质硬，耐储。黄金蜜桃 1 号自花结实，丰产。需冷量 550 h，果实发育期 68 天，果实 6 月中旬成熟。早熟、优质、丰产，深受市场欢迎。

7. 中农金硕油桃

中国农业科学院郑州果树研究所培育，已通过河南省林木品种审定委员会审定。果实近圆形，果实大，单果重 210 g 左右，大果 400~500 g。果肉橙黄色，肉质为硬溶质，耐运输。汁液多，纤维中等。果实风味甜，可溶性固形物含量 11%~12%，有香味。黏核。花粉可育。郑州地区 6 月 25 日左右成熟。

七、杏

（一）杏的形态特征、生长习性

形态特征：杏（*Armeniaca vulgaris* Lam.），落叶乔木。蔷薇目蔷薇科植物，地生，植株无毛。杏树是乔木，高 5~8（12）m；树冠圆形、扁圆形或长圆形；树皮灰褐色，纵裂；多年生枝浅褐色，皮孔大而横生，一年生枝浅红褐色，有光泽，无毛，具多数小皮孔。宽卵形或圆卵形，长 5~9 cm，宽 4~8 cm，先端急尖至短渐尖，基部圆形至近心形，叶边有圆钝锯齿，两面无毛或下面脉腋间具柔毛；叶柄长 2~3.5 cm，无毛，基部常具 1~6 腺体。花单生，直径 2~3 cm，先于叶开放；花梗短，长 1~3 mm，被短柔毛；花萼紫绿色；萼筒圆筒形，外面基部被短柔毛；萼片卵形至卵状长圆形，先端急尖或圆钝，花后反折；花瓣圆形至倒卵形，白色或带红色，具短爪；雄蕊 20~45，稍短于花瓣；子房被短柔毛，花柱稍长或几与雄蕊等长，下部具柔毛。果实球形，稀倒卵形，直径约 2.5 cm 以上，白色、黄色至黄红色，常具红晕，微被短柔毛；果肉多汁，成熟时不开裂；核卵形或椭圆形，两侧扁平，顶端圆钝，基部对称，稀不对称，表面稍粗糙或平滑，腹棱较圆，常稍钝，背棱较直，腹面具龙骨状棱；种仁味苦或甜。花期 3~4 月，果期 6~7 月。

生长习性：杏为阳性树种，适应性强，深根性，喜光，耐旱，抗寒，抗风，寿命可达百年以上，为低山丘陵地带的主要栽培果树。

（二）杏的主要栽培品种

主要栽培品种有金太阳、凯特杏、麦黄杏。

1. 金太阳

果实圆形，平均单果重 66.9 g，最大 90 g。果顶平，缝合线浅不明显，两侧对称；果面光亮，底色金黄色，阳面红晕，外观美丽。果肉橙黄色，味甜微酸可食率 95%，离核。肉质鲜嫩，汁液较多，有香气，可溶性固形物 13.5%，甜酸爽口，5 月下旬成熟，耐低温，极丰产。

2. 凯特杏

凯特杏是从美国引进，由山东果树研究所加以培植的优良果树品种。产品特点：①结果早，抗性强。凯特杏树势中庸偏旺，萌芽力、成枝力均较强，成花容易。凯特杏对土壤要求不严格，耐瘠薄，抗盐碱，耐低温，阴湿，适应性强。②丰产性强，凯特杏栽后易成花极丰产，速成苗定植当年，生长发育良好，秋季成花率 100%，花量大，花芽饱满。第 2 年结果株率 100%，平均单株产量 3.5 kg，最高株产 7.5 kg，亩产量 366.3 kg。以后随着树龄增大，树冠扩展，产量快速上升，第三年亩产 1 176 kg，第四年亩产 2 919 kg，第五年亩产 3 355 kg，3~4 年生进入盛果期。③果个特大，凯特杏果实近圆形，缝合线浅，果顶较平圆，平均单果重 106 g，最大果重 183 g，果皮橙黄色，阳面红晕，味酸甜爽口，口感醇正，芳香味浓，品质上等；可溶性固形物 12.7%，糖 10.9%，酸 0.9%，离核。④早熟、高效。凯特杏属特早熟新品种，麦收前（6 月初）上市，经济效益高。

3. 麦黄杏

麦黄杏离核，核大，苦仁。5 月下旬成熟，果实发育期 55 天左右，较耐储运，属极早熟杏。果实性状：平均单果重 40 g 左右。果实长圆形，果顶平，微突，缝合线中深、广，梗洼深狭。果皮薄，不易剥离，茸毛较多，果面淡黄色，阳面微红。没熟时，外表为青色，果肉泛白，味酸苦涩。成熟后果肉黄色，肉质中粗，汁液较多，味酸甜适中，具芳香，可溶性固形物含量 12.0%，总糖含量 7.7%，可滴定酸含量 1.2%，品质中等。

八、李

（一）李的形态特征、生长习性

形态特征：李（Prunus salicina Lindl.），蔷薇科李属植物。落叶乔木，高 9~12 m；树冠广圆形，树皮灰褐色，起伏不平；老枝紫褐色或红褐色，无毛；小枝黄红色，无毛；冬芽卵圆形，红紫色，有数枚覆瓦状排列鳞片，通常无毛，稀鳞片边缘有极稀疏毛。叶片长圆倒卵形、长椭圆形，稀长圆卵形，长 6~8（12）cm，宽 3~5 cm，先端渐尖、急尖或短尾尖，基部楔形，边缘有圆钝重锯齿，常混有单锯齿，幼时齿尖带腺，上面深绿色，有光泽，侧脉 6~10 对，不达到叶片边缘，与主脉成 45° 角，两面均无毛，有时下面沿主脉有稀疏柔毛或脉腋有髯毛；托叶膜质，线形，先端渐尖，边缘有腺，早落；叶柄长 1~2 cm，通常无毛，顶端有 2 个腺体或无，有时在叶片基部边缘有腺体。花通常 3 朵并生；花梗 1~2 cm，通常无毛；花直径 1.5~2.2 cm；萼筒钟状；萼片长圆卵形，长约 5 mm，先端急尖或圆钝，边有疏齿，与萼筒近等长，萼筒和萼片外面均无毛，内面在萼筒基部被疏柔毛；花瓣白色，长圆倒卵形，先端啮蚀状，基部楔形，有明显带紫色脉纹，具短爪，着生在萼筒边缘，比萼筒长 2~3 倍；雄蕊多数，花丝长短不等，排成不规则 2 轮，比花瓣短；雌蕊 1，柱头盘状，花柱比雄蕊稍长。核果球形、卵球形或近圆锥形，直径 3.5~5 cm，栽培品种可达 7 cm，黄色或红色，有时为绿色或紫色，梗凹陷入，顶端微尖，基部有纵沟，外被蜡粉；核卵圆形或长圆形，有皱纹。花期 4 月，果期 7~8 月。

生长习性：李一般生于海拔 400~2 600 m 的山坡灌丛中、山谷疏林中或水边、沟底、路旁等处；对气候的适应性强，对土壤只要土层较深，有一定的肥力，不论何种土质都可以生长；对空气和土壤湿度要求较高，极不耐积水；宜在土质疏松、土壤透气和排水良好、土层深和地下水位较低的地方生长。

（二）李的主要栽培品种

主要栽培品种有恐龙蛋杏李、味帝杏李、红肉李。

1. 恐龙蛋杏李

美国水果杏李又名恐龙蛋，为顶级加州蜜李的一种，是布林（plum）和杏（apricot）杂交而成的水果。美国育种专家经过 70 年潜心研究，通过优质杏、李多次种间杂交培育出的珍稀高档精品水果，兼具杏的香味与李子的甜味，被国际公认为 21 世纪的水果骄子。其果色泽艳丽，芬芳馥郁，风味独特，营养丰富，具有一定抗癌和增强肌体活力、延缓衰老的作用。吃起来有桃子的口感，味道微酸带甜。

2. 味帝杏李

美国杏李味帝，风味独特，极甜，香气浓郁，十分爽口，品质极佳。可溶性固形物含量 18%~19%。味帝一年生枝青绿色，新梢具有绿色光泽，皮孔小而密，主干及多年生枝青灰色。节间长 2.2 cm。叶柄长 1.2 cm，叶片椭圆形，暗绿色，有光泽，叶缘锯齿形，叶长 8~10 cm，宽 3~4 cm。初花为淡绿色，以后逐渐变为白色，雌蕊略高于雄蕊。花约暗红色，栽植当年树干基径达到 4.6 cm，平均新梢基径 1.5 cm，单株当年新梢 28 个，平均新梢长 162 cm，9 月下旬新梢停止生长。抗性强，病虫害少。味帝中李基因占 75%，杏基因 25%。果实圆形或近圆形。果实纵径 4.9~5.5 cm，横径 4.8~5.6 cm，平均单果重 83 g，最大单果重 116 g 以上。成熟果实果皮浅紫色带有红色斑点，果肉鲜红色，质地细，黏核，粗纤维少，果汁多，味甜，香气浓，品质极佳。可溶性固形物含量 18%~19%。耐储运，常温下储藏 15~20 天，2~5 ℃低温可储藏 3~5 个月。栽植第 2 年结果，结果株率 100%，平均单株产果量可达 8~12 kg，4~5 年进入盛果期，单株产量果可达 30~40 kg，亩产 2 000~2 500 kg，盛果期可达 20 年。

3. 红肉李

澳洲红肉李：最新国外红肉布朗李。该品种 1998 年引自澳洲，在硬肉李中成熟期早，平均单果重 76g，果个头均匀。果皮鲜艳玫瑰红色，着色面积达 100%。果肉红色，非常特别，半离核，硬肉型，肉质细脆，含可溶性固形物 14.5%。口感脆、甜、爽、香，酸味很少，该品种鲜果耐储运性良好，7 月高温天气可自然储藏 10~15 天（一般溶质李子如大石早生、密思李等，只能储藏 2~3 天），5 ℃低温可储藏 2~9 个月。该品种树势较强，成花容易。生产上可配黑琥珀、黑宝石等授粉树，要注重疏果。

九、石榴

（一）石榴的形态特征、生长习性

形态特征：石榴是落叶灌木或小乔木，在热带是常绿树。树冠丛状，自然圆头形。树根黄褐色。生长强健，根际易生根蘖。树高可达 5~7 m，一般 3~4 m，但矮生石榴仅高约 1 m 或更矮。树干呈灰褐色，上有瘤状突起，干多向左方扭转。树冠内分枝多，嫩枝有棱，多呈方形。小枝柔韧，不易折断。一次枝在生长旺盛的小枝上交错对生，具小刺。刺的长短与品种和生长情况有关。旺树多刺，老树少刺。芽色随季节而变化，有紫、绿、橙三色。叶对生或簇生，呈长披针形至长圆形，或椭圆状披针形，长 2~8 cm，宽 1~2 cm，顶端尖，表面有光泽，背面中脉凸起；有短叶柄。花两性，依子房发达与否，有钟状花和筒状花之别，前者子房发达，善于受精结果，后者常凋落不实；一般 1 朵至数朵着生在当年新梢顶端及顶端以下的叶腋间；萼片硬，肉质，管状，5~7 裂，与子房连生，宿存；花瓣倒卵形，与萼片同数而互生，覆瓦状排列。花有单瓣、重瓣之分。重瓣品种雌雄蕊多瓣花而不孕，花瓣多达数十枚；花多红色，也有白色和黄、粉红、玛瑙等色。雄蕊多数，花丝无毛。雌蕊具花柱 1 个，长度超过雄蕊，心皮 4~8，子房下位。成熟后变成大型而多室、多子的浆果，每室内有多数子粒；外种皮肉质，呈鲜红色、淡红色或白色，多汁，甜而带酸，即为可食用的部分；内种皮为角质，也有退化变软的，即软籽石榴。果石榴花期 5~6 月，榴花似火，果期 9~10 月。花石榴花期 5~10 月。

生长习性：生于海拔 300~1 000 m 的山上。喜温暖向阳的环境，耐旱、耐寒，也耐瘠薄，不耐涝和荫蔽。对土壤要求不严，但以排水良好的夹沙土栽培为宜。

（二）石榴的主要栽培品种

主要栽培品种有突尼斯软籽石榴、玛瑙石榴、大红甜石榴。

1. 突尼斯软籽石榴

于 1986 年从突尼斯引入我国，历经 10 多年的栽培试验和观察，各方面性状表现优异，尤以成熟早（8 月中旬、农历 7 月初籽粒开始着色变红）、籽粒大（百粒重 56.2 g）、色泽鲜（籽粒红色）、果个大、果红色美观、果仁特软等特点突出，经济效益十分显著。树势中庸、枝较密、成枝率较强，4 年生树树冠和冠高分别为 2 m 与 2.5 m。幼嫩枝红色，老枝褐色，侧枝多数卷曲，幼叶紫红色，叶狭长，椭圆型，浓绿、刺枝少。花瓣红色，有 5~7 片。总花量较大。完全花率约 34%。坐果率在 70% 以上。果实圆形，果皮接近成熟由黄变红，成熟后外围向阳处果实全红，果皮光洁明亮。籽粒紫红色，籽软，出籽率 61.9%，风味甘甜。突尼斯软籽石榴果最大 1 100 g，一般果重 500 g 左右，果皮光洁明亮，籽呈紫红色，果皮薄，平均厚 0.3 cm，可食率为 61.9%，肉汁率 92.6%，含糖量 15.8%，含酸量 0.29%，维生素 C 含量 1.87 mg/100g。

2. 玛瑙石榴

玛瑙石榴别名安石榴、海榴，石榴科石榴属。落叶灌木或小乔木。针状枝，叶呈倒卵形或椭圆形，无毛。花期 5~6 月，多为朱红色，亦有黄色和白色。浆果近球形，果熟期 9~10 月。外种皮肉质半透明，多汁；内种皮革质。原产于伊朗及其周边地区。怀远县的石榴品种白花玉石籽因核软，甜度高，花朵洁白，果实淡绿，籽粒明如翠玉而著名。性味甘、酸涩、温，具有杀虫、收敛、涩肠、止痢等功效。石榴果实营养丰富，维生素 C 含量比苹果、梨要高出 1~2 倍。

3. 大红甜石榴

大红甜石榴，又名大叶天红蛋，是国内最优良品种之一，可能是净皮甜石榴的优良变异品种。该品种树势强健，耐寒、抗旱、抗病，树冠大、半圆形，枝条粗壮。多年生枝灰褐色，叶大，长椭圆或阔卵形，浓绿色。花瓣朱红色。果实大，圆球形。平均果重 400 g，最大可达 1 200 g 左右。果皮较薄，果面光洁，底面黄白，上着浓红外彩色，外观极美。心室 6~8 个，果粒大，百粒重 37.3 g，呈鲜红或浓红色。汁液特多，风味浓甜而香，可溶性固形物 15%~17%，品质极上等。9 月下旬成熟，抗裂果性强。该品种丰产、稳产、抗旱、抗寒、耐瘠薄，投产快、适应性广。定植后第二年开花结果株率达 90%~100%，单株结果 4~6 个，多者达 11 个。

十、葡萄

（一）葡萄的形态特征、生长习性

形态特征：葡萄（*Vitis vinifera* L.），葡萄科葡萄属木质藤本植物，小枝圆柱形，有纵棱纹，无毛或被稀疏柔毛。卷须 2 叉分枝，每隔 2 节间断与叶对生。叶卵圆形，显著 3~5 浅裂或中裂，长 7~18 m，宽 6~16 cm，中裂片顶端急尖，裂片常靠合，基部常缢缩，裂缺狭窄，间或宽阔，基部深心形，基缺凹成圆形，两侧常靠合，边缘有 22~27 个锯齿，齿深而粗大，不整齐，齿端急尖，上面绿色，下面浅绿色，无毛或被疏柔毛；基生脉 5 出，中脉有侧脉 4~5 对，网脉不明显突出；叶柄长 4~9 cm，几无毛；托叶早落。圆锥花序密集或疏散，多花，与叶对生，基部分枝发达，长 10~20 cm，花序梗长 2~4 cm，几无毛或疏生蛛丝状茸毛；花梗长 1.5~2.5 mm，无毛；花蕾倒卵圆形，高 2~3 mm，顶端近圆形，萼浅碟形，边缘呈波状，外面无毛；花瓣 5，呈帽状黏合脱落；雄蕊 5，花丝丝状，长 0.6~1 mm，花药黄色，卵圆形，长 0.4~0.8 mm，在雌花内显著短而败育或完全退化；花盘发达，5 浅裂；雌蕊 1，在雄花中完全退化，子房卵圆形，花柱短，柱头扩大。果实球形或椭圆形，直径 1.5~2 cm；种子倒卵椭圆形，顶短近圆形，基部有短喙，种脐在种子背面中部呈椭圆形，种脊微突出，腹面中棱脊突起，两侧洼穴宽沟状，向上达种子 1/4 处。花期 4~5 月，果期 8~9 月。

生长习性：葡萄生长时所需最低气温 12~15 ℃，最低地温为 10~13 ℃，花期最适温度为 20 ℃左右，果实膨大期最适温度为 20~30 ℃，如日夜温差大，着色及糖度较好。葡萄对水分要求较高，需要严格控制土壤中水分。在正常生长期间必须要有一定强度的光照。葡萄虽然在各种土壤（经过改良）均能栽培，但以壤土及细沙质壤土为最好，沙质土透气性能好。营养补充多数采取基肥、追肥、叶面施肥 3 种方式，pH 值 6.0 以下的土壤可追施白云石粉或石灰。

（二）葡萄的主要栽培品种

主要栽培品种有巨峰、夏黑、阳光玫瑰。

1. 巨峰

巨峰葡萄，属中熟类、四倍体品种，欧美杂交种，原产日本。1959 年引入中国，并在全国各地大面积推广，成为深受果农欢迎的主栽品种。巨峰葡萄是生产中的主栽品种之一，适应性强，抗病、抗寒性能好，喜肥水。果实穗大，粒大，平均穗重 400~600 g，平均果粒重 12 g 左右，最大可达 20 g。8 月下旬成熟，成熟时紫黑色，果皮厚，果粉多，果肉较软，味甜、多汁，有草莓香味，皮、肉和种子易分离，含糖量 16%。

2. 夏黑

夏黑葡萄抗逆性强，长势类似巨峰。与巨峰、藤稔、高妻、巨玫瑰等同园栽培，其抗性优于以上品种，略逊于香悦。

夏黑葡萄花芽分化好而稳定，丰产性强。芽眼萌发率 85% 以上。每个结果新梢平均 1.5 个果穗。第 1 年建园，第 2 年即可投产，每公顷最高产量可达 33 750 kg。许多品种因着色难或不匀而推迟采收时间，影响商品价值。夏黑葡萄则不然，在浆果软化后，即可很快着色而且着色快而均匀。夏黑葡萄从萌芽至果实完熟只需 100~105 天。若喷 3~5 次含中微量元素的叶面肥，在果实开始软化后，喷 1 次葡萄早熟增糖显色灵，能提前 7~10 天上市，可大幅度提高商品价值。夏黑葡萄皮厚，在运输过程中不易因挤压而破裂；糖度高，比一般品种耐储运。果实成熟后，可在树上再挂 60 天以上，不裂果、不掉粒、不转色。夏黑葡萄在一般管理情况下，含糖量可达 20~22 度，最高可达 24 度，是国内最甜的早熟葡萄，因此也被称为"超甜葡萄"。

生长结果习性：植株生长势强旺，芽眼萌发率 85%。成枝率 95%，每个结果枝平均 1.5 个花序。隐芽萌发枝结实力强，丰产性强。在江苏张家港地区 3 月下旬萌芽，5 月中旬开花，7 月下旬果实成熟，从开花至果实成熟需天数为 110 天左右，属早熟无核品种。抗病性强，果实成熟后不裂果、不落粒。

3. 阳光玫瑰

阳光玫瑰葡萄丰产、稳产，大粒，抗病，耐储性好，栽培简单。果穗圆锥形，穗重 600 g 左右，大穗可达 1.8 kg 左右，平均果粒重 8~12 g。果粒紧密，椭圆形，黄绿色，果面有光泽，果粉少。果肉鲜脆多汁，有玫瑰香味，可溶性固形物含量 20% 左右，最高可达 26%，鲜食品质极优。不裂果、不脱粒，丰产，抗逆性较强，综合性状优良。阳光玫瑰葡萄植株生长旺盛，长梢修剪后很丰产，也可进行短梢修剪。避雨栽培条件下，江苏地区一般 3 月中上旬萌芽，5 月初进入初花期，5 月上中旬盛花期，6 月上旬开始第一次幼果膨大，7 月中旬果实开始转色，8 月初开始成熟。与巨峰相比，该品种较易栽培，挂果期长，成熟后可以在树上挂果长达 2~3 个月；不裂果，耐储运，无脱粒现象；较抗葡萄白腐病、霜霉病和白粉病，但不抗葡萄炭疽病。

第七章　其他经济林树种

一、油桐属

（一）油桐属的形态特征

油桐属（*Vernicia* Lour.）是大戟科下的一个属，落叶乔木，嫩枝被短柔毛。叶互生，全缘或 1~4 裂；叶柄顶端有 2 枚腺体。花雌雄同株或异株，由聚伞花序再组成伞房状圆锥花序；雄花花萼花蕾时卵状或近圆球状，开花时多少佛焰苞状，整齐或不整齐 2~3 裂；花瓣 5 枚，基部爪状；腺体 5 枚；雄蕊 8~12 枚，2 轮，外轮花丝离生，内轮花丝较长且基部合生；雌花：萼片、花瓣与雄花同；花盘不明显或缺；子房密被柔毛，3（~8）室，每室有 1 颗胚珠，花柱 3~4 枚，各 2 裂。果大，核果状，近球形，顶端有喙尖，不开裂或基部具裂缝，果皮壳质，有种子 3（~8）颗；种子无种阜，种皮木质。

（二）油桐属的主要树种

油桐属主要树种：油桐。

形态特征：油桐（*Vernicia fordii* (Hemsl.) Airy Shaw）是大戟科油桐属落叶乔木，高达 10 m；树皮灰色，近光滑；枝条粗壮，无毛，具明显皮孔。叶卵圆、形，长 8~18 cm，宽 6~15 cm，顶端短尖，基部截平至浅心形，全缘，稀 1~3 浅裂，嫩叶上面被很快脱落微柔毛，下面被渐脱落棕褐色微柔毛，成长叶上面深绿色，无毛，下面灰绿色，被贴伏微柔毛；掌状脉 5（~7）条；叶柄与叶片近等长，几无毛，顶端有 2 枚扁平、无柄腺体。花雌雄同株，先叶或与叶同时开放；花萼长约 1 cm，2（~3）裂，外面密被棕褐色微柔毛；花瓣白色，有淡红色脉纹，倒卵形，长 2~3 cm，宽 1~1.5 cm，顶端圆形，基部爪状；雄花：雄蕊 8~12 枚，2 轮；外轮离生，内轮花丝中部以下合生；雌花：子房密被柔毛，3~5（~8）室，每室有 1 颗胚珠，花柱与子房室同数，2 裂。核果近球状，直径 4~6（~8）cm，果皮光滑；种子 3~4（~8）颗，种皮木质。花期 3~4 月，果期 8~9 月。

生长习性：油桐喜光、喜温暖，忌严寒。冬季短暂的低温（-8~-10 ℃）有利于油桐发育，但长期处在 -10 ℃以下会引起冻害。适生于缓坡及向阳谷地，盆地及河床两岸台地。富含腐殖质、土层深厚、排水良好、中性至微酸性沙质壤土最适油桐生长。油桐栽培方式有桐农间作、营造纯林、零星种植和林桐间作等。

（三）油桐属的利用价值

（1）经济价值。油桐属植物均为经济植物，其种子的油称桐油。为干性油，用于木器、竹器、舟楫等涂料，也为油漆等原料。植物材质轻、纹理直、易加工，适于制作轻型家具，亦可制作农具、纤维板、刨花板、货架等。油桐种子榨出的油叫桐油，木油桐籽榨出的油称木油，质量稍逊于桐油。桐油和木油色泽金黄或棕黄色，都是优良干性油，有光泽。

它们具有不透水、不透气、不传电、抗酸碱、防腐蚀、耐冷热等特性，因此在工业上广泛用于制漆、塑料、电器、人造橡胶、人造皮革、人造汽油、油墨等制造业。

（2）观赏价值。油桐叶大浓荫，花美丽，适于行道树栽植。千年桐高大挺拔，树冠平整，枝叶浓密，花白稍带红，在公园、园林、行道、庭园、校园、庙宇等地均可种植。

二、杜仲属

（一）仲属的形态特征

杜仲属（*Eucommia*），落叶乔木。叶互生，单叶，具羽状脉，边缘有锯齿，具柄，无托叶。花雌雄异株，无花被，先叶开放，或与新叶同时从鳞芽长出。雄花簇生，有短柄，具小苞片；雄蕊 5~10 个，线形，花丝极短，花药 4 室，纵裂。雌花单生于小枝下部，有苞片，具短花梗，子房 1 室，由合生心皮组成，有子房柄，扁平，顶端 2 裂，柱头位于裂口内侧，先端反折，胚珠 2 个，并立、倒生，下垂。果为不开裂，扁平，长椭圆形的翅果先端 2 裂，果皮薄革质，果梗极短；种子 1 个，垂生于顶端；胚乳丰富；胚直立，与胚乳同长；子叶肉质，扁平；外种皮膜质。

（二）仲属的主要树种

杜仲属的主要树种：杜仲。

形态特征：杜仲（*Eucommia ulmoides* Oliver），又名胶木，为杜仲科杜仲属植物。杜仲为落叶乔木，高可达 20 m，胸径约 50 cm。树皮灰褐色，粗糙，内含橡胶，折断拉开有多数细丝。嫩枝有黄褐色毛，不久变秃净，老枝有明显的皮孔。芽体卵圆形，外面发亮，红褐色，有鳞片 6~8 片，边缘有微毛。叶椭圆形、卵形或矩圆形，薄革质，长 6~15 cm，宽 3.5~6.5 cm。基部圆形或阔楔形，先端渐尖；上面暗绿色，初时有褐色柔毛，不久变秃净，老叶略有皱纹，下面淡绿，初时有褐毛，以后仅在脉上有毛。侧脉 6~9 对，与网脉在上面下陷，在下面稍突起，边缘有锯齿，叶柄长 1~2 cm，上面有槽，被散生长毛。花生于当年枝基部，雄花无花被；花梗长约 3 mm，无毛；苞片倒卵状匙形，长 6~8 mm，顶端圆形，边缘有睫毛，早落；雄蕊长约 1 cm，无毛，花丝长约 1 mm，药隔突出，花粉囊细长，无退化雌蕊。雌花单生，苞片倒卵形，花梗长 8 mm，子房无毛，1 室，扁而长，先端 2 裂，子房柄极短。翅果扁平，长椭圆形，长 3~3.5 cm，宽 1~1.3 cm，先端 2 裂，基部楔形，周围具薄翅。坚果位于中央，稍突起，子房柄长 2~3 mm，与果梗相接处有关节。种子扁平，线形，长 1.4~5 cm，宽 3 mm，两端圆形。早春开花，秋后果实成熟。

生长习性：杜仲喜阳光充足、温和湿润气候，耐寒，对土壤要求不严，丘陵、平原均可种植，也可利用零星土地或"四旁"栽培。

（三）杜仲属的利用价值

本属杜仲木材坚韧洁白、纹理细致匀称，为制造家具、农具、舟车和建筑的良好木材，药皮入药，称"杜仲"，为贵重药物，治疗高血压症，有补肝之效；杜仲胶为硬性橡胶，有耐酸、耐碱、高度绝缘性及黏着性，耐摩擦，为制造海底电缆必需的材料，并适用于航空工业及制作电工绝缘器材。

三、桑属

（一）桑属的形态特征

桑属（*Morus* Linn），落叶乔木或灌木，无刺；冬芽具 3~6 枚芽鳞，呈覆瓦状排列。叶互生，边缘具锯齿，全缘至深裂，基生叶脉三至五出，侧脉羽状；托叶侧生，早落。花雌雄异株或同株，或同株异序，雌雄花序均为穗状。聚花果（俗称桑）为多数包藏于内质花被片内的核果组成，外果皮肉质，内果皮壳质。种子近球形，胚乳丰富，胚内弯，子叶椭圆形，胚根向上内弯。

（二）桑属的主要树种

桑属的主要树种：桑树。

形态特征：桑（*Morus alba* L.）是桑科桑属乔木或灌木，高 3~10 m 或更高，胸径可达 50 cm，树皮厚，灰色，具不规则浅纵裂；冬芽红褐色，卵形，芽鳞覆瓦状排列，灰褐色，有细毛；小枝有细毛。叶卵形或广卵形，长 5~15 cm，宽 5~12 cm，先端急尖、渐尖或圆钝，基部圆形至浅心形，边缘锯齿粗钝，有时叶为各种分裂，表面鲜绿色，无毛，背面沿脉有疏毛，脉腋有簇毛；叶柄长 1.5~5.5 cm，具柔毛；托叶披针形，早落，外面密被细硬毛。花单性，腋生或生于芽鳞腋内，与叶同时生出；雄花序下垂，长 2~3.5 cm，密被白色柔毛。花被片宽椭圆形，淡绿色。花丝在芽时内折，花药 2 室，球形至肾形，纵裂；雌花序长 1~2 cm，被毛，总花梗长 5~10 mm 被柔毛，雌花无梗，花被片倒卵形，顶端圆钝，外面和边缘被毛，两侧紧抱子房，无花柱，柱头 2 裂，内面有乳头状突起。聚花果卵状椭圆形，长 1~2.5 cm，成熟时红色或暗紫色。花期 4~5 月，果期 5~8 月。

生长习性：喜光，喜温暖湿润气候，耐寒，耐干旱瘠薄，不耐积水。对土壤适应性强，在酸性土、中性土、钙质土和轻盐碱土上均能生长，以土层深厚、湿润肥沃的沙壤土最适宜。根系发达，有较强抗风力，萌芽力强，耐修剪，易更新。

（三）桑属的利用价值

（1）药用价值。桑叶有降血糖、疏散风热、抗菌作用，对大肠杆菌、伤寒杆菌、痢疾杆菌、绿脓杆菌也有一定的抗菌作用。

（2）经济价值。桑木还可以用来做弓，叫作桑弧。枯枝可以作为干柴；树皮可以作为药材，造纸；桑木也可以造纸；桑木还可以用来制造农业生产工具，如桑杈、车辕等。叶为养蚕的主要饲料，亦作药用，并可作土农药。木材坚硬，可制家具、乐器，用于雕刻等。桑椹不但可以充饥，还可以酿酒，称桑子酒。

（3）观赏价值。桑树树冠宽阔，树叶茂密，秋季叶色变黄，颇为美观，且能抗烟尘及有毒气体，适于城市、工矿区及农村"四旁"绿化。适应性强，为良好的绿化及经济树种。

四、花椒属

（一）花椒属的形态特征

花椒属（*Zanthoxylum* L.），芸香科有刺乔木或灌木，或木质藤本，常绿或落叶。稀单或 3 小叶，小叶互生或对生，全缘或通常叶缘有小裂齿，齿缝处常有较大的油点。圆锥花序或伞房状聚伞花序，顶生或腋生；花单性，若花被片排列成一轮，则花被片4~8片，无萼片与花瓣之分，若排成二轮，则外轮为萼片，内轮为花瓣，均4或5片；雄花的雄蕊4~10枚，药隔顶部常有1油点，退化雌蕊垫状凸起，花柱2~4裂，稀不裂；雌花无退化雄蕊，或有则呈鳞片或短柱状，极少有个别的雄蕊具花药，花盘细小，雌蕊由2~5个离生心皮组成，每心皮有并列的胚珠2颗，花柱靠合或彼此分离而略向背弯，柱头头状。蓇葖果，外果皮红色，有油点，内果皮干后软骨质，成熟时内外果皮彼此分离，每分果瓣有种子1粒，极少2粒，贴着于增大的珠柄上；种脐短线状，平坦，外种皮脆壳质，褐黑色，有光泽，外种皮脱离后有细点状网纹，胚乳肉质，含油丰富，胚直立或弯生，罕有多胚，子叶扁平，胚根短。

（二）花椒属的主要树种

花椒属的主要树种：花椒。

形态特征：花椒（*Zanthoxylum bungeanum* Maxim.）是芸香科花椒属落叶小乔木，高可达7 m；茎干上的刺，枝有短刺，当年生枝被短柔毛。叶轴常有甚狭窄的叶翼；小叶对生，卵形，椭圆形，稀披针形，叶缘有细裂齿，齿缝有油点。叶背被柔毛，叶背干有红褐色斑纹。花序顶生或生于侧枝之顶，花被片黄绿色，形状及大小大致相同；花柱斜向背弯。果紫红色，散生微凸起的油点，花期4~5月，果期8~9月或10月。花椒的木材为典型的淡黄色，露于空气中颜色稍变深黄，心边材区别不明显，木质部结构密致，均匀，纵切面有绢质光泽。

生长习性：花椒树适宜温暖湿润及土层深厚肥沃的壤土、沙壤土，萌蘖性强，耐寒，耐旱，喜阳光，抗病能力强，隐芽寿命长，故耐强修剪。不耐涝，短期积水可致死亡。

（三）花椒属的利用价值

花椒果皮是香精和香料的原料，种子是优良的木本油料，油饼可用作肥料或饲料，叶可代果做调料、食用或制作椒茶；同时花椒也是干旱半干旱山区重要的水土保持树种。

食用价值：干花椒果皮含挥发性芳香油（精油），是调味剂和制作香料的廉价原料，并进行改型使之成为新的调味剂。

药用价值：具有治疗消化系统疾病、抑制血栓、抗菌、神经系统的麻醉与镇痛作用。

五、忍冬属

（一）忍冬属的形态特征

忍冬属（*Lonicera* Linn）是被子植物门忍冬科下的一个属，直立灌木或矮灌木，很少呈小乔木状，有时为缠绕藤本，落叶或常绿；小枝髓部白色或黑褐色，枝有时中空，老枝树皮常作条状剥落。冬芽有1至多对鳞片，内鳞片有时增大而反折，有时顶芽退化而代以2侧芽，很少具副芽。

叶对生，很少3或者4枚轮生，纸质、厚纸质至革质，全缘，极少具齿或分裂，无托叶或很少具叶柄间托叶或线状凸起，有时花序下的1~2对叶相连成盘状。花通常成对生于腋生的总花梗顶端，简称"双花"，或花无柄而呈轮状排列于小枝顶，每轮3~6朵；每双花有苞片和小苞片各1对，苞片小或形大叶状，小苞片有时连合成杯状或坛状壳斗而包被萼筒，稀缺失；相邻两萼筒分离或部分至全部连合，萼檐5裂或有时口缘浅波状或环状，很少向下延伸成帽边状突起；花冠白色（或由白色转为黄色）、黄色、淡红色或紫红色，钟状、筒状或漏斗状，整齐或近整齐 5 或者 4 裂，或二唇形而上唇 4 裂，花冠筒长或短，基部常一侧肿大或具浅或深的囊，很少有长距；雄蕊 5，花药丁字着生；子房有 2~3 个室，最多有 5 个，花柱纤细，有毛或无毛，柱头头状。果实为浆果，红色、蓝黑色或黑色，具少数至多数种子；种子具浑圆的胚。

（二）忍冬属的主要树种

忍冬属的主要树种：忍冬。

形态特征：忍冬（*Lonicera japonica* Thunb.），别称金银花、金银藤、银藤、二色花藤、二宝藤、右转藤、子风藤、蜜桷藤、鸳鸯藤、老翁须。忍冬属多年生半常绿缠绕灌木。半常绿藤本；幼枝洁红褐色，密被黄褐色、开展的硬直糙毛、腺毛和短柔毛，下部常无毛。叶纸质，卵形至矩圆状卵形，有时卵状披针形，稀圆卵形或倒卵形，极少有 1 至数个钝缺刻，长 3~5（~9.5）cm，顶端尖或渐尖，少有钝、圆或微凹缺，基部圆或近心形，有糙缘毛，上面深绿色，下面淡绿色，小枝上部叶通常两面均密被短糙毛，下部叶常平滑无毛而下面多少带青灰色；叶柄长 4~8 mm，密被短柔毛。总花梗通常单生于小枝上部叶腋，与叶柄等长或稍较短，下方者则长达 2~4 cm，密被短柔后，并夹杂腺毛；苞片大，叶状，卵形至椭圆形，长达 2~3 cm，两面均有短柔毛或有时近无毛；小苞片顶端圆形或截形，长约 1 mm，为萼筒的 1/2~4/5，有短糙毛和腺毛；萼筒长约 2 mm，无毛，萼齿卵状三角形或长三角形，顶端尖而有长毛，外面和边缘都有密毛；花冠白色，有时基部向阳面呈微红，后变黄色，长（2~）3~4.5（~6）cm，唇形，筒稍长于唇瓣，很少近等长，外被多少倒生的开展或半开展糙毛和长腺毛，上唇裂片顶端钝形，下唇带状而反曲；雄蕊和花柱均高出花冠。果实圆形，直径 6~7 mm，熟时蓝黑色，有光泽；种子卵圆形或椭圆形，褐色，长约 3 mm，中部有 1 凸起的脊，两侧有浅的横沟纹。花期 4~6 月（秋季亦常开花），果熟期 10~11 月。本种最明显的特征在于具有大形的叶状苞片。

生长习性：忍冬适应性很强，喜阳、耐阴，耐寒性强，也耐干旱和水湿，对土壤要求不严，但以湿润、肥沃、深厚的沙质壤上生长最佳，每年春夏两次发梢。根系繁密发达，萌蘖性强，茎蔓着地即能生根。喜阳光和温和、湿润的环境，生活力强，适应性广，耐旱，在荫蔽处，生长不良。生于山坡灌丛或疏林中、乱石堆、山足路旁及村庄篱笆边，海拔最高达 1 500 m。

（三）忍冬属的利用价值

忍冬属有不少药用植物和有观赏价值的绿化植物。金银花是具有悠久历史的著名中药。忍冬属植物属温带花木，具有较强的适应性，特别对土壤的酸碱度及透气性要求不高，应用前景广阔。可在园林中混合栽培成不同色彩和造型的花丛，以丰富园林景观。

第八章 竹 类

竹，又名竹子。品种繁多，有毛竹、麻竹、箭竹等。多年生禾本科竹亚科植物，茎多为木质，也有草本，学名 Bambusoideae（Bambusaceae 或 Bamboo）。

形态特征：竹子是一种速生型草本植物，其竹叶呈狭披针形，长 7.5~16 cm，宽 1~2 cm，先端渐尖，基部钝形，叶柄长约 5 mm，边缘之一侧较平滑，另一侧具小锯齿而粗糙；平行脉，次脉 6~8 对，小横脉甚显著；叶面深绿色，无毛，背面色较淡，基部具微毛；质薄而较脆。竹笋长 10~30 cm，成年竹通体碧绿，节数一般在 10~15 节。竹子花是像稻穗一样的花朵，不同种类的竹子的花颜色是不同的，不过主色都为黄色，绿色，白色，有的配有红色，粉色等。但由于是风媒花，都不会太鲜艳。每朵花都有 3 枝雄蕊和 1 枚隐藏在花朵内的雌蕊，当雄蕊的花粉落到雌蕊的柱头上，就能形成种子，经繁殖，就能长出新的竹子。开花后竹子的竹干和竹叶则都会枯黄。竹的地下茎（俗称竹鞭）是横着生长的，中间稍空，也有节并且多而密，在节上长着许多须根和芽。一些芽发育成为竹笋钻出地面长成竹子，另一些芽并不长出地面，而是横着生长，发育成新的地下茎。因此，竹子都是成片成林的生长。嫩的竹鞭和竹笋可以食用。用种子繁殖的竹子，很难长粗，需要几十年的时间，才能长到原来竹子的粗度。所以一般都用竹鞭（地下茎）繁殖，只要 3~5 年，就能长到规定的粗度。秋冬时，竹芽还未长出地面，这时挖出来叫冬笋；春天，竹笋长出地面叫春笋。冬笋和春笋都是中国菜品里常见的食物。春天时，竹芽在干燥的土壤中等待春雨，如果下过一场透雨，春笋就会以很快的速度长出地面。

栽培品种：竹的主要栽培种有毛竹、刚竹、早园竹、淡竹。在驻马店市各县区均有分布。

一、毛竹

（一）毛竹的形态特征

毛竹（*Phyllostachys heterocycla* (Carr.) Mitford cv. Pubescens），禾本科刚竹属，单轴散生型常绿乔木状竹类植物。地下茎为单轴散生，竿高达 20 余 m，粗者可达 20 余 cm，幼竿密被细柔毛及厚白粉，老竿无毛，并由绿色渐变为绿黄色；基部节间甚短而向上则逐节较长，中部节间长达 40 cm 或更长，壁厚约 1 cm（但有变异）；竿环不明显，低于箨环或在细竿中隆起。箨鞘背面黄褐色或紫褐色,具黑褐色斑点及密生棕色刺毛;箨耳微小，繸毛发达；箨舌宽短，强隆起乃至为尖拱形，边缘具粗长纤毛；箨片较短，长三角形至披针形，有波状弯曲，绿色，初时直立，以后外翻。末级小枝具 2~4 叶；叶耳不明显，鞘口繸毛存在而为脱落性；叶舌隆起；叶片较小较薄，披针形，长 4~11 cm，宽 0.5~1.2 cm，下表面在沿中脉基部具柔毛，次脉 3~6 对，再次脉 9 条。花枝穗状，长 5~7 cm，基部托以 4~6 片逐渐稍较大的微小鳞片状苞片，有时花枝下方尚有 1~3 片近于正常发达的叶，当此时则花枝呈顶生状；佛焰苞通常在 10 片以上，常偏于一侧，呈整齐的复瓦状排列，下部数片不孕而早落，致使花枝下部露出而类似花枝之柄，上部的边缘生纤毛及微毛，无叶耳，具易落的鞘口繸毛，披针形至锥状。小穗仅有 1 朵小花；小穗轴延伸于最上方小花的内稃之背部，呈针状，节间具短柔毛；顶端常具锥状缩小叶有如佛焰苞，下部、上部以及边缘常生毛茸；外稃长 22~24 mm，上部及边缘被毛；内稃稍短于其外稃，中部以上生有毛茸；鳞被披针形，长约 5 mm，宽约 1 mm；花丝长 4 cm，花药长约 12 mm；柱头 3，羽毛状。颖果长椭圆形，长 4.5~6 mm，直径 1.5~1.8 mm，顶端有宿存的花柱基部。笋期 4 月，花期 5~8 月。毛竹开花时，枝叶发黄，在竹枝顶部，生出诸多如纺锤形的苞，大量消耗竹子养分。毛竹开花结实后，竹叶脱落，竹竿枯黄死亡，竹鞭失去萌芽力。

（二）毛竹的生长习性

毛竹根系集中稠密，竿生长快，生长量大。因此，要求温暖湿润的气候条件，年平均温度 15~20 ℃，年降水量为 1 200~1 800 mm。对土壤的要求也高于一般树种，既需要充裕的水湿条件，又不耐积水淹浸。板岩、页岩、花岗岩、砂岩等母岩发育的中、厚层肥沃酸性的红壤、黄红壤、黄壤上分布多，生长良好。在土质黏重而干燥的网纹红壤及林地积水、地下水位过高的地方则生长不良。在造林地选择上应选择背风向南的山谷、山麓、山腰地带；土壤深度在 50 cm 以上；肥沃、湿润、排水和透气性良好的酸性沙质土或沙质壤土的地方。

（三）毛竹的利用价值

毛竹生长快、成材早、产量高、用途广。造林 5~10 年后，就可年年砍伐利用。一株毛竹从出笋到成竹只需两个月左右的时间，当年即可砍作造纸原料。若作竹材原料，也只需 3~6 年的加固生长就可砍伐利用。经营好的竹林，除竹笋等副产品外，每亩可年产竹材 1 500~2 000 kg。

二、刚竹

（一）刚竹的形态特征

刚竹（*Phyllostachys sulphurea* (Carr.) A.' Viridis '），禾本科刚竹属金竹的栽培品种，乔木或灌木状竹类。地下茎为单轴散生，竿高 6~15 m，直径 4~10 cm，幼时无毛，微被白粉，绿色，成长的竿呈绿色或黄绿色，在 10 倍放大镜下可见猪皮状小凹穴或白色晶体状小点；中部节间长 20~45 cm，壁厚约 5 mm；竿环在较粗大的竿中于不分枝的各节上不明显；箨环微隆起。箨鞘背面呈乳黄色或绿黄褐色又多少带灰色，有绿色脉纹，无毛，微被白粉，有淡褐色或褐色略呈圆形的斑点及斑块；箨耳及鞘口繸毛俱缺；箨舌绿黄色，拱形或截形，边缘生淡绿色或白色纤毛；箨片狭三角形至带状，外翻，微皱曲，绿色，但具橘黄色边缘。末级小枝有 2~5 叶；叶鞘几无毛或仅上部有细柔毛；叶耳及鞘口繸毛均发达；叶片长圆状披针形或披针形，长 5.6~13 cm，宽 1.1~2.2 cm。花枝未见。笋期 5 月中旬。

（二）刚竹的生长习性

刚竹适宜生长在土层较肥厚、湿润而又排水良好的冲积沙质壤土地带。红、黄黏土及薄砂干旱的地区不宜生长。

（三）刚竹的利用价值

刚竹的竿可作小型建筑用材和各种农具柄。笋可食用，味微苦。

三、早园竹

（一）早园竹的形态特征

早园竹（*Phyllostachys propinqua* McClure），禾本科竹亚科刚竹属乔木或灌木状竹类。竿高 6 m，粗 3~4 cm，幼竿绿色（基部数节间常为暗紫带绿色）被以渐变厚的白粉，光滑无毛；中部节间长约 20 cm，壁厚 4 mm；竿环微隆起，与箨环同高。箨鞘背面淡红褐色或黄褐色，另有颜色深浅不同的纵条纹，无毛，亦无白粉，上部两侧常先变干枯而呈草黄色，被紫褐色小斑点和斑块，尤以上部较密；无箨耳及鞘口繸毛；箨舌淡褐色，拱形，有时中部微隆起边缘生短纤毛；箨片披针形或线状披针形，绿色，背面带紫褐色，平直，外翻。末级小枝具 2 或 3 叶；常无叶耳及鞘口繸毛；叶舌强烈隆起，先端拱形，被微纤毛；叶片披针形或带状披针形，长 7~16 cm，宽 1~2 cm。笋期 4 月上旬开始，出笋持续时间较长。

（二）早园竹的生长习性

早园竹喜温暖湿润气候，耐旱力、抗寒性强，能耐短期 –20 ℃的低温；适应性强，轻碱地、沙土及低洼地均能生长，土壤疏松、透气、肥沃，土层深厚、透气、保水性能良好的乌沙土、沙质壤土，普通红壤、黄壤土均可，pH 值 4.5~7，早园竹怕积水，喜光怕风。

（三）早园竹的利用价值

（1）经济价值。早园竹出笋较早、笋期较长。常规栽培条件下 2 月初开始出笋，3~4 月是产笋盛期，5 月上旬采笋结束。应用覆盖技术栽培时，元旦前后就有鲜笋上市。采笋期均在 3 个月以上。早园竹栽培容易，成活率高，成林快，效益好。

（2）环保价值。早园竹地下鞭根系发达，纵横交错，具有良好的保土、涵水功能。

（3）绿化价值。竹林四季常青，挺拔秀丽，既可防风遮阴，又可点缀庭园，美化环境。

四、淡竹

（一）淡竹的形态特征

淡竹（*Phyllostachys glauca* McClure），禾本科刚竹属植物，竿高 5~12 m，粗 2~5 cm，幼竿密被白粉，无毛，老竿灰黄绿色；节间最长可达 40 cm，壁薄，厚仅约 3 mm；竿环与箨环均稍隆起，同高。箨鞘背面淡紫褐色至淡紫绿色，常有深浅相同的纵条纹，无毛，具紫色脉纹及疏生的小斑点或斑块，无箨耳及鞘口繸毛；箨舌暗紫褐色，高 2~3 mm，边缘有波状裂齿及细短纤毛；箨片线状披针形或带状，开展或外翻，平直或有时微皱曲，绿紫色，边缘淡黄色。末级小枝具 2 或 3 叶；叶耳及鞘口繸毛均存在但早落；叶舌紫褐色；叶片长 7~16 cm，宽 1.2~2.5 cm，下表面沿中脉两侧稍被柔毛。花枝呈穗状，长达 11 cm，基部有 3~5 片逐渐增大的鳞片状苞片；佛焰苞 5~7 片，无毛或一侧疏生柔毛，鞘口繸毛有时存在，数少，短细，缩小叶狭披针形至锥状，每苞内有 2~4 枚假小穗，但其中常仅 1 或 2 枚发育正常，侧生假小穗下方所托的苞片披针形，先端有微毛。小穗长约 2.5 cm，狭披针形，含 1 或 2 朵小花，常以最上端一朵成熟；小穗轴最后延伸成刺芒状，节间密生短柔毛；颖不存在或仅 1 片；外稃长约 2 cm，常被短柔毛；内稃稍短于其外稃，脊上生短柔毛；鳞被长 4 mm；花药长 12 mm；柱头 2，羽毛状。笋期 4 月中旬至 5 月底，花期 6 月。

（二）淡竹的生长习性

淡竹有怕强风、怕严寒、喜光的特点，生长在海拔 1 200 m 以下，年降水量 500 mm 左右，年平均温度 10 ℃以上，极端最低温度不得超过 –20 ℃，适宜生长在中性或微酸、微碱性土壤。

（三）淡竹的利用价值

淡竹通直，材质柔软，是竹编的很好用材，其竹编制品，美观耐用。淡竹笋食用，味美不亚于毛竹笋。药用的竹沥及竹茹也多产于淡竹，其用途之广、经济价值之高，在竹类中居于前列。淡竹，不仅适宜环境，而且生长快、易繁殖，是发展经济林的物种。

第九章　藤本类

藤本植物 (Vine 或 liana)，指那些茎干细长，自身不能直立生长，必须依附他物而向上攀缘的植物。按它们茎的质地分为草质藤本（如扁豆、牵牛花、芸豆等）和木质藤本。按照它们的攀附方式，则有缠绕藤本（如紫藤、金银花、何首乌）、吸附藤本（如凌霄、爬山虎、五叶地锦）和卷须藤本（如丝瓜、葫芦、葡萄）、蔓生藤本（如蔷薇、木香、藤本月季）。此类植物因"攀缘"的特性而称之为"藤本植物"，是相对于乔木、灌木而言的。

形态特征：藤本植物一生中都需要借助其他物体生长或匍匐于地面，但也有的植物随环境而变，如果有支撑物，它会成为藤本，但如果没有支撑物，它会长成灌木。例如：漆树科和茄科的一些品种。藤本植物可以节省用于生长支撑组织的能量，可以更有效地吸收阳光。例如葛和金银花已经成为北美的未来入侵物种，成功地迅速繁殖。也有一些生活在热带的藤本植物是耐阴的，在雨林中可以借助大树遮阴，就是不用攀爬，藤本植物也可以在地面上迅速蔓延，占据较大的地区。绝大部分藤本植物都是有花植物。

栽培品种：藤本类的主要栽培品种有络石、地锦、紫藤、凌霄、山葡萄、葛藤、木通。

一、络石

（一）络石的形态特征

络石（*Trachelospermum jasminoides* (Lindl.) Lem.），夹竹桃科络石属常绿木质藤本植物，常绿木质藤本，长达 10 m，具乳汁；茎赤褐色，圆柱形，有皮孔；小枝被黄色柔毛，老时渐无毛。叶革质或近革质，椭圆形至卵状椭圆形或宽倒卵形，长 2~10 cm，宽 1~4.5 cm，顶端锐尖至渐尖或钝，有时微凹或有小凸尖，基部渐狭至钝，叶面无毛，叶背疏短柔毛，老渐无毛；叶面中脉微凹，侧脉扁平，叶背中脉凸起，侧脉每边 6~12 条，扁平或稍凸起；叶柄短，被短柔毛，老渐无毛；叶柄内和叶腋外腺体钻形，长约 1 mm。二歧聚伞花序腋生或顶生，花多朵组成圆锥状，与叶等长或较长；花白色，芳香；总花梗长 2~5 cm，被柔毛，老时渐无毛；苞片及小苞片狭长披针形，长 1~2 mm；花萼 5 深裂，裂片线状披针形，顶部反卷，长 2~5 mm，外面被有长柔毛及缘毛，内面无毛，基部具 10 枚鳞片状腺体；花蕾顶端钝，花冠筒圆筒形，中部膨大，外面无毛，内面在喉部及雄蕊着生处被短柔毛，长 5~10 mm，花冠裂片长 5~10 mm，无毛；雄蕊着生在花冠筒中部，腹部粘生在柱头上，花药箭头状，基部具耳，隐藏在花喉内；花盘环状 5 裂与子房等长；子房由 2 个离生心皮组成，无毛，花柱圆柱状，柱头卵圆形，顶端全缘；每心皮有胚珠多颗，着生于 2 个并生的侧膜胎座上。蓇葖双生，叉开，无毛，线状披针形，向先端渐尖，长 10~20 cm，宽 3~10 mm；种子多颗，褐色，线形，长 1.5~2 cm，直径约 2 mm，顶端具白色绢质种毛；种毛长 1.5~3 cm。花期 3~7 月，果期 7~12 月。

（二）络石的生长习性

对气候的适应性强，能耐寒冷，亦耐暑热，但忌严寒。河南北部以至华北地区露地不能越冬，只宜作盆栽，冬季移入室内。华南可在露地安全越夏。喜湿润环境，忌干风吹袭。喜弱光，亦耐烈日高温。攀附墙壁，阳面及阴面均可。对土壤的要求不苛，一般肥力中等的轻黏土及沙壤土均宜，酸性土及碱性土均可生长，较耐干旱，但忌水湿，盆栽不宜浇水过多，保持土壤润湿即可。生于山野、溪边、路旁、林缘或杂木林中，常缠绕于树上或攀缘于墙壁上、岩石上，亦有移栽于园圃。

（三）络石的利用价值

（1）观赏价值。络石在园林中多作地被，或盆栽观赏，为芳香花卉，供观赏。络石匍匐性攀爬性较强，可搭配作色带色块绿化用。

（2）药用价值。根、茎、叶、果实供药用，有祛风活络、利关节、止血、止痛消肿、清热解毒之效能，我国民间有用来治关节炎、肌肉痹痛、跌打损伤、产后腹痛等；花芳香，可提取"络石浸膏"。络石是一种常用中药。

（3）其他价值。茎皮纤维拉力强，可制绳索、造纸及人造棉。

二、地锦

（一）地锦的形态特征

地锦（*Parthenocissus tricuspidata* (Sieb. & Zucc.) Planch.）是葡萄科地锦属植物，木质藤本，小枝圆柱形，几无毛或微被疏柔毛。卷须 5~9 分枝，相隔 2 节间断与叶对生。卷须顶端嫩时膨大呈圆珠形，后遇附着物扩大成吸盘。叶为单叶，通常着生在短枝上为 3 浅裂，时有着生在长枝上者小型不裂，叶片通常倒卵圆形，长 4.5~17 cm，宽 4~16 cm，顶端裂片急尖，基部心形，边缘有粗锯齿，上面绿色，无毛，下面浅绿色，无毛或中脉上疏生短柔毛，中央脉有侧脉 3~5 对，网脉上面不明显，下面微突出；叶柄长 4~12 cm，无毛或疏生短柔毛。花序着生在短枝上，基部分枝，形成多歧聚伞花序，长 2.5~12.5 cm，主轴不明显；花序梗长 1~3.5 cm，几无毛；花梗长 2~3 mm，无毛；花蕾倒卵椭圆形，高 2~3 mm，顶端圆形；萼碟形，边缘全缘或呈波状，无毛；花瓣 5，长椭圆形，高 1.8~2.7 mm，无毛；雄蕊 5，花丝长 1.5~2.4 mm，花药长椭圆卵形，长 0.7~1.4 mm，花盘不明显；子房椭球形，花柱明显，基部粗，柱头不扩大。果实球形，直径 1~1.5 cm，有种子 1~3 颗；种子倒卵圆形，顶端圆形，基部急尖成短喙，种脐在背面中部呈圆形，腹部中棱脊突出，两侧洼穴呈沟状，从种子基部向上达种子顶端。花期 5~8 月，果期 9~10 月。

（二）地锦的生长习性

生长于海拔 150~1 200 m 的山坡崖石壁或灌丛。性喜阴湿，耐旱，耐寒，冬季可耐 –20 ℃低温。对气候、土壤的适应能力很强，在阴湿、肥沃的土壤上生长最佳，对土壤酸碱适应范围较大，但以排水良好的沙质土或壤土为最适宜，生长较快。也耐瘠薄。

（三）地锦的利用价值

（1）绿化价值。地锦是园林绿化中很好的垂直绿化材料，既能美化墙壁，又有防暑隔热的作用。对二氧化硫等有害气体有较强的抗性，适宜在宅院墙壁、围墙、庭院入口等处配置。

（2）药用价值。果实可食或酿酒。藤茎可入药，具有破淤血、消肿毒、祛风活络、止血止痛的功效。

三、紫藤

（一）紫藤的形态特征

紫藤（*Wisteria sinensis*），别名藤萝、朱藤、黄环。属豆科紫藤属，落叶藤本。茎右旋，枝较粗壮，嫩枝被白色柔毛，后秃净；冬芽卵形。奇数羽状复叶长 15~25 cm；托叶线形，早落；小叶 3~6 对，纸质，卵状椭圆形至卵状披针形，上部小叶较大，基部 1 对最小，长 5~8 cm，宽 2~4 cm，先端渐尖至尾尖，基部钝圆或楔形，或歪斜，嫩叶两面被平伏毛，后秃净；小叶柄长 3~4 mm，被柔毛；小托叶刺毛状，长 4~5 mm，宿存。总状花序发自种植一年短枝的腋芽或顶芽，长 15~30 cm，径 8~10 cm，花序轴被白色柔毛；苞片披针形，早落；花长 2~2.5 cm，芳香；花梗细，长 2~3 cm；花萼杯状，长 5~6 mm，宽 7~8 mm，密被细绢毛，上方 2 齿甚钝，下方 3 齿卵状三角形；花冠细绢毛，上方 2 齿甚钝，下方 3 齿卵状三角形；花冠紫色，旗瓣圆形，先端略凹陷，花开后反折，基部有 2 胼胝体，翼瓣长圆形，基部圆，龙骨瓣较翼瓣短，阔镰形，子房线形，密被茸毛，花柱无毛，上弯，胚珠 6~8 粒。荚果倒披针形，长 10~15 cm，宽 1.5~2 cm，密被茸毛，悬垂枝上不脱落，有种子 1~3 粒；种子褐色，具光泽，圆形，宽 1.5 cm，扁平。花期 4 月中旬至 5 月上旬，果期 5~8 月。

（二）紫藤的生长习性

紫藤为暖带及温带植物，对气候和土壤的适应性强，较耐寒，能耐水湿及瘠薄土壤，喜光，较耐阴。以土层深厚、排水良好、向阳避风的地方栽培最适宜。主根深，侧根浅，不耐移栽。生长较快，寿命很长。缠绕能力强，它对其他植物有绞杀作用。3 月现蕾，4 月盛花，每轴有蝶形花 20~80 朵。紫藤各地均有野生或栽培，根、种子入药，性甘，微温，有小毒。树皮含甙类，花含挥发油，叶子含金雀花碱等。

（三）紫藤的利用价值

（1）观赏价值。紫藤又名藤萝、朱藤，是优良的观花藤木植物，一般应用于园林棚架，春季紫花烂漫，适栽于湖畔、池边、假山、石坊等处，具独特风格，盆景也常用。制成花廊，或用其攀绕枯木，还可做成姿态优美的悬崖式盆景。

（2）环保价值。紫藤对二氧化硫和氧化氢等有害气体有较强的抗性，对空气中的灰尘有吸附能力，尤其在立体绿化中发挥着举足轻重的作用。它不仅可达到绿化、美化效果，同时也发挥着增氧、降温、减尘、减少噪声等作用。

（3）食用价值。在河南、山东、河北一带，人们常采紫藤花蒸食。

（4）药用价值。紫藤以茎皮、花及种子入药。紫藤花可以提炼芳香油，并可以解毒、止泻。紫藤的种子有小毒，含有氰化物，可以治疗筋骨疼。紫藤皮可以杀虫、止痛，治风痹痛、蛲虫病等。

四、凌霄

（一）凌霄的形态特征

凌霄（*Campsis grandiflora* (Thunb.) Schum.）是紫葳科凌霄属攀缘藤本植物。茎木质，表皮脱落，枯褐色，以气生根攀附于它物之上。叶对生，为奇数羽状复叶；小叶 7~9 枚，卵形至卵状披针形，顶端尾状渐尖，基部阔楔形，两侧不等大，长 3~6（9）cm，宽 1.5~3（5）cm，侧脉 6~7 对，两面无毛，边缘有粗锯齿；叶轴长 4~13 cm；小叶柄长 5（10）mm。顶生疏散的短圆锥花序，花序轴长 15~20 cm。花萼钟状，长 3 cm，分裂至中部，裂片披针形，长约 1.5 cm。花冠内面鲜红色，外面橙黄色，长约 5 cm，裂片半圆形。雄蕊着生于花冠筒近基部，花丝线形，细长，长 2~2.5 cm，花药黄色，个字形着生。花柱线形，长约 3 cm，柱头扁平，2 裂。蒴果细长如豆荚，先端钝，每果含种子数粒，种子扁平，多数有薄翅。

（二）凌霄的生长习性

凌霄生性强健，性喜温暖；有一定的耐寒能力；生长喜阳光充足，但也较耐阴；在盐碱瘠薄的土壤中也能正常生长，但生长以深厚肥沃、排水良好的微酸性土壤为好。

（三）凌霄的利用价值

（1）观赏价值。凌霄，老干扭曲盘旋、苍劲古朴，其花色鲜艳、芳香味浓，且花期很长，故而可作室内的盆栽藤本植物，且可根据种花人的爱好，装扮成各种图形，是一种受人喜爱的地栽和盆栽花卉。

（2）药用价值。凌霄的花含黄酮类成分。药理研究表明，凌霄花具有抗菌、抗血栓形成、抗肿瘤等作用。中医理论认为，凌霄花具有活血通经、凉血祛风等功效。现代临床还用于原发性肝癌、胃肠道息肉、红斑狼疮、荨麻疹等病的治疗。

五、山葡萄

（一）山葡萄的形态特征

山葡萄（*Vitis amurensis* Rupr.），葡萄科葡萄属植物，木质藤本。小枝圆柱形，无毛，嫩枝疏被蛛丝状茸毛。卷须 2~3 分枝，每隔 2 节间断与叶对生。叶阔卵圆形，长 6~24 cm，宽 5~21 cm，3 稀 5 浅裂或中裂，或不分裂，叶片或中裂片顶端急尖或渐尖，裂片基部常缢缩或间有宽阔，裂缺凹成圆形，稀呈锐角或钝角，叶基部心形，基缺凹成圆形或钝角，边缘每侧有 28~36 个粗锯齿，齿端急尖，微不整齐，上面绿色，初时疏被蛛丝状茸毛，以后脱落；基生脉 5 出，中脉有侧脉 5~6 对，上面明显或微下陷，下面突出，网脉在下面明显，除最后一级小脉外，或多或少突出，常被短柔毛或脱落几无毛；叶柄长 4~14 cm，初时被蛛丝状茸毛，以后脱落无毛；托叶膜质，褐色，长 4~8 mm，宽 3~5 mm，顶端钝，边缘全缘。圆锥花序疏散，与叶对生，基部分枝发达，长 5~13 cm，初时常被蛛丝状茸毛，以后脱落几无毛；花梗长 2~6 mm，无毛；花蕾倒卵圆形，高 1.5~30 mm，顶端圆形；萼碟形，高 0.2~0.3 mm，几全缘，无毛；花瓣 5，呈帽状黏合脱落；雄蕊 5，花丝丝状，长 0.9~2 mm，花药黄色，卵椭圆形，长 0.4 ~ 0.6 mm，在雌花内雄蕊显著短而败育；花盘发达，5 裂，高 0.3 ~ 0.5 mm；雌蕊 1，子房锥形，花柱明显，基部略粗，柱头微扩大。果实直径 1~1.5 cm；种子倒卵圆形，顶端微凹，基部有短喙，种脐在种子背面中部呈椭圆形，腹面中棱脊微突起，两侧洼穴狭窄呈条形，向上达种子中部或近顶端。花期 5~6 月，果期 7~9 月。

（二）山葡萄的生长习性

山葡萄对土壤条件的要求不严，多种土壤都能生长良好。但是以排水良好、土层深厚的土壤最佳。山葡萄的特点是耐旱怕涝。

（三）山葡萄的利用价值

（1）食用价值。种果可鲜食和酿酒。山葡萄的营养价值很高，它含有多种维生素的一些天然的酸性成分、矿物质和糖分，人们食用后能吸收多种营养成分，可以满足身体代谢时对不同营养成分的需要，能提高身体素质，减少一些常见疾病的发生。

（2）药用价值。山葡萄不仅营养价值高，还具有一定的药用功效，可以用于人类风疹的治疗，平时可以用于人类胃痛、腹痛及头痛和手术后伤口痛等多种不良症状的治疗，具有良好的止痛功效。

六、葛藤

（一）葛藤的形态特征

葛藤（*Argyreia seguinii* (Levl.) Van. ex Levl），又名野葛、粉葛藤、甜葛藤、葛条，旋花科银背藤属藤本，高达 3 m，茎圆柱形、被短茸毛。叶互生，宽卵形，长 10.5~13.5 cm，宽 5.5~12 cm，先端锐尖或渐尖，基部圆形或微心形，叶面无毛，背面被灰白色茸毛，侧脉多数，平行，在叶背面突起；叶柄长 4.5~ 8.5 cm。聚伞花序腋生，总花梗短，长 1~2.5 cm，密被灰白色茸毛；苞片明显，卵圆形，长及宽 2~3 cm，外面被茸毛，内面无毛，紫色；萼片狭长圆形，外面密被灰白色长柔毛，长 13 mm，宽 5 mm，内萼片较小；花冠管状漏斗形，白色，外面被白色长柔毛，长 6~7 cm，冠檐浅裂；雄蕊及花柱内藏，雄蕊着生于管下部，花丝短，花药箭形；子房无毛，花柱丝状，柱头状。

（二）葛藤的生长习性

生于丘陵地区的坡地上或疏林中，分布于海拔 300~1 500 m 处。葛藤喜温暖湿润的气候，喜生于阳光充足的阳坡。常生长在草坡灌丛、疏林地及林缘等处，攀附于灌木或树上的生长最为茂盛。对土壤适应性广，除排水不良的黏土外，山坡、荒谷、砾石地、石缝都可生长，而以湿润和排水通畅的土壤为宜。耐酸性强，土壤 pH 值 4.5 左右时仍能生长。耐旱，年降水量 500 mm 以上的地区可以生长。耐寒，在寒冷地区，越冬时地上部冻死，但地下部仍可越冬，第二年春季再生。

（三）葛藤的利用价值

（1）食用价值。葛藤含有丰富的蛋白质和粗纤维，可作为马、猪、兔的饲料。每年 2~5 月采嫩茎、嫩叶炒食或做汤吃。晚秋到早春期间采挖块根，可沉淀淀粉，煮吃或制作凉粉。根块用水浸泡后也可蒸食。

（2）药用价值。升阳解肌，透疹止泻，除烦止温。治伤寒、温热头痛、烦热消渴、泄泻、痢疾。

七、木通

（一）木通的形态特征

木通（*Akebia quinata* (Houtt.) Decne.），木通科木通属植物，别名山通草《神农本草经》、野木瓜《救荒本草》、通草、附支《本经》、丁翁《吴普本草》等。落叶木质藤本，茎纤细，圆柱形，缠绕，茎皮灰褐色，有圆形、小而凸起的皮孔；芽鳞片覆瓦状排列，淡红褐色。掌状复叶互生或在短枝上的簇生，通常有小叶 5 片，偶有 3~4 片或 6~7 片；叶柄纤细，长 4.5~10 cm；小叶纸质，倒卵形或倒卵状椭圆形，长 2~5 cm，宽 1.5~2.5 cm，先端圆或凹入，具小凸尖，基部圆或阔楔形，上面深绿色，下面青白色；中脉在上面凹入，下面凸起，侧脉每边 5~7 条，与网脉均在两面凸起；小叶柄纤细，长 8~10 mm，中间 1 枚长可达 18 mm。伞房花序式的总状花序腋生，长 6~12 cm，疏花，基部有雌花 1~2 朵，以上 4~10 朵为雄花；总花梗长 2~5 cm；着生于缩短的侧枝上，基部为芽鳞片所包托；花略芳香。雄花：花梗纤细，长 7~10 mm；萼片通常 3，有时 4 片或 5 片，淡紫色，偶有淡绿色或白色，兜状阔卵形，顶端圆形，长 6~8 mm，宽 4~6 mm；雄蕊 6（7），离生，初时直立，后内弯，花丝极短，花药长圆形，钝头；退化心皮 3~6 枚，小。雌花：花梗细长，长 2~4（5）cm；萼片暗紫色，偶有绿色或白色，阔椭圆形至近圆形，长 1~2 cm，宽 8~15 mm；心皮 3~6（9）枚，离生，圆柱形，柱头盾状，顶生；退化雄蕊 6~9 枚。果孪生或单生，长圆形或椭圆形，长 5~8 cm，直径 3~4 cm，成熟时紫色，腹缝开裂；种子多数，卵状长圆形，略扁平，不规则的多行排列，着生于白色、多汁的果肉中，种皮褐色或黑色，有光泽。花期 4~5 月，果期 6~8 月。

（二）木通的生长习性

木通为阴性植物，喜阴湿，较耐寒。常生长在低海拔山坡林下草丛中。在微酸、多腐殖质的黄壤中生长良好，也能适应中性土壤。茎蔓常匍地生长。

（三）木通的利用价值

（1）药用价值。植物根茎中富含齐墩果酸、皂苷、鼠李糖苷、豆甾醇、β－豆甾醇等药用物质，根入药能补虚、止痛、止咳和调经；茎藤入药有解毒利尿、行水泻火、舒经活络及安胎之效；果实入药能疏肝健脾、和胃顺气、生津止渴并有抗癌作用。主治尿赤、淋病涩痛、水肿尿少、乳汁不下。

（2）食用价值。果味甜，果肉营养丰富，可鲜食或加工，也可酿酒；种子可榨油。

（3）观赏价值。缠绕性木质藤本，攀缘力强，生长快，适应性强，叶、花、果均具有较高的观赏价值，在园林绿化和城市垂直绿化方面有着广阔的开发利用前景。

第十章　获得植物新品种权的品种

植物新品种，是指经过人工培育的或者对发现的野生植物加以开发，具备新颖性、特异性、一致性和稳定性并有适当命名的植物品种。植物新品种的开发改良，一方面可以增加植物品种的出口，也为某些濒危物种制订育种计划，可以消除其所面临的从自然界灭绝的威胁。

十多年来，驻马店市的名品彩叶苗木有限公司十分重视新品种研发工作，从 2012 年第一个彩叶植物新品种"红伞寿星桃"获得植物新品种权证书，到 2020 年，该公司共有 24 个彩叶品种获得了植物新品种权证书。彩叶植物新品种不断推出，大大丰富了园林绿化树种的多样化，加快了植物新品种工作的步伐。植物新品种的研发所带来的利益也远远超出了增加粮食产量本身，对于促进国民经济的健康发展和社会稳定具有极为重要的意义。

随着《中华人民共和国植物新品种保护条例》的颁布与实施，有利地保护了育种者的合法权益，激发了育种工作者的积极性和创造性，使育种工作步入良性循环的轨道。

一、红伞寿星桃

红伞寿星桃是选育的寿星桃新品种，2011 年通过河南省林木良种审定，2012 年获得植物新品种权证书，品种权号：20120038。在第十二届中国·中原花木交易博览会上荣获优质产品奖。

红伞寿星桃叶色常年紫红，颜色鲜亮，节间紧密，花较大，梅花形，复瓣，冠形饱满，株形紧凑，整株色感表现极好，集观叶、花、果、树形于一身。既耐夏季高温，又耐冬季寒冷，适应北京以南地区生长，其适应性较强，对立地条件要求不严，除低洼易涝及盐碱地外均能生长，但以疏松肥沃的沙质土壤为好。

二、红宝石寿星桃

红宝石寿星桃是选育的寿星桃新品种，2013 年获得植物新品种权证书，品种权号：20130035。已被国家林业科技成果库录入。

红宝石寿星桃为落叶小灌木，植株树体矮小，树形紧凑，节间短，小枝红褐色，花芽多，密集，花较大，梅花形，复瓣。花初开放时为白色或粉红色具白边，3~5 天后变为深粉红色。新叶鲜红色，老叶红褐色至墨绿色，叶背红褐色，背脉紫红色，两侧边缘具规则型黄色斑点，较为明显，窄披针形或披针形，叶片稠密，整体色感表现好。适应性强，既耐夏季高温又耐冬季寒冷，适应北京以南地区生长，其适应性较强，对立地条件要求不严，除低洼易涝及盐碱地外均能生长，但以疏松肥沃的沙质土壤为好。

三、黄金刺槐

黄金刺槐是选育的刺槐新品种，2013年获得植物新品种权证书，品种权号：20130036。2014年通过河南省林木良种审定。在第八届中国花卉博览会上荣获优秀产品奖，2014年被第二届十大乡土树种推介组委会推荐为十大新优乡土树种，已被国家林业科技成果库录入。其特点如下：

（1）三季常彩，春、夏、秋三季叶片如同镀金一样亮黄，黄色系彩叶植物中叶色最亮丽的一个品种，花白色，芳香。

（2）乡土树种的变种，适应范围广，抗逆性强，既耐热又耐寒，齐齐哈尔以南皆可种植。对立地条件要求不严，对土壤酸碱度不敏感，除低洼易涝易积水及重盐碱地外均能生长，但以疏松肥沃的沙质土壤为好。

四、红云紫薇

红云紫薇是选育的紫薇新品种，2012年获得植物新品种权证书，品种权号：20130039。2013年通过河南省林木良种审定。荣获第八届中国花卉博览会银奖和新品种选育优秀奖。

红云紫薇为直立小乔木，干皮灰白色，剥落，嫩枝红色，春季刚发芽时嫩芽为绿色，半个月以后转为鲜红色。6月下旬以后小枝1/2以下部分老叶转为墨绿色，上部为鲜红色或暗红色。花序大，顶生圆锥形花序，花鲜紫红色，无香味，花瓣边缘有褶皱。

红云紫薇喜光，喜肥，稍耐阴，喜温暖湿润气候，耐寒性强，耐旱耐湿，萌芽性强，对 SO_2、HF 气体的抗性强，能吸入有害气体。红云紫薇在华东、华中、华南及西南地区都适宜生长。

五、朱羽合欢

朱羽合欢是公司选育的合欢新品种，2014年12月获得植物新品种权证书，品种权号：20140100。2014年3月通过河南省林木良种审定。已被国家林业科技成果库录入。其优点是：

（1）一年三季叶色紫红色，非常鲜艳。

（2）花期长，花色艳丽。

（3）乡土树种合欢的变异，适宜种植的区域和环境与合欢一样。在我国黄河、长江流域及珠江流域各省均能栽培。

六、重阳紫荆

重阳紫荆是选育的紫荆新品种，2014年12月获得植物新品种权证书，品种权号：20140128。2014年3月通过河南省林木良种审定。已被国家林业科技成果库录入。

重阳紫荆最大特点是：

一是一年开两次花，第一次开花在春季3~4月，先花后叶，第二次开花9~11月，叶花同存，先少量开花，后逐步开放，花色花量和春季一样，花期较春季更长，可长达2~3

第十章　获得植物新品种权的品种

个月，直至下霜才枯萎，可有效弥补秋季花少的空缺。

二是重阳紫荆适应性强，适应区域很广，在湖北西部、辽宁南部、河北、陕西、河南、甘肃、云南、四川等地都能生长，对立地条件要求不严，但以土势高燥、疏松、肥沃的沙质土壤为好，低洼、易涝、易积水的地方不宜栽植。

七、玉蝶常山

玉蝶常山是选育的海州常山新品种，2014 年 12 月获得植物新品种权证书，品种权号：20140101。

玉蝶常山，落叶灌木，单叶对生，卵形至椭圆形或三角状卵形，叶面边缘春夏季镶嵌不规则金黄色斑块，秋季叶面边缘镶嵌不规则橙黄色斑块，叶片有臭味。聚伞花序腋生。花冠粉白色，花萼紫红色。花期 8~9 月。果期 10 月。玉蝶常山喜凉爽湿润、向阳的环境，喜光，有一定的耐寒性，耐干旱，能耐瘠薄土壤，但不耐积水，对土壤适应性强，各种土壤均可生长，有一定的耐盐碱性。全国大部分地区均可栽培。

八、梦幻彩楸

该品种是选育的楸树新品种，2015 年 9 月获得国家林业局植物新品种保护，新品种权号：20150084。在第九届花卉博览会上获得金奖。

梦幻彩楸，落叶乔木，顶生嫩叶边缘不规则玫瑰红色，嫩叶叶片边缘不规则黄色，成熟叶片边缘不规则白色。

梦幻彩楸喜光，较耐寒，喜深厚、肥沃、湿润的土壤，耐干旱，稍耐盐碱，耐烟尘，抗有害气体能力强，寿命长。适应性强，大部分地区均可种植。乡土树种变种，叶色季节变化靓丽明显，是优良的观赏、用才兼用树种。

九、金蝴蝶构树

该品种是选育的彩叶构树新品种，2016 年 8 月获得国家林业局植物新品种保护，新品种权号：20160020。在第八届花卉博览会上获得金奖。2016 年 1 月通过河南省林木良种审定。

金蝴蝶构树为阔叶落叶乔木，树冠开张，卵形至广卵形；树皮平滑，浅灰色或灰褐色；单叶互生，有时近对生，叶卵圆形至阔卵形，春季叶片边缘四周为金黄色，叶心绿色，夏季叶片转为淡黄绿色，能看到墨绿色彩色斑痕，秋季叶片边缘橙黄色，叶心绿色。金蝴蝶构树适应性特别强，全国大部分地区都能种植。耐干冷及湿热气候，耐干旱瘠薄，在酸性土、中性土及石灰岩山地、水边低湿地均生长良好。

十、金凤

该品种是选育的构树新品种，2016 年 8 月获得国家林业局植物新品种保护，新品种权号：20160049。在第九届花卉博览会上获得金奖。其特点如下：

（1）三季常彩，春季叶片金黄色，夏季叶片黄色，秋季叶片又转金黄色。

（2）雄性植株，无果实污染。

（3）系构树的实生变异，适应能力特别强，是生态修复的优良树种。

（4）用途广，叶片是优质饲料，树皮是造纸优质原料。

（5）干性强，可培养成乔木。

十一、锦华栾

锦华栾为黄山栾的芽变种，落叶乔木，树冠近圆球形，树皮褐黄色至褐红色。生长季嫩枝金黄色，近熟枝橘黄色，成熟枝橘红色。复叶呈玫红、金黄、翠绿、乳白的四色彩；小叶色可有红绿、红黄、黄绿、绿白复色和绿、黄、白、红单色叶并举的壮丽景色。叶柄粉红色至紫红色。顶生大的圆锥花序，花小，金黄色。蒴果，三角状卵形，胭脂红色，可经冬不落。

适应温带、亚热带树种，喜阳光充足、温暖湿润气候。也耐半阴环境，耐寒性比黄山栾还强。耐干旱、瘠薄，喜生于石灰质土壤，耐盐碱及短期水涝，有较强的抗烟尘能力。

2009年12月获得国家林业局植物新品种权证书，新品种权号：20090013。

十二、锦昱楝

锦昱楝为落叶乔木，树冠伞形，树皮浅纵裂灰色、幼时平滑。生长季嫩的小叶呈淡黄色或淡黄色叶面具不规则的大小不等的绿岛；成熟小叶呈白色或白色叶面具不规则的大小不等的绿岛，花蓝紫色，有芳香味，5月开花。核果球形黄色，10~11月成熟。

锦昱楝是阳性树，喜温暖，耐干旱、瘠薄，对自然条件要求不严，在酸性、碱性及盐渍化的土壤均可栽培，耐旱性优于刺槐、白榆。在肥沃土壤上生长更好，新枝年生长量达1 m以上。锦昱楝少有病虫害。

2015年12月获得国家林业局植物新品种权证书，新品种权号：20150097。

十三、锦烨朴

锦烨朴为朴树的有性变种，落叶大乔木，发芽早、落叶晚。树皮灰褐色，粗糙而不开裂。芽自萌动至5月上旬满树金黄色，异常美观；立夏后当年生枝的新梢部的6~8片叶仍呈金黄色，近熟叶黄绿色、成熟叶绿色。

锦烨朴为温带树种，较耐寒，冬季骤然温差28 ℃也安然无恙。在深厚、肥沃、湿润壤土上生长较快，但也耐水湿、耐瘠薄。锦烨朴为喜光树种，抗烟性、抗污染性能力强，对环境要求不严。锦烨朴耐修剪，抗性强，少病虫为害。

2014年12月获得国家林业局植物新品种权证书，新品种权号：20140098。

十四、锦晔榉

锦晔榉为大果榉的有性变种，落叶大乔木，树冠呈倒卵状伞形，树干灰白色，树皮片状剥落。叶纸质或厚纸质、互生。花、叶同时开放，芽自萌动至初绽为粉红色，5月中旬后为金黄色，叶色富有变化，非常美观；5月下旬后当年生枝的新梢部的3片叶粉红色，往下4~10片叶金黄色，其余叶片由上而下变为黄色、黄绿色、绿色；嫩枝淡黄色。锦晔榉为温带树种，较耐寒，性喜光，耐干旱、瘠薄，生长快。锦晔榉耐修剪，少病虫为害。

2014 年 12 月获得国家林业局植物新品种权证书，新品种权号：20140099。

十五、锦业楝

锦业楝为楝树的有性变种，落叶乔木，速生树种，冠圆形。树皮紫色，幼时平滑，小枝灰青色，密生白色皮孔，叶色在整个生长季表现为嫩叶金黄色、成熟叶淡黄色。

锦业楝是阳性树，好温暖、耐干旱、瘠薄，对自然条件要求不严，在酸性、碱性及盐渍化的土壤均可栽培，耐旱性优于刺槐、白榆。在肥沃土壤上生长更好，新枝年生长量达 2 m 以上，锦业楝少有病虫害。

2014 年获得国家林业局植物新品种权证书，新品种权号：20140096。

十六、锦茂杨

锦茂杨为落叶大乔木，发芽早、落叶晚。树皮初期青白色、光滑，老时为黑色而开裂，幼叶、嫩枝密生白茸毛、略带赤色。叶自 3 月下旬萌芽至 5 月上旬为金黄色，白色的茸毛与金黄色的叶色相映，对比明显，美观漂亮；5 月中旬后当年生枝的新梢部的 6~8 片叶仍呈金黄色，其余叶片由上而下变为黄绿、绿色。

锦茂杨为温带树种，较耐寒，可耐 –30 ℃。在年降水量 300~1 300 mm 的条件下均能生长。锦茂杨为喜光树种，稍耐盐碱，在土壤 pH 值 8~8.5 时可生长，成年树耐水湿，在积水达 2 月之久时仍正常生长，抗烟性、抗污染性能力强。

2015 年获得国家林业局植物新品种权证书，新品种权号：20150077。

十七、金镶玉

金镶玉系 2011 年 5 月 10 日通过对金叶刺槐诱变发现的一枝变异枝条，取其枝条嫁接到刺槐砧木上。

2012 年、2013 年观察所嫁接的植株与变异枝条的叶片性状表现一致。以后用各代植株的枝条进行嫁接繁殖，其性状一直保持不变。

金镶玉为豆科刺槐属植物，阔叶落叶乔木，干皮纵深开裂中，树皮黑褐色，枝条直，斜展，枝具托叶针刺，无毛侧枝粗度中，奇数羽状复叶互生，具 9~19 片小叶，被短柔毛，复叶长度中，小叶叶片中，长卵形，基部广楔形或近圆形，先端平截具短芒尖，全缘，托刺短。春季叶片黄色，嵌不规则绿色斑块，夏季叶片黄绿色，嵌不规则绿色斑块，嵌色叶比例 85% 以上。长势较强。

该品种适应性强，既耐热又耐寒，全国各地都适应种植。对立地条件要求不严，对土壤酸碱度不敏感，除低洼易涝易积水及重盐碱地外均能生长，但以疏松、肥沃的沙质土壤为好。

十八、擎天

"擎天"系 2008 年 6 月 2 日在公司玉山苗圃从当年播种的紫薇实生苗中，发现其中一株主干直立性强，分枝少且分枝与主茎的夹角很小，树皮光滑，叶色浓绿，生长势强。2011 年 3 月 5 日，将此变异植株扦插后，观察发现新植株仍表现原性状。以后几年进行大量扩繁，观察分析发现，所有苗木性状保持良好，相当稳定。

"擎天"系紫薇的实生变异，落叶乔木，干性强，分枝少且分枝与主茎的夹角很小，树皮光滑，生长势强，干皮黄白色；幼枝呈四棱形，梢成翅状，侧枝较短；叶互生，近无柄，叶色浓绿，叶片大小中，呈椭圆形，光滑无毛；圆锥花序顶生，花芽绿和红色，花芽顶端无突起，花浅紫罗兰色，瓣爪紫罗兰色，花瓣边缘明显褶皱，花丝较长；蒴果圆状球形。花期 6~9 月，果期 10~11 月。

"擎天"喜光，喜肥，稍耐阴，喜温暖湿润气候，耐寒性强，耐旱，耐湿，萌芽性强，生长势强。在我国华东、华中、华南及西南地区都适宜生长。

十九、火凤凰

2008 年 11 月 5 日在河南名品彩叶苗木股份有限公司二分场播种的美国红枫育苗地里发现一株叶脉金黄色的变异植株，移栽到大田后，变异性状表现稳定。2014 年取母树上的枝条进行嫁接、扦插繁殖，繁殖后代与母树性状表现一致。2015~2016 年用各代混合枝条作材料，进行扩繁，观察分析表明所繁育的苗木没有再变异现象发生，生长健壮，性状保持稳定，表现良好。

单叶对生，叶片 3~5 裂，叶表面亮绿色，叶背泛白，新生叶正面呈淡紫色，之后变成绿色，叶背面是灰白色。花为红色，稠密簇生。茎光滑，有皮孔，浅灰色。果实为翅果，幼果淡红色，成熟时变为淡黄色。叶片变红较早，叶片变红后叶脉先保持绿色后变黄色，叶柄变淡黄色。

火凤凰适应性较强，耐寒、耐旱、耐湿。酸性至中性的土壤使秋色更艳。对有害气体抗性强，尤其对氯气的吸收力强。我国的大部分地区均可栽培。

二十、翠玉

2013 年 5 月，在公司播种的梓树实生苗中发现一株叶片有不规则淡黄色斑块的变异植株。2014 年 4 月，将此变异植株的枝条用带木质部芽接法嫁接在当年生梓树砧木上，观察发现新植株性状和母本一致，没有发生任何变化。2015~2016 年用继代枝条作材料，进行扩繁，观察分析表明所有苗木没有变异现象发生，生长健壮，性状保持稳定，表现良好。

翠玉，落叶乔木，叶嵌色，幼叶主色紫褐色，新生叶主色浅黄色或浅绿色，成熟叶主色中绿色，成熟叶次色浅黄色或浅绿色，次色分布不规则。

翠玉喜光，较耐寒，喜深厚、肥沃、湿润的土壤，耐干旱，稍耐盐碱，耐烟尘，抗有害气体能力强，寿命长。适应性强，大部分地区均可种植。

二十一、金色年华

2014 年 4 月 22 日在河南省遂平县朱屯场发现一株 2 年生秋焰槭扦插苗，出现叶片有淡黄色斑块的变异一个枝条。2015年3月，用此变异枝条进行嫁接繁殖，其后代性状保持稳定。2016年用继代植株进行扦插、嫁接扩繁，观察分析表明所有苗木无再变异现象，新品种生长健壮，性状保持良好，表现稳定。

落叶乔木，主枝直立，生长势较好，树皮灰褐色，树皮平滑；当年生枝圆柱形、生长季红色、无茸毛、有蜡粉；二年生枝条灰褐色、无茸毛、有蜡粉；叶单生、无托叶、叶纸质、掌形、基部心形、尖端渐尖、5裂；幼叶主色橘红色，叶片嵌色，上表面有不规则斑纹，斑纹黄色，成熟叶复色，秋季红色。金色年华适应性较强，耐寒、耐旱、耐湿。酸性至中性的土壤使秋色更艳。对有害气体抗性强，尤其对氯气的吸收力强。我国的大部分地区均可栽培。

二十二、金凰

该品种系2015年5月在河南省遂平县河南名品彩叶苗木股份有限公司玉山总场，发现一株4年生构树，叶片呈金黄色的雌性变异植株，2015年夏季用变异植株的枝条采用嫁接等无性繁殖进行扩繁，结果发现新植株颜色春季叶金黄色，夏季黄色，秋季变为金黄色。以后各年用各代植株的枝条进行扩繁，观察分析表明所有苗木无再变异现象发生，新品种性状保持良好，表现稳定。

阔叶落叶乔木，分点较高，枝斜上伸展，幼叶黄色，成熟叶片黄色或黄绿色，叶片背面叶脉淡紫色，叶长卵形，上面粗糙，被硬毛，下面密被柔毛，叶缘锯齿中等，叶尖渐尖，基部心形，叶缘不裂，花柱粉色，树皮光滑，浅灰色或灰褐色。

金凰在我国大部分地区均可栽培。喜光照，能耐干旱、瘠薄，不耐水湿。根系浅，萌发力强，耐修剪，对土壤适应性强。

二十三、锦鸽荆

锦鸽荆为落叶乔木，树皮灰褐色，平滑：2~3年生小枝灰色，皮孔淡灰色。4月上旬萌芽，直到谷雨嫩叶粉红色至朱红色、具光泽。4月中旬叶片完全展开，到立夏叶片仅除叶基部为黄绿色外其余为白色，叶长5.5~13.5 cm，宽4.5~11.5 cm，近圆形，先端急尖，基部心形，掌状7出脉，全缘，叶面无毛、叶背基部有淡褐色簇毛。立夏到小暑叶片自叶基部沿叶脉向叶缘四周依次递呈绿、黄绿、白的复叶色，绿色面积随叶龄增大而增大，色彩靓丽。花于4月初开放，花冠假蝶形，粉红色或淡紫红色，成短总状花序簇生于老枝上，叶前花，花期20天。荚果带状，腹缝有翅长6.5~14 cm、宽1.5~2 cm，紫红色，内有种子5~8粒，果熟期10月。

巨紫荆有栽培的区域，锦鸽荆就可种植，即天津以南、陕西以东的我国广大地区都可种植。锦鸽荆为温带树种，喜温暖湿润气候，既耐酷暑又耐严寒，冬季骤然温差18 ℃也安然无恙。极端低温 -20.5 ℃。性喜光，好生于充分见光处，耐干旱、瘠薄，在酸性、碱性及石灰质土壤上都能良好生长。比紫荆耐水湿，在季节性水淹中可存活月余。生长快，年胸径生长量达2 cm以上。通常用巨紫荆作砧木嫁接繁育小苗或大树高接立地成景。锦鸽荆耐修剪，少病虫为害。

二十四、锦叶黄杨

锦叶黄杨为常绿灌木或小乔木，高可达 8 m，一年生枝绿色，略为四棱形。叶革质且具光泽，椭圆形至倒卵形，长 4 cm 左右，缘有钝齿，两面无毛；自 2 月中旬萌芽至整个生长季的嫩叶亮金黄色，近熟叶黄绿色，质厚；叶柄长 0.6~1.2 cm。花绿白色，多生于枝梢叶腋，5~12 朵成聚伞花序，蒴果扁球形，径约 0.8 cm，粉红色，熟时 4 瓣裂；假种皮橘红色。5 月开花，10 月果熟。

锦叶黄杨为温带树种，喜光也耐阴；耐干旱、瘠薄，较耐寒，可耐 –15 ℃低温。在深厚、肥沃、湿润壤土上生长较快。稍耐盐碱，抗烟性，抗污染性能力强。通常春、秋季单叶芽和夏季嫩叶全光照弥雾嫩枝扦插繁育苗木。可以胸径 3 cm 以上丝棉木为砧木嫁接锦叶黄杨，形成不落叶的乔木彩叶树。其耐修剪，生长慢，寿命长，适应性强，栽培不需特殊管理，可按绿化上的需要作绿篱、灌丛和乔木应用，可孤植、群植或造型，用于城镇街道绿化和庭院绿化，也可用作中草药、室内装饰，有蚜虫、白粉病为害，应注意防治。

有大叶黄杨栽培的区域，锦叶黄杨就可种植，即我国的北京以南的广大地区都可种植。

二十五、锦叶女贞

锦叶女贞为常绿大灌木或乔木，高可达 15 m。树皮平滑、灰色。叶革质，对生，卵圆形至倒卵状披针形，先端尖，基部楔形或近圆形，长 6~12 cm，全缘，表面深绿色且具光泽无毛，背面淡绿色。自 3 月上旬萌芽至整个生长季嫩叶亮金黄色，近熟叶黄绿色，成熟叶绿色。花白色，顶生圆锥花序，长 2~20 cm，花冠裂片与花冠筒近等长。浆果状核果长椭圆形，长约 1 cm，熟时蓝黑色。6~7 月开花，11~12 月果熟。

锦叶女贞为温带树种，喜光，稍耐阴，喜温暖湿润环境，不耐干旱和瘠薄，生长快，萌芽力强，耐修剪，对二氧化硫、氟化氢等有害气体抗性强。在深厚、肥沃、湿润壤土上生长较快。耐盐碱，抗烟性、抗污染性能力强。通常春、秋季嫁接和夏季嫩叶全光照弥雾嫩枝扦插繁育苗木。可以胸径 3 cm 以上女贞为砧木嫁接锦叶女贞，形成乔木彩叶树。栽培不需特殊管理，绿化时作绿篱、灌丛和行道树应用。可孤植、群植或造型，为园林绿化的优良常绿抗污染树种，无病虫为害。

女贞有栽培的区域，锦叶女贞就可种植，即我国山东、河北、山西以南和甘肃南部的广大地区都可种植，北京冬季背风小环境条件下可越冬。

第十一章　珍稀濒危树种及古树名木

一、珍稀濒危树种

珍稀濒危植物主要是第三纪古植物幸存至今的古老孑遗种和我国范围内的特有种类，是国家自然资源的宝贵财富，也是林业资源的瑰宝。保护、发展和合理利用珍稀濒危植物资源，对维护生态平衡、挽救濒危植物、保护植物种质资源、发展经济、改善自然环境、丰富人民生活、开展科学研究，以及探讨植物界发展演化规律等方面具有重要意义。

面对我国植物物种受到的严重威胁，我国政府采取了积极的保护对策。1987 年，国家环境保护局和中国科学院植物研究所出版了《中国珍稀濒危保护植物名录 (第一册)》，公布了一、二、三级重点保护植物 389 种 (含 1 亚种、24 变种)。1999 年，国务院公布了《国家重点保护野生植物名录 (第一批)》(540 余种)。

种质资源普查结果统计出全市一级珍稀濒危树种有水杉，二级珍稀濒危树种有连香树、香果树、杜仲、银杏、鹅掌楸、胡桃等。

分布：一级、二级珍稀濒危树种资源分布少，繁殖困难，具有较高的经济价值和科研价值，为了保护濒危树种不灭绝，树种的遗传基因不丢失，对香果树、鹅掌楸这些濒危树种种质资源进行保护，建立了种质资源保存库。

香果树种质资源保存库保存地点位于伏牛山脉淮河流域，靠近保存库东部是驻马店市最高山峰——白云山，海拔 983 m。保存库的土地和林木都属国有板桥林场所有。保存库面积约 100 亩，共 63 株，保存方法为原地保存，保存级别市级，保存地点位于泌阳县板桥林场杨庄林区 17 林班，林分平均年龄 35 年，部分树木已开花结果，林分起源为天然起源，平均胸径 18 cm、平均树高 11.7 m。树木生活力中等，自然更新能力较强，萌发方式为根生。在保存库设立了固定标志碑，采用就地取材的办法，将保库地点里的一块大巨石刻上文字作为永久性保存标志，并在周围用铁丝网围起来保护该树种，避免树木被牲畜破坏。

鹅掌楸种质资源收集圃位于乐山林场场部附近，项目建设面积 30 亩，收集的品种主要是北美鹅掌楸、中华鹅掌楸、杂交鹅掌楸。收集圃的建立，能快速培养品质优良、数量充足、质量高、适于本地区的良种，为大面积快速培养经营"两高一优"林业创造基础，为林业生态工程顺利实施提供保障。对进一步提高森林覆盖率、增强造林地抗灾能力、保护生物多样性有着积极作用。

青檀属于国家 3 级珍稀濒危树种，青檀种质资源保存库保存地点位于确山县乐山林场拜斋林区，保存库的土地和林木都属国有乐山林场所有。保存库海拔 223 m，坡度 45°，保存面积是 70 亩，保存株数是 54 株，保存方法为原地保存，保存级别市级，林分平均年龄 200 多年，大部分树木已开花结果，林分起源为天然起源，平均胸径 32.17 cm，平均树高 12.6 m。树木生长茂盛，自然更新能力强，传播方式为种子传播。由于保存点位于深山之中，每年对保存库内树木的生长情况进行观测，随时掌握其生长变化情况，补充有关材料、图片，完善档案内容，加强抚育管理，清理林内卫生，减少人畜活动，为青檀树的生长提供优越的环境条件。

二、古树名木

古树，是指树龄在 100 年以上的树木。其中，树龄在 100~299 年的古树为国家三级古树，树龄在 300~499 年的古树为国家二级古树，树龄在 500 年以上的古树为国家一级古树。名木，是指历史上、社会上有重大影响的领袖人物等中外著名人士栽植，或者具有重要的历史、文化价值和纪念意义的树木。

古树名木历经大自然的洗礼，是生命力不可征服的象征，更是自然地理和人文历史的见证。尤其是一些重要的古树名木，不仅是人类历史发展和社会文明进步的标志，而且是探索自然奥秘和研究生物发展历史进程的钥匙。历经自然界变化、人类社会发展保存下来的古树名木，年代久远，具有重要的科研、历史、文化价值，被誉为"活档案""活文物""活化石"。

调查结果显示，目前驻马店市尚存古树名木 4 253 棵，其中散生古树 1 151 棵，古树群 52 群(3 100 棵)，名木 2 棵，另有纪念林 2 处。全市现存古树名木分属 28 科 36 属 90 多种，其中以壳斗科、银杏科、柿树科、榆科、桑科、柏科、豆科、苏木科最为常见。从分布地域看，驻马店的古树名木遍及全市各地，山区、丘陵、平原均有生长，以山区为最多，平原地区由于生境类型较少，种类、数量均相对较少。

（一）古树

1. 古银杏

驻马店市现存银杏共 28 棵，其中一级 13 棵，二级 4 棵，三级 11 棵。分布在驿城区、西平、上蔡、正阳、确山、泌阳。

驿城区老河乡乡政府有一棵古银杏，相传植于唐朝贞观年间，距今已有 1300 余年的历史。此地古为老钟寺。曾香火旺盛，颇有灵性。相传此树为寺中住持所植。此树原为一株主干。明朝洪武年间曾遇雷电击焚，主干遂被分为东西两枝。现树高 21 m，树冠东西 33 m、南北 30 m，覆盖面积 706.5 m²。银杏树又名白果树、公孙树，系雌雄异株，叶、果均可入药。该树为雌株，历经多年的沧桑，显现出强大的生命力。丛生挺拔，枝繁叶茂，巍为壮观，观之使人心胸开阔，宠辱皆忘，流连忘返。1982 年被列为重点文物。

驿城区朱古洞乡柴坡村有一棵老银杏，树高 18 m，胸围 7.9 m，冠幅南北 22 m、东西 27 m。树龄约 1 000 年。夏季来临，老银杏树像一把撑开的绿绒大伞，茂密的树叶遮天蔽日，树下阴凉爽快，银杏树那纵横交错的树枝上结满了银杏果，又圆又大的银杏果，一根根树枝都被压弯了腰。冬天，银杏树的叶子渐渐枯黄，一片片黄叶，在北风中簌簌飘落，给地面铺上了一层"金毯"。每当一阵大雪过后，它银装素裹，显得更加威武。据当地老人讲述，此树有灵性，以前，每逢初一、十五，香客络绎不绝。现在为了保护古树，对老银杏进行了砌树池、搭建支撑架等保护措施，这才保证了老银杏树活得更健康旺盛。

　　生长在泌阳县象河乡东部山区陈坪村龙王掌庄西南河边有棵银杏树，树高 30 余 m，冠幅近 600 m²，树粗近 10 m，7 人合抱不拢，被誉为中原银杏王。老银杏树上有个泉，四季向外溢水，大旱不涸。树的主干高 18 m，根部萌生幼树多株，树冠侧枝纵横，内有三株大主枝，主枝上有很多洞孔，其中一枝腐空处有积水。此外，主干外围有 5 株胸径 0.3~0.5 m 的大树围生在四周。"树荫能遮天，树洞流清泉"，大树苍劲挺拔，树叶繁茂，遮阴面积 600 余 m²，宛如一把巨伞，在树下难见日月，当地百姓敬之为神树。从树的枯像分析，该树距今有 1500 余年。于 1982 年被县政府公布为重点文物保护单位。

　　2. 古槐树

　　古槐树共 141 棵，其中一级 42 棵，二级 36 棵，三级 63 棵。分布在驿城区、西平、上蔡、汝南、平舆、确山、泌阳。

　　泌阳县贾楼乡四马湾村的一户农家院内有一棵古槐，树高有 9.8 m，胸围 2.8 m，冠幅平均 8 m，树龄为 800 年。

　　泌阳县王店乡周庄村大宋庄有一棵古槐，树高 13 m，胸围 3.6 m，冠幅东西 17 m、南北 17.6 m，树龄 600 年，它犹如一位耄耋老人，历经风风雨雨，见证着小村的变迁。

　　确山县石滚河乡刘楼村大南庄组有一棵老槐树，树龄 1 010 多年，树高 12.4 m，胸围 258 cm，冠幅平均 8.6 m，东西 8.8 m，南北 8.4 m，全树无明显的粗大的侧枝，为全部被雷击断后萌生的新枝，较粗的有 20 cm 左右，全部向四周分散生长，树木的主干已全部空干，只有四周树皮相连，树干中可同时容纳两人。树干一侧开裂处较宽、较高，可容一人进出。另一侧有一个空洞与主干的空洞相通。

　　确山县石滚河乡刘楼村河东组生长着一棵古槐树。树龄约 1 010 年，树高 7 m 多，冠幅平均 9.1 m，东西 9.4 m、南北 8.8 m。原树主干内部已全部中空，树皮已脱落。前几年大部分树枝已枯死，只有两个侧枝萌生有新芽，确山县古树名木保护工作者在老槐树周边修建了围栏，并且培植新土进行保护和抢救，现在老槐树上半部分复生效果明显，新长出的枝条生长旺盛。

　　3. 古板栗

　　古板栗共 63 棵，其中一级 4 棵，二级 2 棵，三级 57 棵。分布在驿城区、西平、确山。

　　驿城区老河乡老关庄村河西庄有一棵板栗，估测树龄 260 年，树高 18 m，胸围 2.97 m，冠幅东西 20 m、南北 18 m，此板栗树枝干虬曲苍劲，酷似蛟龙飞天。当地村民讲，过去粮食紧张时，山里人用板栗蒸着吃、炒着吃或者晒干磨成面粉储藏起来，靠着板栗养育了几代人，现在生活条件好了，板栗作为辅助食品——杂粮，越来越受到人们的喜欢和食用。

　　老河乡土门村大何庄西有一棵板栗树，估测树龄 430 年，树高 16 m，胸围 3.91 m，冠幅东西 14 m、南北 12 m。此板栗树树干粗壮，枝丫曲曲，一副老态龙钟的神态，矗立在大地之上，经过历史的洗刷，板栗树新生枝依然喜结实。到了收获的季节，此板栗树结的果子又大又甜，素有"板栗王"之称。

　　4. 古侧柏

　　侧柏共 24 棵，其中一级 10 棵，二级 4 棵，三级 10 棵。分布在驿城区、遂平、汝南、确山、泌阳。

确山县石滚河乡陈冲村饶庄东边的这棵侧柏，是一位古树老人——生长了1410多年。树高10.7 m，胸围2.2 m，冠幅平均8.5 m，东西9.9 m、南北7.1 m，稀奇的是它主干向南倾斜，北侧树干开裂，树干中空，上部南侧树干被锯，留有东西两个侧枝分开向上生长，好似鹿角。站在西北部观看，非常像一头正仰头张望的梅花鹿。

在汝南县东官庄镇宋屯村邓庄，有一棵古柏树有310年，经测量树高12 m，胸围1.26 m，冠幅东西4 m、南北5 m。该树目前长势良好，枝叶繁茂。侧柏是乔木，树皮薄，浅灰褐色，纵裂成条片。枝条向上伸展或斜展，幼树树冠卵状尖塔形，老树树冠则为广圆形。生鳞叶的小枝细，向上直展或斜展，扁平，排成一平面。

5. 古圆柏

古圆柏共20棵，其中一级3棵，二级3棵，三级14棵。分布在驿城区、西平、上蔡、确山、泌阳。

上蔡县东岸乡关庄村关公庙内有一棵古圆柏。设有围栏保护。据传说树龄2000年左右。权属归关庄村集体所有。经测量其胸径2.92 m，高14 m，冠幅东西7 m、南北9 m。树干向东南倾斜，东侧主干树头由于夏季雷击已断，部分枝条已枯死。近年，当地村民集资修建了关公庙，人们希望这棵古柏能与关公庙一起护佑着关庄村的平安。

确山县乐山林场生长着一株古圆柏，是我国一级保护树木。树龄在1310年，树高是16.3 m，胸围290 cm，冠幅平均8.3 m，东西8.1 m、南北8.5 m。干形通直，树干分为六股向上生长，好似六股绳拧在一起。树皮纵裂明显，树木的中上部位树枝密生，树干2/3处的树冠呈磨菇形簇生在树干周围，从其中间有一主枝向上直生，呈塔形直入云霄，形似擎天柱。树基根部修建有直径3 m、高60 cm左右的护栏，工作者进行培土保护。

在确山县乐山林场有一株老圆柏。树龄为1310年，树高是11.2 m，胸围有342 cm，冠幅平均8.6 m，东西7.7 m、南北9.5 m。树干向南倾斜，西侧树干和枝条部分枯死。站在树的西北部看，整株树像一条巨龙正腾空而起，下部有两条侧枝弯曲盘旋，非常像龙的前爪，树冠处有几条侧枝弯曲为龙头状，有胡须、有龙角，非常逼真，当地群众称该树为"龙柏"。

6. 古刺柏

古刺柏共3棵，全部是一级。分布在汝南、平舆县。

汝南县留盆镇老冯村韩堂庄有一棵古刺柏，距今已有1500多年的历史，树高8 m，胸围2.85 m，冠幅东西11 m、南北6 m。这棵千年古树顶着擎天的华盖，昂然挺立，好像在炫耀自己的鼎盛时代。"枝干虬曲苍劲，黑黑地缠满了岁月的皱纹，光看这枝干，好像早已枯死，但在这里伸展着悲怆的历史造型，就在这样的枝干顶端，猛地一下涌出了那么多鲜活的生命，矫情而透明。"

平舆县庙湾镇龙王庙一中院内有两棵古刺柏，树龄600年，树高10.6 m，胸围130 cm，冠幅平均7.2 m，东西6.6 m、南北7.8 m。传说，清雍正皇帝曾在两棵树的庙前题字。如今，已被上级文物部门列为重点保护文物。1975年8月的洪水，两棵松柏在水中泡了近半个月，仍安然无恙，依旧枝繁叶茂，但在2005年7月两棵松柏遭遇了狂风暴雨和"龙卷风"，其中西边一棵被狂风刮倒后，被管理人员重新扶起，用砖砌墙顶着大树，至今还在顶着，刺柏的生命力很顽强，现在依然枝繁叶茂。

7. 黄连木

黄连木共155棵，其中一级18棵，二级9棵，三级128棵。分布在驿城区、遂平、确山、泌阳。

泌阳县高店乡二门村褚山王庄东南角有一棵树龄为800多年的黄连木，树高14.7 m，胸围3.5 m，冠幅东西16.6 m、南北16.7 m。黄连树因木质色黄味苦，故名"黄连树"，漆树科，高大落叶乔木，叶互生，偶数羽状复叶，雌雄异株，树皮薄片状剥落。树冠开阔，叶繁茂秀丽，入秋变鲜艳的深红色或橙黄色。黄连树生长较慢，木材坚实，耐腐蚀性强，是名贵雕刻、装饰、家具用材。黄连树因其枝叶含酚类，有一定的挥发性，人体接触后，可能产生过敏反应，如出现皮肤红肿、发痒等症状。村民们无意中碰过黄连树后，产生这种过敏现象十分正常。现在这棵老黄连木生长良好，枝杈较多，树冠像个大圆球。

泌阳县高店乡二门村褚山王庄东南角有一棵黄连木，树龄在800年以上，树高10余m，胸围3 m多，冠幅260多 m^2。历经几百年的风风雨雨，这棵黄连树毅然生存了下来，树身之粗要三个人手拉手才可以合拢。到了夏天，就会有好多村民在树下乘凉，孩子们在树下嬉戏打闹，古树就像一位老人，守护着这片土地，给人以安宁祥和。

确山县竹沟镇肖庄村宋老庄组西南有一棵黄连木，是我国一级保护树木，拥有1110余年的历史。树高22.2 m，树粗近5 m，两人合抱不拢。冠幅平均19.8 m。树干东南侧干空树皮腐烂，传说为雷击所致。从树干基部向南侧分生出侧枝，每年开花结果，而其他的树枝不开花结果，群众称为"阴阳树"。干形不规则，树木长势旺盛，上部有五个侧枝，好似龙爪。

8. 古麻栎

麻栎共50棵，其中一级7棵，二级10棵，三级33棵。分布在驿城区、遂平、确山、泌阳。

在泌阳县白云山东双山北侧半山腰间，有一飞来巨石，酷似一艘万吨轮船，石旁生长着一棵古麻栎，树龄约500年，树高10.8 m，胸围2.8 m，冠幅东西10.3 m、南北14.5 m。古麻栎像巨船的桅杆，船头向东，扬帆待发。

泌阳县板桥林场唐庄林区白貌垛北坡的八扇沟，有一棵古麻栎，树高近13 m，胸围近3 m，平均冠幅1 m多，树龄有1 300多年。麻栎树的根部因水土流失而大多裸露，下面有一孔洞能钻过人。此树虽有枯枝数个，但西侧幼芽萌生，且有一主枝生长强盛，给这株千年古树带来了勃勃生机。

9. 古榔榆

古榔榆共6棵，其中一级3棵，三级3棵。分布在遂平、汝南、平舆、泌阳。

遂平县嵖岈山风景区嵖岈山村二道门有一棵古榔榆，树龄在610年，是国家一级保护树木。树高2 m，冠幅平均2.5 m。这棵榆树在石缝中生长，没有一点土壤，树木直向南平行生长，生长缓慢，它靠自身分泌的黏液吸收石头中的养分，植物学家鉴定，树的根部有特殊功能，它能分泌出一种酸性液体，溶解岩石中的一部分元素，它吸取溶解这一部分元素，还有少量的滞留水分供它生长，这棵榆树只有生命力，没有生长力，这就是"物竞天择，适者生存"。

10. 古皂荚

古皂荚共 77 棵，其中一级 8 棵，二级 9 棵，三级 60 棵。分布在驿城区、遂平、西平、汝南、平舆、正阳、确山、泌阳。

西平县五沟营镇大崔村委钞洼村的这棵老皂荚树，树龄在 750 年，胸围 2.23 m，冠幅平均 16 m。此树生长在河堤上，树根裸露在外，在 1.5 m 的高台上生长，南侧是深沟。树的主干部分通直，干高约 2 m，上部分出五个侧枝，长势一般。

汝南县宿鸭湖街道办事处孙沿村叶庄有棵一级保护树木（皂角树），树龄约在 615 年，现在树高是 17 m，胸围为 4.0 m，冠幅东西 11 m、南北 15 m，该树目前长势良好，枝叶繁茂，浓荫似盖，蔚然壮观。

驻马店市汝南县韩庄镇肖屯村丁庄中部的一棵古皂角树，距今已有 810 多年的历史了，按照古树名木保护管理相关规定，这棵皂角树已被列入汝南县古树保护名录，树高 12 m，胸围 2.2 m，冠幅东西 11 m、南北 10 m，确定为一级古树，进行了编号挂牌，并明确了管护人，实行严格保护。

11. 古朴树

古朴树共 6 棵，其中一级 1 棵，二级 2 棵，三级 3 棵。分布在驿城区、西平、确山。

确山县双河镇徐庄村大熊庄村民组有一棵古朴树，树龄在 120 年，树的高度是 17.3 m，主干部分高 2 m，胸径为 2.7 m，冠幅平均 16.2 m，东西 16.1 m、南北 16.3 m，该树的表皮光滑，树干上凸出四棱，主干上分出三大主枝，树体高大，树冠呈广卵形，枝叶繁茂，长势旺盛。独株矗立，引人注目。树干基部用土堆围着，土堆高约 1 m。

汝南县常兴镇穆屯村任庄生长了一棵朴树，树龄 120 多年，现在树高是 15 m，胸围是 1.79 m，冠幅东西 18 m、南北 16 m。目前长势良好，枝叶繁茂，浓荫似盖，蔚然壮观。穆屯村任庄几经兴废，大朴树虽屡遭磨难，但却脱胎换骨，百年的香火和灵气依然在这里聚集，灵气化生。百年古朴树，郁郁葱葱，枝干茁壮挺拔，枝干的数目不可计数，旁枝逸出，靠近地面的呈横向伸展，越往上越呈斜向生长，犹如一支支粗壮的手臂向四周平伸，好像要向世人展示最美丽的身姿。夏天绿叶滴翠流光，雄奇伟岸，一派生机盎然。

常兴镇韩寨村韩寨庄生长了一棵朴树，树龄约 125 年，树高 14 m，胸围 2.4 m，冠幅东西 18 m、南北 19 m。该树目前长势良好，枝叶繁茂，浓荫似盖，蔚然壮观。

12. 古柿树

古柿树共 402 棵，其中一级 12 棵，二级 134 棵，三级 256 棵。分布在驿城区、西平、上蔡、汝南、平舆、正阳、确山、泌阳。

泌阳县铜山乡曹庄村榔庄有一棵古柿，树高 15.8 m，胸围 3 m，冠幅东西 15.6 m、南北 19 m，树龄 500 年。老柿树主干苍劲，枝叶稀疏。花黄白色，结浆果，果称为柿子，卵圆球形，橙黄色或红色。民谚有"七月核桃，八月梨，九月柿子红了皮"。柿子熟的时候，一个个缀在枝头叶间，远远望去，宛如灯笼高挂，好看极了。

汝南县老君庙镇杜庄村赵阁庄，有一棵树龄 610 年的老柿子树，管护人是赵富来，现树高是 25 m，胸围为 2.8 m，冠幅东西 10 m、南北 8 m，该树目前长势良好，枝叶繁茂，浓荫似盖，蔚然壮观。

13. 木瓜

木瓜共 6 棵，其中一级 4 棵，三级 2 棵。分布在驿城区、西平、确山。

西平县嫘祖镇宋庄村委会常寺村有一棵木瓜树。树龄在 500 年，树高达 12.2 m，胸围是 1.37 m，冠幅平均 8 m。从木瓜树外观看，干部通直，树皮光滑，树冠棱角分明，整个树冠像伞形。因为生长环境良好，再加上看护人的精心管理，木瓜树长势良好，每年都结果繁多。

在汝南县韩庄镇林庄村邱庄有一棵木瓜，距今已有 250 多年的历史，树高 12 m，胸围 1.25 m，冠幅东西 8 m、南北 8 m，该树枝叶繁茂，浓荫似盖。

14. 云桑

云桑一级 1 棵，分布在遂平县。

嵖岈山橡形石公猴尾部的石头缝内生长着一棵云桑。树高 8 m，胸围只有 50 cm，冠幅平均 9 m，东西 12 m、南北 6 m。由于环境条件恶劣，生长较慢，长势一般，呈丛生状。远远望去你会感叹大自然的神奇、生命力的强大。

15. 楝树

楝树共 32 棵，其中一级 7 棵，二级 9 棵，三级 16 棵，分布在泌阳县。

16. 梨

梨共 41 棵，其中二级 2 棵，三级 39 棵。分布在驿城区、泌阳。

17. 柏树

柏树共 3 棵，全部二级。分布在中心城区、正阳。

18. 旱柳

旱柳共 7 棵，全部三级。分布在驿城区、泌阳。

19. 青檀

青檀共 3 棵，全部一级。分布在驿城区。

20. 乌桕

乌桕共 12 棵，全部三级。分布在驿城区、汝南、确山、泌阳。

21. 桑树

桑树共 12 棵，其中二级 2 棵，三级 10 棵。

22. 中山柏

中山柏，遂平纪念林（70 年）。

23. 杜梨

杜梨共 4 棵，其中二级 1 棵，三级 3 棵。分布在遂平、汝南、正阳、确山县。

24. 枣

枣共 5 棵，其中二级 1 棵，三级 4 棵。分布在正阳、泌阳县。

25. 桂花

桂花 1 棵，三级。分布在上蔡县。

26. 白蜡树

白蜡树共 4 棵，全部是三级。分布在正阳、泌阳县。

27. 柏木

柏木 1 棵，三级。分布在正阳县。

28. 榆树

榆树 1 棵，三级。分布在正阳县。

29. 白榆

白榆 1 棵，三级。分布在确山县。

30. 槲栎

槲栎 1 棵，一级。分布在确山县。

31. 椋子木

椋子木 1 棵，三级。分布在确山县。

32. 白梨

白梨 1 棵，三级。分布在确山县。

33. 构树

构树 1 棵，三级。分布在确山县。

34. 青冈栎

青冈栎 1 棵，三级。分布在确山县。

35. 龙爪槐

龙爪槐 1 棵，一级。分布在确山县。

36. 楝树

楝树 32 棵，其中一级 7 棵，二级 9 棵，三级 16 棵。分布在泌阳县。

37. 柘树

柘树 4 棵，一级。分布在泌阳县。

38. 冬青

冬青 4 棵，其中一级 1 棵，三级 3 棵。分布在泌阳县。

39. 杏

杏 4 棵，三级。分布在泌阳县。

40. 核桃

核桃 1 棵，三级。分布在泌阳县。

41. 杨树

杨树共 2 棵，其中二级 1 棵，三级 1 棵。分布在泌阳县。

42. 无患子

无患子 1 棵，一级。分布在泌阳县。

（二）名木

（1）在竹沟革命纪念馆，原中共中原局旧址，刘少奇同志 1939 年工作过的办公室窗前，有一棵石榴树。整个树身向西倾斜约 30°，在干高 1.2 m 处，发有两个主枝，呈西南和西北方向伸展。石榴树的基部萌生出两棵地径分别为3.2 cm和5 m的姊妹树与大树紧紧相依。这棵石榴树是刘少奇同志1939年来竹沟后亲手栽下的,在"十年动乱"中被连根拔掉,当地群众发自对刘少奇同志的爱戴,悄悄地剪下一枝,经过精心培养,才成长起来。对它的精心培育,表达了中原人民对刘少奇同志的崇敬和爱戴,看见它,人们就会想起刘少奇同志曾为革命做出的伟大贡献。

（2）杨靖宇纪念馆内,有一株高20 m、胸围200 cm、冠幅14 m的槐树。它紧靠杨靖宇将军的正屋门前,距正屋约2 m,当地人称它为洋槐树。洋槐树干高约3 m,在东、西、南三个方向分布着三大主枝,树冠扁圆形。是伟大的民族英雄杨靖宇将军1927年参加革命后,亲手栽植的,至今已90多年。历经90多年的风雨岁月,老槐树依然枝叶繁茂。著名的抗日民族英雄、东北抗日联军创建人和领导人杨靖宇1905年出生于河南省确山县李家湾村(今属驻马店市产业聚居区)。1926年加入中国共产主义青年团。1927年4月参与领导确山农民暴动,同年5月转入中国共产党。大革命失败后,组织确山起义,任农民革命军总指挥。1928年后,在河南、东北等地从事秘密革命工作。曾5次被捕入狱,屡受酷刑,坚贞不屈。1932年,受命党中央委托到东北组织抗日联军,历任抗日联军总指挥、政委等职。率领东北军民与日寇血战于白山黑水之间,他在冰天雪地、弹尽粮绝的紧急情况下,最后孤身一人与大量日寇周旋战斗几昼夜后壮烈牺牲。杨靖宇将军被评为100位为新中国成立做出突出贡献的英雄模范之一。

（三）古树群

全市共52个古树群,主要分布在确山、泌阳和驿城区三个山区县区。其中确山县4个(1 149棵):一是确山县石滚河乡何大庙村南何庄的古板栗群,281棵,树龄约600年;二是确山县石滚河乡何大庙村焦老庄的古板栗群,830棵,树龄约360年;三是石滚河镇何大庙村梅楼村古板栗群,5棵,树龄约800年;四是乐山林场拜斋林区青檀群,33棵,树龄约410年。驿城区3个(50棵):一是老河乡土门村大河庄板栗群,二是老河乡老关庄村大橡树庄板栗群,三是老河乡老关庄村河西庄板栗群。泌阳县45个(1 901棵),其中有代表性的4个:一是王店镇高楼村古梨群,二是铜山乡肖庄村岗上柿树群(俗称七仙女),三是马谷田镇义和寨瓢梨群,四是象河乡上曹村张老院银杏群。

1. 古梨树群

泌阳县古梨树园位于泌阳县王店乡西北部的高楼村委老鸹山南侧,距驻南公路2 km,距二铺3.5 km,海拔最高480 m。古梨园因树而得名,遒劲的枝叶像巨伞支撑着,树是古梨园的美。走进古梨园,就走进了花的世界、鸟的天堂,走进了树的家乡。古梨园体现着美好、善良、热情和返璞归真。在这里,人们有健康,有快乐,有着对生活的渴望。古梨园的美,美在树,树的年轮,古梨园的美在人,人的心,向往和平,向往美好的生活。古梨园用宽宏迎接着人们。据林业专家考证,年龄最大的梨树树龄在500年以上。

2. 古板栗园

确山县石磙河乡的板栗园古树群,位于臻头河沿岸的焦老庄、何大庙、袁棚等地,至今约有300年的树龄。其株行距配置合理,树相整齐,产量较高,单株高产者可达75 kg以上。板栗园古树群面积约200亩,800多株,沿河北岸呈东西方向断断续续分成4片。林分的平均高约为 13 m, 平均地径约为 180 cm, 平均冠幅约 13 m, 林分外缘单株地径甚至高达 220 cm, 冠幅 17.5 m。林分郁闭度为 85%~90%, 树势较旺, 管理较好, 现已承包给个人经营。

另一个板栗群位于驿城区老河乡土门村大何庄西, 古树群共有 27 株板栗树, 平均树龄在 286 年左右, 平均胸径 270 cm, 占地面积 0.67 hm²。村民李石头介绍, 树龄小的板栗树有 100 多年, 最大的树龄有 300 多年。村庄上有条古训: "不到卸果时, 不损树上一片叶", 村民们一直遵守着这条古训。原先这片板栗林属于结果旺盛期, 果实又大又饱满, 每棵树的产果量都在三四百斤, 当时给村民们带来了良好的经济效益。现在随着板栗树龄的逐渐增长, 产果量逐渐下降, 但是板栗林还发挥着其生态价值, 这片林子能很好地防止水土流失, 造福子孙后代。

3. 青檀古树群

青檀古树群位于确山县乐山林场拜斋林区, 距今约有 400 年, 占地约 10 亩, 有青檀 33 株, 最大单株胸径约 70 cm(有 3 株), 树高约 20 m, 最小胸径约为 15 cm, 平均冠幅约 22 m。青檀树皮暗灰色, 呈片状剥落, 露出灰绿色内皮, 小枝褐色, 叶卵形, 椭圆状卵形, 先端尖, 基本楔形或近圆形, 稍歪斜, 萌芽性强, 有丛生、单干或 2~3 主干。3 株胸径最大者主干 3 m 以下部分, 下粗上细, 呈大肚罗汉状, 其上布满疙疙瘩瘩的瘤状物, 外皮光滑, 呈圆形、长椭圆状。有 11 株青檀根系深植于庙院四周的墙体内, 墙体高约 4 m。由石块砌成。东墙体内南北排列生长着 6 丛青檀, 南墙体内东西排列生长着 5 丛青檀。其中 20 株生长在石砾堆集的寺院 (玄都宫) 的遗址内。2 株生长在寺院南城墙外。据确山县 (现驿城区) 朱古洞乡钱庄村拜台端村民组 79 岁的张明海老人介绍, 寺院名曰"玄都宫", 唐朝以前为佛教寺院, 香火旺盛, 明朝末年由开山道人贾上还 (据说为崇祯皇帝的叔叔) 在确山境内修建"八宫两观一拜台", "玄都宫"为八宫之一, 改为道教。1949 年以前寺院仍在, 1958 年大炼钢时被毁。青檀即为当时建宫时所栽。

第十二章　林木种质资源综合分析及保存管理建议

驻马店市位于河南省中南部，属淮北平原，地形地貌多样，山地、丘陵、岗地、平原、洼地均有分布。地势西高东低，由西部山地、丘陵逐渐向东部平原过渡。西部山区主要包括泌阳县和西平、遂平、确山、驿城区4县（区）的西部。该市地处亚热带与暖温带的过渡地带，具有亚热带与暖温带的双重气候特征，南北方气候特点兼具。阳光充足，热量丰富，四季分明，温和湿润，是典型的大陆性季风型半湿润气候。驻马店市本次调查出木本植物有91科289属971种、563个品种。其中野生种质资源有86科252属630种。植物品种丰富。

一、森林覆盖率高，种质资源丰富

驻马店市共有林地总面积420万亩，林木绿化32.56%。全市的林木种质资源以西部山区为主要分布区，国家森林公园、天然商品林、省级公益林区植物茂密，森林覆盖率达90%以上，木本植物丰富，主要树种有栓皮栎、麻栎、火炬松、油桐、马尾松、黑松、侧柏、水杉、槲栎、栎、刺槐、杨树、柳树、椿树、化香、淡竹、刚竹、榆树、枫杨等用材林树种。国家珍稀树种中的国家三级珍稀保护植物中的青檀、牛鼻栓长势良好。灌丛主要有山胡椒、粉背黄栌、木蓝、毛黄栌、化香、构树、黄荆等。经济林树种有捌枣、杏、桃、野葡萄、山楂、野花椒、君迁子等。

二、名、特、优、新经济林持续良性发展

近年来，驻马店市在原有经济林基地基础上，加大品种改良并扩大发展，引进了名、特、优、新优良的经济林品种，大面积地推广种植白云仙桃、马谷田瓢梨、冬桃、晚秋黄梨、夏黑葡萄、红灯樱桃、映霜红桃、突尼斯软籽石榴等经济林优质新品种，长势良好，具有较高的经济价值，大规模打造经济林示范基地。遂平县主要栽培葡萄，栽培品种有夏黑、阳光玫瑰、巨玫瑰、金手指、摩尔多瓦、瑞都红玉。优质果品主栽品种有黄金中蟠桃、黄金油蟠桃、黄金蜜1号至5号、秋彤、黄贵妃、金秋红蜜、映霜红、早蜜2号、新西兰早桃、白如玉、软黄金等20多个新品种。泌阳县十分注重新品种、新技术的引进、研发和推广，充分发挥先进实用新技术对林业的促进作用，推进优良林木种质资源的推广和运用。大面积种植和引进了火炬松、麻栎、刺槐、栾树、楸树、白蜡、杨树、桃、梨、石榴、核桃、葡萄、猕猴桃、蓝莓等经济林优良树种。

三、林木种质资源收集保存现状

21世纪以来,全市相继实施了退耕还林工程、长江淮河防护林工程、世界很行贷款林业持续发展项目、日本政府贷款河南省造林项目、林业生态省建设、林业生态省建设提升工程、封山育林、国家森林城市创建等一批林业重点工程。这些营造林工程的实施,使驻马店市林木种质资源的面积逐年增加,一些珍贵的物种得到了保护和繁衍。近年来,根据本市的气候条件,结合驻马店市重点工程造林及产业结构的调整,大量引进了名、特、新、优种质资源,引种驯化取得了一定成效,为驻马店市林木品种改良、新品种培育及林木遗传多样性保护工作奠定了基础。为保护现有的林木种质资源,建立火炬松良种基地1处、国家级森林公园5处(铜山湖国家森林公园、薄山湖国家森林公园、嵖岈山国家森林公园、棠溪园国家森林公园、金顶山国家森林公园),森林覆盖率均达到90%以上,省级森林公园4处(白云山、五峰山、盘古山、乐山),这些森林公园的建立,也使全市的林木种质资源得到了有效保护。主要对2008年以来全市收集保存的近十个种质资源保存库原地保存库和收集圃进行了调查,其中包括马道林场的火炬松、薄山林场的喜树和白榆、板桥林场的香果树、乐山林场的青檀等树种的状况进行了详细调查。

四、林木种质资源利用现状

驻马店市十分注重新品种、新技术的引进、研发和推广,充分发挥先进实用新技术对林业的促进作用,推进优良林木种质资源的推广和运用。泌阳县先后培育了火炬松、盘古香梨等优良品种。先后引进和示范推广了近50多个经济林和用材林新品种,建立林木新品种试验示范园5 000多亩,新造林林木良种率达75%。大面积种植和引进了火炬松、麻栎、刺槐、栾树、楸树、白蜡、杨树、桃、梨、石榴、核桃、葡萄、猕猴桃、蓝莓等经济林优良树种,有力地丰富了驻马店市林木种质资源,也为广大群众提供了丰富的果品。在引进树种的同时,也注意品种的多样化,极大地丰富了驻马店市林木种质资源。特别是最近几年推广和引进的葡萄、桃和蓝莓等经济林树种,在城区周边建成多处集游玩观光、采摘、科普体验、餐饮为一体的生态园,城镇市民不仅可以通过采摘果品锻炼身体,陶冶情操,也为广大市民提供了一处处远离城市喧嚣、呼吸新鲜空气、修养身心的好场所。遂平县名品彩叶公司坚持以科技和市场为导向,广泛吸纳技术人才,拥有一支技术精湛的专业技术队伍,组建有"河南省彩叶苗木工程技术研究中心",不断开展引种驯化和培育彩叶苗木新品种,推进科技成果转化和新品种、新技术的推广应用。目前已培育出彩叶苗木品种50多个。其中,黄金刺槐、朱羽合欢、重阳紫荆、红云紫薇、金蝴蝶构树、红宝石寿星桃、玉蝶常山等24个品种拥有植物新品种权证书,蓝冰柏、金叶复叶槭、秋焰槭等22个品种获得河南省林木良种证书,并多次获得省、市科技进步奖及科技成果转化奖。

在造林绿化工程中,火炬松、麻栎、水杉、泡桐、楸树、银杏、葡萄、梨、桃、蓝莓等均已在城乡造林绿化中得到大面积的推广应用。至2018年,全市主要造林树种良种使用率达75%以上,重点工程造林已基本实现良种化。

在大力引进新品种和实现造林绿化良种化的同时,驻马店市大力发展用于城乡绿化、环境美化和产业建设的园林绿化苗、经济林苗。在常规造林苗、绿化苗、经济林苗、盆景、盆花、鲜切花、草坪等七大类林业种苗产品有机搭配，有效地满足了全市城乡绿化不同层次的需要。

通过近几年对引进和选育树种的观察分析，大致把板栗、桃、梨、葡萄等树种的优良品种列为积极推广经济林树种。在用材林造林树种中，优先选择松类、麻栎、泡桐、楸树等树种。在乡土树种造林中，大力推广以泡桐、白云仙桃、刺槐、臭椿、苦楝、榆树、榉树、香椿为主的乡土树种进行造林。

五、丰富的城镇绿化和"四旁"树种

随着城市的发展，丰富多彩的观赏类植物进入城市的小区、公园、道路、村庄等，在驻马店创建国家森林城市中，围绕美丽乡村建设，以社区周围、公共场所、内部道路和房前屋后为重点进行绿化、美化，以乔灌为主、乔灌藤相结合，大力发展优良乡土树种，提高常绿树和花卉配置比例，营造四季常青、三季有花的居民生活环境。"四旁"树主要树种有杨树、柳树、槐树、泡桐、臭椿、楝树、竹子等；道路、河流绿化、城镇绿化主要树种有女贞、法桐、白蜡、玉兰、栾树、雪松、复叶槭、楸树、石楠、桂花、合欢、紫薇、海棠、桂花等。经济林主要树种有板栗、杏、李、葡萄、柿树、梨、桃、石榴、猕猴桃、香椿、樱桃等。随着党的十八大建设美丽中国目标的提出，驻马店市大力开展国土绿化提速行动，争创园林城市，农村致力于美丽乡村建设，围绕"山区森林化、城市园林化、平原林网化、廊道林荫化、乡村林果化、庭院花园化"，以开展创建园林城市、四美乡村、森林乡村、省级森林特色小镇等创建活动为载体，稳步推进城市公园、郊野公园、城郊森林公园等各类公园及城郊绿道、环城绿带、生态廊道建设，采取规划建绿、拆违还绿、立体植绿等方式，努力扩大绿地面积，不断提升景观效果。因地制宜开展乡村片林、景观通道、庭院绿化、"四旁"绿化、乡村绿道、休憩公园建设。丰富绿化形式，提升绿化水平，构建"房前屋后果树成林、村庄周围森林环抱"的乡村绿化格局。

六、花卉苗木种植历史悠久，种质资源丰富

驻马店市现有花卉苗木种植面积11.5万多亩，产量19 849万株，产值达6.953 4亿元。主要分布在汝南、遂平、上蔡三个县。种植的主要有雪松、楸树、栾树、柳树、广玉兰、国槐、法桐、紫薇、复叶槭、白蜡、桂花、樱花、海棠、红叶石楠等。其中汝南县面积共6.5万亩，产量14 357万株，产值20 875万元；遂平县面积1.2万亩，产量736.62万株，产值14 000万元；上蔡县面积共1.88万亩，产量1 735.9万株，产值8 675.9万元。基本形成了以遂平为中心，驿城区、汝南为辐射的彩叶苗木产业集聚区，主要树种有金叶复叶槭、蓝冰柏、紫叶红栌、紫叶加拿大紫荆、银槭、红叶樱花、金叶皂荚、美国红枫、红国王挪威槭、紫叶合欢、中华太阳李、金叶国槐、红叶石楠、红叶杨、金叶榆、金叶白蜡、北美枫香、红叶樱花、金叶水杉、蓝冰柏、红云紫薇、黄金刺槐、红伞寿星桃、重阳紫荆、玉蝶常山、朱羽合欢等彩叶苗木品种。以上蔡为中心，汝南、平玉为辐射的绿化苗木产业集聚区，主要品种是上蔡县的栾树、玉兰、百日红、法桐、北海道黄杨等。汝南县雪松连

片种植面积达 7 万多亩，苗木规格从苗床上的幼苗到 5 m 以上的大苗应有尽有，已成为全国最大的雪松种植基地。西平县嫘祖海棠园，总面积约 3 000 亩。2018 年 12 月开工建设，2020 年春季建成。该园集品种展示、文化体验、科普研究、产品研发、休闲观光、游憩体验等为一体，分为景观门户区、海棠专类展示区、海棠产品体验区、海棠种质资源区四个功能区。海棠种质资源圃面积 843.3 亩，收集展示蔷薇科苹果属、木瓜属、现代海棠等共计 18 种 124 个品种。已成为广大市民休闲娱乐的好去处。

七、原地与异地保护总体设想

林木种子资源收集、保存工作是一项公益性强的事业，建设时间长，需要长期资金投入，为了保护珍稀濒危树种不灭绝，树种基因不丢失，在驻马店市的乐山、薄山、板桥、马道四个国有林场，分别建立了青檀、喜树、香果树和火炬松林木种质资源保存库。保存库的建立，为保存的树种生长提供了优越的环境条件。

林木种质资源保护应坚持以原地保护为主，异地保护为辅，离体保存并举的原则。坚持科学性（因地制宜、分类保护）、先进性（集成现代科技成果）、预见性（规避生态风险和市场风险）、可行性（能操作、行得通）相结合的策略。通过保护、恢复和扩大林木种质资源物种的栖息地，实现珍稀濒危重要种质资源保存与典型生态系统的保护，维护和丰富森林生物多样性，显著提高驻马店市生物多样性保护的规模、水平和成效。

（一）加强宣传，增强社会对林木种质资源保护的意识

要充分利用各种宣传工具，大力宣传林木种质资源的作用和加强保护的意义，宣传物种多样性是维持地球生态平衡的重要性，也是人类自身维持平衡的保障。使广大林业工作者增强保护管理林木种质资源的紧迫感和责任感，广大公民树立林木种质资源的保护意识。

（二）制定林木种质资源保护、保存发展规划

根据普查结果，按照"科学规划、合理布局、集中保存、突出重点、先急后缓、分步实施"的原则，制定全市林木种质资源保护的近期计划和长期发展规划。确定合理的林木种质资源管理、保护策略，以主要造林树种的种质资源为基础，以珍稀树种、濒危种质资源为重点，以建立科学有效的林木种质资源保护和利用体系为目标，做好林木种质资源保护的发展规划。

（三）加强完善数据库建设，实现种质资源有效保护

建立和完善林木种质资源数据库，加快林木种质资源调查、收集保存，从而实现林木种质资源的规范化、数据化、信息化和网络化管理，以保证林木种质资源的合理利用和有效开发。

（四）加强对珍贵、优良树种种源保护

对具备采种条件又集中连片的珍贵、优良乡土树种林分进行改造，建成采种基地或母树林。对比较分散的珍贵优良树种，进行单株选择和单株采种育苗。建议对全市的古树名木进行全面挂牌保护，并落实一定的管护资金。

（五）成立机构，加强管理

成立专门机构，落实工作人员，切实加强林木种质资源的管理与保护。

八、重点树种种质利用计划设想

（一）加强对重点林木种质资源的开发与利用

充分利用现有的资源优势，建立健全有效的管护及利用机制，逐步完善驻马店市种质资源的管理、开发及利用。驻马店市麻栎种质资源主要在泌阳的铜山乡、下碑寺乡、王店镇等乡（镇）范围内，由于资源分散，多年来一直没有从事种质资源的开发利用。拟在泌阳县建立麻栎采种基地 200 hm²。在白云山建立香果树野生林保护区，加强对香果树野生林木种质资源的保护。加强林木良种的研发和培育，开发适合本地种植的林木良种。可通过对本地的优良乡土树种如苦楝、国槐、臭椿、泡桐、榆树等进行表型测定，优中选优。表型测定包括无性系测定和子代测定。用有性或无性繁殖方式及田间试验方法，对优树的遗传特性及其对地理环境的适应性做出判断和鉴定，最终提出优良无性系鉴定并在本区域推广。建立初级的无性系或实生种子园，为生产提供遗传品质比较好的种子。无性繁殖的树种建立初级良种采穗圃以提供良种条、穗。在县区合理的地方建立良种资源收集区，将优树资源根据树种的生物学特性尽快收集起来，建立收集区或采穗圃，充分利用现有的林木种子资源优势，建立健全有效的管护及利用机制，逐步完善种质资源的管理、开发及利用。

（二）加强科学研究，提高优良林木种质资源的应用与推广

加强林木种质资源的生物学、生态学特性和繁育技术研究，有效开展品种试验、优良品系引种和选育，开展新优品种的引进和繁殖，丰富造林树种。加强优质高效速生丰产用材林、名特优经济林和花卉产业化基地建设；加快林木良种工程建设的技术研究与开发，应用现代生物工程技术，发展无性繁殖，在选、引、育、繁各个环节加大科技投入，提高驻马店市林木良种繁育的科技水平，使商品林主要造林树种良种率达100%，遗传增益率提高30%以上。同时，外出考察论证，引进一批适宜本地土壤及气候特点、生长迅速的优良树种资源，满足工农业生产用材的需求。建议上级林业和财政部门落实科研经费，尽快增加外来树种的引进和繁殖试验项目。

第十三章　驻马店市林木种质资源名录

一、驻马店市林木种质资源名录（种）

驻马店市林木种质资源名录（种）见表 13-1。

表 13-1　驻马店市林木种质资源名录（种）

序号	中文名	学名	科	科学名
1	银杏	*Ginkgo biloba*	银杏科	Ginkgoaceae
2	铁杉	*Tsuga chinensis*	松科	Pinaceae
3	云杉	*Picea asperata*	松科	Pinaceae
4	落叶松	*Larix gmelinii* (Rupr.) Kuzen.	松科	Pinaceae
5	金钱松	*Pseudolarix amabilis*	松科	Pinaceae
6	雪松	*Cedrus deodara*	松科	Pinaceae
7	华山松	*Pinus armaudi*	松科	Pinaceae
8	大别山五针松	*Pinus dabeshanensis*	松科	Pinaceae
9	日本五针松	*Pinus parviflora*	松科	Pinaceae
10	白皮松	*Pinus bungeana*	松科	Pinaceae
11	马尾松	*Pinus massoniana*	松科	Pinaceae
12	赤松	*Pinus densiflora*	松科	Pinaceae
13	台湾松	*Pinus tarwanensis*	松科	Pinaceae
14	油松	*Pinus tabulaeformis*	松科	Pinaceae
15	黑松	*Pinus thunbergii*	松科	Pinaceae
16	火炬松	*Pinus taeda*	松科	Pinaceae
17	湿地松	*Pinus elliotii*	松科	Pinaceae
18	樟子松	*Pinus sylvestris* var. *mongolica*	松科	Pinaceae
19	长叶松	*Pinus palustris*	松科	Pinaceae
20	杉木	*Cunninghamia lanceolata*	杉科	Taxodiaceae

续表 13-1

序号	中文名	学名	科	科学名
21	水松	*Glyptostrobus pensilis*	杉科	Taxodiaceae
22	柳杉	*Cryptomeria fortunei*	杉科	Taxodiaceae
23	日本柳杉	*Cryptomeria japonica*	杉科	Taxodiaceae
24	落羽杉	*Taxodium distichum*	杉科	Taxodiaceae
25	池杉	*Taxodium ascendens*	杉科	Taxodiaceae
26	水杉	*Metasequoia glyptostroboides*	杉科	Taxodiaceae
27	金叶水杉	*Metasequoia glyptostroboides Hu et Cheng*	杉科	Taxodiaceae
28	侧柏	*Platycladus orientalis*	柏科	Cupressaceae
29	千头柏	*Platycladus orientalis* 'Sieboldii'	柏科	Cupressaceae
30	线柏	*Platycladus orientalis* 'Filiformis'	柏科	Cupressaceae
31	美国侧柏	*Thuja occiidentalis*	柏科	Cupressaceae
32	日本花柏	*Chamaecyparis pisifera*	柏科	Cupressaceae
33	日本扁柏	*Chamaecyparis obtusa*	柏科	Cupressaceae
34	凤尾柏	*Chamaecyparis taiwanensis* 'Filicoides'	柏科	Cupressaceae
35	柏木	*Cupressus funebris*	柏科	Cupressaceae
36	北美圆柏	*Sabina virginiana*	柏科	Cupressaceae
37	圆柏	*Sabina chinensis*	柏科	Cupressaceae
38	龙柏	*Sabina chinensis* 'Kaizuca'	柏科	Cupressaceae
39	垂枝圆柏	*Sabina chinensis* f. pendula	柏科	Cupressaceae
40	高山柏	*Sabina squamata*	柏科	Cupressaceae
41	粉柏	*Sabina squamata* 'Meyeri'	柏科	Cupressaceae
42	铺地柏	*Sabina procumbens*	柏科	Cupressaceae
43	蜀桧	*Sabina chinensis Ant.* 'Pyramidalis'	柏科	Cupressaceae
44	杜松	*Juniperus rigida*	柏科	Cupressaceae
45	刺柏	*Juniperus formosana*	柏科	Cupressaceae
46	罗汉松	*Podocarpus macrophyllus*	罗汉松科	Podocarpaceae
47	短叶罗汉松	*Podocarpus macrophyllus* var. *maki*	罗汉松科	Podocarpaceae
48	三尖杉	*Cephalotaxus fortunei*	粗榧科	Cephalotaxaceae

续表 13-1

序号	中文名	学名	科	科学名
49	中国粗榧	*Cephalotaxus sinensis*	粗榧科	Cephalotaxaceae
50	红豆杉	*Taxus chiuensis*	红豆杉科	Taxaceae
51	南方红豆杉	*Taxus chiuensis* var. *mairei*	红豆杉科	Taxaceae
52	东北红豆杉	*Taxus cuspidata*	红豆杉科	Taxaceae
53	银白杨	*Populus alba*	杨柳科	Salicaceae
54	河北杨	*Populus hopeiensis*	杨柳科	Salicaceae
55	毛白杨	*Populus tomentosa*	杨柳科	Salicaceae
56	山杨	*Populus davidiana*	杨柳科	Salicaceae
57	响叶杨	*Populus adenopoda*	杨柳科	Salicaceae
58	大叶杨	*Populus lasiocarpa*	杨柳科	Salicaceae
59	小叶杨	*Populus simonii*	杨柳科	Salicaceae
60	垂枝小叶杨	*Populus simonii* f. *pendula*	杨柳科	Salicaceae
61	欧洲大叶杨	*Populus candicans*	杨柳科	Salicaceae
62	青杨	*Populus cathayana*	杨柳科	Salicaceae
63	黑杨	*Populus nigra*	杨柳科	Salicaceae
64	钻天杨	*Populus nigra* var. *italica*	杨柳科	Salicaceae
65	加杨	*Populus* × *canadensis*	杨柳科	Salicaceae
66	沙兰杨	*Populus* × *canadensis* Moench 'Sacrau 79'	杨柳科	Salicaceae
67	意大利214杨	*Populus* × *canadensis* 'I–214'	杨柳科	Salicaceae
68	新生杨	*Populus* × *canadensis* 'Regenerata'	杨柳科	Salicaceae
69	大叶钻天杨	*Populus monilifera*	杨柳科	Salicaceae
70	腺柳	*Salix chaenomeloides*	杨柳科	Salicaceae
71	腺叶腺柳	*Salix chaenomeloides* var. *glandulifolia*	杨柳科	Salicaceae
72	紫柳	*Salix wilsonii*	杨柳科	Salicaceae
73	旱柳	*Salix matsudana*	杨柳科	Salicaceae
74	龙爪柳	*Salix matsudana* f. *tortusa*	杨柳科	Salicaceae
75	馒头柳	*Salix matsudana* f. *umbraculifera*	杨柳科	Salicaceae
76	垂柳	*Salix babylonica*	杨柳科	Salicaceae

续表 13-1

序号	中文名	学名	科	科学名
77	小叶柳	*Salix hypoleuca*	杨柳科	Salicaceae
78	多枝柳	*Salix polyclona*	杨柳科	Salicaceae
79	中华柳	*Salix cathayana*	杨柳科	Salicaceae
80	皂柳	*Salix wallichiana*	杨柳科	Salicaceae
81	红皮柳	*Salix sinopurpurea*	杨柳科	Salicaceae
82	簸箕柳	*Salix suchowensis*	杨柳科	Salicaceae
83	乌柳	*Salix cheilophila*	杨柳科	Salicaceae
84	大别柳	*Salix dabeshanensis*	杨柳科	Salicaceae
85	黄金柳	*Salix alba* var. Tristis	杨柳科	Salicaceae
86	化香树	*Platycarya strobilacea*	胡桃科	Juglandaceae
87	枫杨	*Pterocarya stenoptera*	胡桃科	Juglandaceae
88	湖北枫杨	*Pterocarya hupehensis*	胡桃科	Juglandaceae
89	胡桃	*Juglans regia*	胡桃科	Juglandaceae
90	野胡桃	*Juglans cathayensis*	胡桃科	Juglandaceae
91	胡桃楸	*Juglans mandshurica*	胡桃科	Juglandaceae
92	美国山核桃	*Carya illenoensis*	胡桃科	Juglandaceae
93	山核桃	*Carya cathayensis*	胡桃科	Juglandaceae
94	黑核桃	*Juglans nigra* L.	胡桃科	Juglandaceae
95	白桦	*Betula platyphylla*	桦木科	Betulaceae
96	豫白桦	*Betula honanensis*	桦木科	Betulaceae
97	坚桦	*Betula chinensis*	桦木科	Betulaceae
98	牛皮桦	*Betula albo-sinensis* var. *septentrionalis*	桦木科	Betulaceae
99	桤木	*Alnus cremastogyne*	桦木科	Betulaceae
100	江南桤木	*Alnus trabeculosa*	桦木科	Betulaceae
101	榛	*Corylus heterophyllus*	桦木科	Betulaceae
102	华榛	*Corylus chinensis*	桦木科	Betulaceae
103	千金榆	*Carpinus cordata*	桦木科	Betulaceae
104	毛叶千金榆	*Carpinus cordata* var. *mollis*	桦木科	Betulaceae

续表 13-1

序号	中文名	学名	科	科学名
105	多脉鹅耳枥	*Carpinus polyneura*	桦木科	Betulaceae
106	鹅耳枥	*Carpinus turczaninowii*	桦木科	Betulaceae
107	千筋树	*Carpinus fargesiana*	桦木科	Betulaceae
108	河南鹅耳枥	*Carpinus funiushanensis*	桦木科	Betulaceae
109	雷公鹅耳枥	*Carpinus viminea*	桦木科	Betulaceae
110	虎榛	*Ostryopsis davidiana*	桦木科	Betulaceae
111	米心水青冈	*Fagus engleriana*	壳斗科	Fagaceae
112	水青冈	*Fagus longipetiolata*	壳斗科	Fagaceae
113	板栗	*Castanea mollissima*	壳斗科	Fagaceae
114	茅栗	*Castanea seguinii*	壳斗科	Fagaceae
115	栓皮栎	*Quercus variabilis*	壳斗科	Fagaceae
116	麻栎	*Quercus acutissima*	壳斗科	Fagaceae
117	小叶栎	*Quercus chenii*	壳斗科	Fagaceae
118	枹树	*Quercus glandulifera*	壳斗科	Fagaceae
119	短柄枹树	*Quercus glandulifera* var. *brevipetiolata*	壳斗科	Fagaceae
120	槲栎	*Quercus aliena*	壳斗科	Fagaceae
121	锐齿栎	*Quercus aliena* var. *acutiserrata*	壳斗科	Fagaceae
122	槲树	*Quercus dentata*	壳斗科	Fagaceae
123	白栎	*Quercus fabri*	壳斗科	Fagaceae
124	橿子栎	*Quercus baronii*	壳斗科	Fagaceae
125	北美红栎	*Quercus rubra* L.	壳斗科	Fagaceae
126	青冈栎	*Cyclobalanopsis glauca*	壳斗科	Fagaceae
127	小叶青冈栎	*Cyclobalanopsis glauca*	壳斗科	Fagaceae
128	石栎	*Lithocarus glaber*	壳斗科	Fagaceae
129	大果榆	*Ulmus macrocarpa*	榆科	Ulmaceae
130	脱皮榆	*Ulmus lamellosa*	榆科	Ulmaceae
131	兴山榆	*Ulmus bergmanniana*	榆科	Ulmaceae
132	榆树	*Ulmus pumila*	榆科	Ulmaceae

续表 13-1

序号	中文名	学名	科	科学名
133	龙爪榆	*Ulmus pumila* 'Pendula'	榆科	Ulmaceae
134	垂枝榆	*Ulmus pumila* 'Tenue'	榆科	Ulmaceae
135	钻天榆	*Ulmus pumila* 'Pyramidals'	榆科	Ulmaceae
136	窄叶榆	*Ulmus pumila* 'Parvifolia'	榆科	Ulmaceae
137	细皮榆	*Ulmus pumila* 'Leptodermis'	榆科	Ulmaceae
138	中华金叶榆	*Ulmus pumila* 'Jinye'	榆科	Ulmaceae
139	黑榆	*Ulmus davidiana*	榆科	Ulmaceae
140	春榆	*Ulmus propinqua*	榆科	Ulmaceae
141	旱榆	*Ulmus glaucescens*	榆科	Ulmaceae
142	榔榆	*Ulmus parvifolia*	榆科	Ulmaceae
143	圆冠榆	*Ulmus densa* Litw.	榆科	Ulmaceae
144	刺榆	*Hemiptelea davidii*	榆科	Ulmaceae
145	榉树	*Zelkova schneideriana*	榆科	Ulmaceae
146	大果榉	*Zelkova sinica*	榆科	Ulmaceae
147	光叶榉	*Zelkova serrata*	榆科	Ulmaceae
148	大叶朴	*Celtis koraiensis*	榆科	Ulmaceae
149	毛叶朴	*Celtis pubescens*	榆科	Ulmaceae
150	小叶朴	*Celtis bungeana*	榆科	Ulmaceae
151	珊瑚朴	*Celtis julianae*	榆科	Ulmaceae
152	紫弹树	*Celtis biondii*	榆科	Ulmaceae
153	朴树	*Celtis tetrandra* subsp. sinensis	榆科	Ulmaceae
154	糙叶树	*Aphananthe aspera*	榆科	Ulmaceae
155	青檀	*Pteroceltis tatarinowii*	榆科	Ulmaceae
156	华桑	*Morus cathayana*	桑科	Moraceae
157	桑	*Morus alba*	桑科	Moraceae
158	垂枝桑	*Morus alba* cv. 'Pendula'	桑科	Moraceae
159	花叶桑	*Morus alba* 'Laciniata'	桑科	Moraceae
160	鲁桑	*Morus alba* var. *multicaulis*	桑科	Moraceae

续表 13-1

序号	中文名	学名	科	科学名
161	蒙桑	*Morus mongolica*	桑科	Moraceae
162	山桑	*Morus mongolica* var. *diabolica*	桑科	Moraceae
163	鸡桑	*Morus australis*	桑科	Moraceae
164	构树	*Broussonetia papyrifera*	桑科	Moraceae
165	花叶构树	*Broussonetia papyrifera* 'Variegata'	桑科	Moraceae
166	小构树	*Broussonetia kazinoki*	桑科	Moraceae
167	无花果	*Ficus carica*	桑科	Moraceae
168	异叶榕	*Ficus heteromorpha*	桑科	Moraceae
169	珍珠莲	*Ficus sarmenttosa* var. *henryi*	桑科	Moraceae
170	薜荔	*Ficus pumila*	桑科	Moraceae
171	爬藤榕	*Ficus sarmenttosa* var. *impressa*	桑科	Moraceae
172	柘树	*Cudrania tricuspidata*	桑科	Moraceae
173	水麻	*Debregeasia edulis*	荨麻科	Urticaceae
174	青皮木	*Schoepfia jasminodora*	铁青树科	Olacaceae
175	米面蓊	*Buckleya henryi*	檀香科	Santalaceae
176	槲寄生	*Viscum coloratum*	桑寄生科	Loranthaceae
177	木通马兜铃	*Aristolochia mandshuriensis*	马兜铃科	Aristolochiaceae
178	寻骨风	*Aristolochia mollissima*	马兜铃科	Aristolochiaceae
179	木藤蓼	*Polygonum aubertii*	蓼科	Polygonaceae
180	领春木	*Euptelea pleiosperma*	昆栏树科	Trochodendraceae
181	连香树	*Cercidiphyllum japonicum*	连香树科	Cercidiphyllaceae
182	紫斑牡丹	*Paeonia papaveracea*	毛茛科	Ranunculaceae
183	牡丹	*Paeonia suffruticosa*	毛茛科	Ranunculaceae
184	矮牡丹	*Paeonia suffruticosa* var. *spontanea*	毛茛科	Ranunculaceae
185	女萎	*Clematis apiifolia*	毛茛科	Ranunculaceae
186	毛果铁线莲	*Clematis peterae* var. *trichocarpa*	毛茛科	Ranunculaceae
187	扬子铁线莲	*Clematis puberula* var. *ganpiniana*	毛茛科	Ranunculaceae
188	山木通	*Clematis finetiana*	毛茛科	Ranunculaceae

续表 13-1

序号	中文名	学名	科	科学名
189	威灵仙	*Clematis chinensis*	毛茛科	Ranunculaceae
190	太行铁线莲	*Clematis kirilowii*	毛茛科	Ranunculaceae
191	柱果铁线莲	*Clematis uncinata*	毛茛科	Ranunculaceae
192	毛萼铁线莲	*Clematis hancockiana*	毛茛科	Ranunculaceae
193	光柱铁线莲	*Clematis longistyla*	毛茛科	Ranunculaceae
194	大叶铁线莲	*Clematis heracleifolia*	毛茛科	Ranunculaceae
195	芹叶铁线莲	*Clematis aethusifolia*	毛茛科	Ranunculaceae
196	华中铁线莲	*Clematis pseudootophora*	毛茛科	Ranunculaceae
197	三叶木通	*Akebia trifoliata*	木通科	Lardizabalaceae
198	木通	*Akebia quinata*	木通科	Lardizabalaceae
199	鹰爪枫	*Holboellia coriacea*	木通科	Lardizabalaceae
200	大花牛姆瓜	*Holboellia grandiflora*	木通科	Lardizabalaceae
201	大血藤	*Sargentodoxa cuneata*	木通科	Lardizabalaceae
202	秦岭小檗	*Berberis circumserrata*	小檗科	Berberidaceae
203	细叶小檗	*Berberis poiretii* var. *biseminalis*	小檗科	Berberidaceae
204	大叶小檗	*Berberis amurensis*	小檗科	Berberidaceae
205	日本小檗	*Berberis thunbergii*	小檗科	Berberidaceae
206	紫叶小檗	*Berberis thunbergii* 'Atropurpurea'	小檗科	Berberidaceae
207	金叶小檗	*Berberis thunbergii* 'Aurea'	小檗科	Berberidaceae
208	阔叶十大功劳	*Mahonia bealei*	小檗科	Berberidaceae
209	十大功劳	*Mahonia fortunei*	小檗科	Berberidaceae
210	南天竹	*Nandina domestica*	小檗科	Berberidaceae
211	火焰南天竹	*Nandina domestica* 'Firepower'	小檗科	Berberidaceae
212	青牛胆	*Tinospora sagittata*	防己科	Menispermaceae
213	金钱吊乌龟	*Stephania cepharantha*	防己科	Menispermaceae
214	千金藤	*Stephania japonica*	防己科	Menispermaceae
215	蝙蝠葛	*Menispermum dauricum*	防己科	Menispermaceae
216	木防己	*Cocculus trilobus*	防己科	Menispermaceae

续表 13-1

序号	中文名	学名	科	科学名
217	夜合花	*Magnolia coco*	木兰科	Magnoliaceae
218	荷花玉兰	*Magnolia grandiflora*	木兰科	Magnoliaceae
219	天女花	*Magnolia sieboldii*	木兰科	Magnoliaceae
220	厚朴	*Magnolia officinalis*	木兰科	Magnoliaceae
221	凹叶厚朴	*Magnolia biloba*	木兰科	Magnoliaceae
222	望春玉兰	*Magnolia biondii*	木兰科	Magnoliaceae
223	黄山玉兰	*Magnolia cylindrica*	木兰科	Magnoliaceae
224	辛夷	*Magnolia liliflora*	木兰科	Magnoliaceae
225	玉兰	*Magnolia denutata*	木兰科	Magnoliaceae
226	飞黄玉兰	*Magnolia denutata* 'Feihuang'	木兰科	Magnoliaceae
227	武当玉兰	*Magnolia sprengeri*	木兰科	Magnoliaceae
228	二乔玉兰	*Magnolia soulangeana* Soul.–Bod.	木兰科	Magnoliaceae
229	含笑花	*Michelia figo*	木兰科	Magnoliaceae
230	深山含笑	*Michelia maudiae*	木兰科	Magnoliaceae
231	黄玉兰	*Michelia champaca*	木兰科	Magnoliaceae
232	乐东拟单性木兰	*Parakmeria lotungensis*	木兰科	Magnoliaceae
233	鹅掌楸	*Liriodendron chinense*	木兰科	Magnoliaceae
234	北美鹅掌楸	*Liriodendron tulipifera*	木兰科	Magnoliaceae
235	杂交鹅掌楸	*Liriodendron chinense* × *tulipifera*	木兰科	Magnoliaceae
236	莽草	*Illicium lanceolatcm*	木兰科	Magnoliaceae
237	红茴香	*Illicium henryi*	木兰科	Magnoliaceae
238	水青树	*Tetracentron sinense*	木兰科	Magnoliaceae
239	五味子	*Schisandra chinensis*	木兰科	Magnoliaceae
240	华中五味子	*Schisandra sphenanthera*	木兰科	Magnoliaceae
241	南五味子	*Kadsura longipedunculata*	木兰科	Magnoliaceae
242	天目玉兰	*Yulania amoena* (W. C. Cheng)D.L.Fu	木兰科	Magnoliaceae
243	蜡梅	*Chimonanthus praecox*	蜡梅科	Calycanthaceae
244	素心蜡梅	*Chimonanthus praecox* 'Concolor'	蜡梅科	Calycanthaceae

续表 13-1

序号	中文名	学名	科	科学名
245	大叶樟	*Machilus ichangensis*	樟科	Lauraceae
246	楠木	*Phoebe zhennan*	樟科	Lauraceae
247	竹叶楠	*Phoebe faberi*	樟科	Lauraceae
248	湘楠	*Phoebe hunanensis*	樟科	Lauraceae
249	樟树	*Cinnamomum camphora*	樟科	Lauraceae
250	银木	*Cinnamomum septentrionale*	樟科	Lauraceae
251	川桂	*Cinnamomum wilsonii*	樟科	Lauraceae
252	天竺桂	*Cinnamomum japonicum*	樟科	Lauraceae
253	檫木	*Sassafras tzumu*	樟科	Lauraceae
254	天目木姜子	*Litsea auriculata*	樟科	Lauraceae
255	木姜子	*Litsea pungens*	樟科	Lauraceae
256	豹皮樟	*Litsea coreana* var. *sinensis*	樟科	Lauraceae
257	三桠乌药	*Lindera obtusiloba*	樟科	Lauraceae
258	香叶子	*Lindera fragrans*	樟科	Lauraceae
259	绿叶甘橿	*Lindera fruticosa*	樟科	Lauraceae
260	红脉钓樟	*Lindera rubronervia*	樟科	Lauraceae
261	狭叶山胡椒	*Lindera angustifoli*a	樟科	Lauraceae
262	山橿	*Lindera reflexa*	樟科	Lauraceae
263	山胡椒	*Lindera glauca*	樟科	Lauraceae
264	河南山胡椒	*Lindera henanensis*	樟科	Lauraceae
265	红果山胡椒	*Lindera erythrocarpa*	樟科	Lauraceae
266	山橿	*Lindera umbellata* var. *latifolium*	樟科	Lauraceae
267	大果山胡椒	*Lindera praecox*	樟科	Lauraceae
268	月桂	*Laurus nobilis*	樟科	Lauraceae
269	钻地风	*Schizophragma integrifolium*	虎耳草科	Saxifragaceae
270	绣球	*Hydrangea macrophylla*	虎耳草科	Saxifragaceae
271	中国绣球	*Hydrangea chinensis*	虎耳草科	Saxifragaceae
272	东陵绣球	*Hydrangea bretschneideri*	虎耳草科	Saxifragaceae

续表 13-1

序号	中文名	学名	科	科学名
273	齿叶溲疏	*Deutzia crenata*	虎耳草科	Saxifragaceae
274	大花溲疏	*Deutzia grandiflora*	虎耳草科	Saxifragaceae
275	小花溲疏	*Deutzia parviflora*	虎耳草科	Saxifragaceae
276	多花溲疏	*Deutzia setchuenensis* var. *corymbiflora*	虎耳草科	Saxifragaceae
277	溲疏	*Deutzia scabra* Thunb	虎耳草科	Saxifragaceae
278	太平花	*Philadelphus pekinensis*	虎耳草科	Saxifragaceae
279	山梅花	*Philadelphus incanus*	虎耳草科	Saxifragaceae
280	刺梨	*Ribes burejense*	虎耳草科	Saxifragaceae
281	华茶藨子	*Ribes fasciculatum* var. *chinense*	虎耳草科	Saxifragaceae
282	海桐	*Pittosporum tobira*	海桐科	Pittosporaceae
283	柄果海桐	*Pittosporum podocarpum*	海桐科	Pittosporaceae
284	崖花海桐	*Pittosporum illicioides*	海桐科	Pittosporaceae
285	狭叶海桐	*Pittosporum glabratum* var. *neriifolium*	海桐科	Pittosporaceae
286	菱叶海桐	*Pittosporum truncatum*	海桐科	Pittosporaceae
287	枫香树	*Liquidambar formosana*	金缕梅科	Hamamelidaceae
288	北美枫香	*Liquidambar styraciflua*	金缕梅科	Hamamelidaceae
289	檵木	*Loropetalum chinense*	金缕梅科	Hamamelidaceae
290	红花檵木	*Loropetalum chinense* var. *rubrum*	金缕梅科	Hamamelidaceae
291	蜡瓣花	*Corylopsis sinensis*	金缕梅科	Hamamelidaceae
292	牛鼻栓	*Fortunearia sinensis*	金缕梅科	Hamamelidaceae
293	山白树	*Sinowilsonia henryi*	金缕梅科	Hamamelidaceae
294	蚊母树	*Distylium racemosum*	金缕梅科	Hamamelidaceae
295	中华蚊母树	*Distylium chinense*	金缕梅科	Hamamelidaceae
296	杜仲	*Eucommia ulmoides*	杜仲科	Eucommiaceae
297	三球悬铃木	*Platanus orientalis*	悬铃木科	Platanaceae
298	一球悬铃木	*Platanus occidentalis*	悬铃木科	Platanaceae
299	二球悬铃木	*Platanus acerifolia*	悬铃木科	Platanaceae
300	光叶粉花绣线菊	*Spiraea jagonica* var. *fortunei*	蔷薇科	Rosaceae

续表 13-1

序号	中文名	学名	科	科学名
301	华北绣线菊	*Spiraea fritschiana*	蔷薇科	Rosaceae
302	珍珠绣线菊	*Spiraea thunbergii*	蔷薇科	Rosaceae
303	李叶绣线菊	*Spiraea prunifolia*	蔷薇科	Rosaceae
304	土庄绣线菊	*Spiraea pubescens*	蔷薇科	Rosaceae
305	中华绣线菊	*Spiraea chinensis*	蔷薇科	Rosaceae
306	麻叶绣线菊	*Spiraea cantoniensis*	蔷薇科	Rosaceae
307	三裂绣线菊	*Spiraea trilobata*	蔷薇科	Rosaceae
308	小叶绣球绣线菊	*Spiraea blumei* var. *microphylla*	蔷薇科	Rosaceae
309	中华绣线菊	*Spiraea chinensis*	蔷薇科	Rosaceae
310	粉花绣线菊	*Spiraea japonica*	蔷薇科	Rosaceae
311	绣线菊	*Spiraea Salicifolia* L.	蔷薇科	Rosaceae
312	光叶高丛珍珠梅	*Sorbaria arboria* var. *glagrata*	蔷薇科	Rosaceae
313	珍珠梅	*Sorbaria sorbifolia*	蔷薇科	Rosaceae
314	中华绣线梅	*Neillia sinensis*	蔷薇科	Rosaceae
315	华空木	*Stephanandra chinensis*	蔷薇科	Rosaceae
316	白鹃梅	*Exochorda racemosa*	蔷薇科	Rosaceae
317	水栒子	*Cotoneaster multiflorus*	蔷薇科	Rosaceae
318	华中栒子	*Cotoneaster silvestrii*	蔷薇科	Rosaceae
319	平枝栒子	*Cotoneaster horizontalis*	蔷薇科	Rosaceae
320	小叶平枝栒子	*Cotoneaster horizontalis* var. *perpusillus*	蔷薇科	Rosaceae
321	灰栒子	*Cotoneaster acutifolius*	蔷薇科	Rosaceae
322	密毛灰栒子	*Cotoneaster acutifolius* var. *villosulus*	蔷薇科	Rosaceae
323	全缘火棘	*Pyracantha atalantioides*	蔷薇科	Rosaceae
324	火棘	*Pyracantha frotuneana*	蔷薇科	Rosaceae
325	'小丑'火棘	*Pyracantha fortuneana* 'Harlequin'	蔷薇科	Rosaceae
326	山楂	*Crataegus pinnatifida*	蔷薇科	Rosaceae
327	山里红	*Crataegus pinnatifida* var. *major*	蔷薇科	Rosaceae
328	湖北山楂	*Crataegus hupehensis*	蔷薇科	Rosaceae

续表 13-1

序号	中文名	学名	科	科学名
329	野生楂	*Crataegus cunaeta*	蔷薇科	Rosaceae
330	华中山楂	*Crataegus wilsonii*	蔷薇科	Rosaceae
331	橘红山楂	*Crataegus aurantia*	蔷薇科	Rosaceae
332	辽宁山楂	*Crataegus sanguinea*	蔷薇科	Rosaceae
333	红果树	*Stranvaesia davidiana*	蔷薇科	Rosaceae
334	贵州石楠	*Photinia bodinieri*	蔷薇科	Rosaceae
335	石楠	*Photinia serrulata*	蔷薇科	Rosaceae
336	光叶石楠	*Photinia glabra*	蔷薇科	Rosaceae
337	中华石楠	*Photinia beauverdiana*	蔷薇科	Rosaceae
338	毛叶石楠	*Photinia villosa*	蔷薇科	Rosaceae
339	红叶石楠	*Photinia × fraseri*	蔷薇科	Rosaceae
340	枇杷	*Eriobotrya jopanica*	蔷薇科	Rosaceae
341	水榆花楸	*Sorbus alnifolia*	蔷薇科	Rosaceae
342	石灰花楸	*Sorbus folgneri*	蔷薇科	Rosaceae
343	花楸树	*Sorbus pohuashanensis*	蔷薇科	Rosaceae
344	湖北花楸	*Sorbus hupehensis*	蔷薇科	Rosaceae
345	榅桲	*Cydonia oblonga*	蔷薇科	Rosaceae
346	皱皮木瓜	*Chaenomeles speciosa*	蔷薇科	Rosaceae
347	毛叶木瓜	*Chaenomeles cathayensis*	蔷薇科	Rosaceae
348	日本木瓜	*Chaenomeles japonica*	蔷薇科	Rosaceae
349	木瓜	*Chaenomeles sisnesis*	蔷薇科	Rosaceae
350	楸子梨	*Pyrus ussuriensis*	蔷薇科	Rosaceae
351	麻梨	*Pyrus serrulata*	蔷薇科	Rosaceae
352	栽培西洋梨	*Pyrus communis* var. *sativa*	蔷薇科	Rosaceae
353	木梨	*Pyrus xerophila*	蔷薇科	Rosaceae
354	太行山梨	*Pyrus taihangshanensis*	蔷薇科	Rosaceae
355	豆梨	*Pyrus calleryana*	蔷薇科	Rosaceae
356	毛豆梨	*Pyrus calleryana* var. *tomentella*	蔷薇科	Rosaceae

续表 13-1

序号	中文名	学名	科	科学名
357	白梨	*Pyrus bretschenideri*	蔷薇科	Rosaceae
358	沙梨	*Pyrus pyrifolia*	蔷薇科	Rosaceae
359	杜梨	*Pyrus betulaefolia*	蔷薇科	Rosaceae
360	褐梨	*Pyrus phaeocarpa*	蔷薇科	Rosaceae
361	山荆子	*Malus baccata*	蔷薇科	Rosaceae
362	湖北海棠	*Malus hupehensis*	蔷薇科	Rosaceae
363	垂丝海棠	*Malus halliana*	蔷薇科	Rosaceae
364	苹果	*Malus pumila*	蔷薇科	Rosaceae
365	花红	*Malus asiatica*	蔷薇科	Rosaceae
366	楸子	*Malus prunifolia*	蔷薇科	Rosaceae
367	海棠花	*Malus spectabilis*	蔷薇科	Rosaceae
368	西府海棠	*Malus micromalus*	蔷薇科	Rosaceae
369	河南海棠	*Malus honanensis*	蔷薇科	Rosaceae
370	三叶海棠	*Malus sieboldii*	蔷薇科	Rosaceae
371	北美海棠	*Malus micromlaus* 'American'	蔷薇科	Rosaceae
372	棣棠花	*Kerria japonica*	蔷薇科	Rosaceae
373	重瓣棣棠花	*Kerria japonica* f. *pleniflora*	蔷薇科	Rosaceae
374	鸡麻	*Rhodotypos scandens*	蔷薇科	Rosaceae
375	高粱泡	*Rubus lambertianus*	蔷薇科	Rosaceae
376	灰白毛莓	*Rubus tephrodes*	蔷薇科	Rosaceae
377	三花悬钩子	*Rubus trianthus*	蔷薇科	Rosaceae
378	木莓	*Rubus swinhoei*	蔷薇科	Rosaceae
379	山莓	*Rubus corchorifolius*	蔷薇科	Rosaceae
380	盾叶莓	*Rubus peltatus*	蔷薇科	Rosaceae
381	蓬蘽	*Rubus hirsutus*	蔷薇科	Rosaceae
382	茅莓	*Rubus parvifolius*	蔷薇科	Rosaceae
383	腺花茅莓	*Rubus parvifolius* var. *adenochlamys*	蔷薇科	Rosaceae
384	腺毛莓	*Rubus adenophorus*	蔷薇科	Rosaceae

续表 13-1

序号	中文名	学名	科	科学名
385	覆盆子	*Rubus idaeus*	蔷薇科	Rosaceae
386	白叶莓	*Rubus innominatus*	蔷薇科	Rosaceae
387	插田泡	*Rubus coreanus*	蔷薇科	Rosaceae
388	毛叶插田泡	*Rubus coreanus* var. *tomentosus*	蔷薇科	Rosaceae
389	华中悬钩子	*Rubus cockburnianus*	蔷薇科	Rosaceae
390	弓茎悬钩子	*Rubus flosculosus*	蔷薇科	Rosaceae
391	黑莓	*Rubus fruticosus*	蔷薇科	Rosaceae
392	寒莓	*Rubus buergeri* Miq.	蔷薇科	Rosaceae
393	金樱子	*Rosa laevigata*	蔷薇科	Rosaceae
394	木香花	*Rosa banksiae*	蔷薇科	Rosaceae
395	单瓣白木香	*Rosa banksiae* var. *normalis*	蔷薇科	Rosaceae
396	小果蔷薇	*Rosa cymosa*	蔷薇科	Rosaceae
397	香水月季	*Rosa odorata*	蔷薇科	Rosaceae
398	月季	*Rosa chinensis*	蔷薇科	Rosaceae
399	小月季	*Rosa chinensis* var. *minima*	蔷薇科	Rosaceae
400	紫月季花	*Rosa chinensis* var. *semperflorens*	蔷薇科	Rosaceae
401	野蔷薇	*Rosa multiflora*	蔷薇科	Rosaceae
402	粉团蔷薇	*Rosa multiflora* var. *cathayensis*	蔷薇科	Rosaceae
403	七姊妹	*Rosa multiflora* 'Grevillei'	蔷薇科	Rosaceae
404	软条七蔷薇	*Rosa henryi*	蔷薇科	Rosaceae
405	悬钩子蔷薇	*Rosa rubus*	蔷薇科	Rosaceae
406	法国蔷薇	*Rosa gallica*	蔷薇科	Rosaceae
407	百叶蔷薇	*Rosa centifolia*	蔷薇科	Rosaceae
408	黄蔷薇	*Rosa hugonis*	蔷薇科	Rosaceae
409	黄刺玫	*Rosa xanthina*	蔷薇科	Rosaceae
410	玫瑰	*Rosa rugosa*	蔷薇科	Rosaceae
411	粉红单瓣玫瑰	*Rosa rugosa* f. *rosea*	蔷薇科	Rosaceae
412	白花单瓣玫瑰	*Rosa rugosa* f. *alba*	蔷薇科	Rosaceae

续表 13-1

序号	中文名	学名	科	科学名
413	紫花重瓣玫瑰	*Rosa rugosa* f. *plena*	蔷薇科	Rosaceae
414	白花重瓣玫瑰	*Rosa rugosa* f. *alba-plena*	蔷薇科	Rosaceae
415	刺梗蔷薇	*Rosa corymbulosa*	蔷薇科	Rosaceae
416	刺毛蔷薇	*Rosa setipoda*	蔷薇科	Rosaceae
417	拟木香	*Rosa banksiopsis*	蔷薇科	Rosaceae
418	扁刺蔷薇	*Rosa sweginzowii*	蔷薇科	Rosaceae
419	美蔷薇	*Rosa bella*	蔷薇科	Rosaceae
420	榆叶梅	*Amygdalus triloba*	蔷薇科	Rosaceae
421	重瓣榆叶梅	*Amygdalus triloba* 'Multiplex'	蔷薇科	Rosaceae
422	山桃	*Amygdalus davidiana*	蔷薇科	Rosaceae
423	白山桃	*Amygdalus davidiana* f. *alba*	蔷薇科	Rosaceae
424	桃	*Amygdalus persica*	蔷薇科	Rosaceae
425	离核毛桃	*Amygdalus persica* var. *aganopersica*	蔷薇科	Rosaceae
426	油桃	*Amygdalus persica* var. *nectarine*	蔷薇科	Rosaceae
427	蟠桃	*Amygdalus persica* var. *compressa*	蔷薇科	Rosaceae
428	单瓣白桃	*Amygdalus persica* 'Alba'	蔷薇科	Rosaceae
429	紫叶桃	*Amygdalus persica* 'Atropurpurea'	蔷薇科	Rosaceae
430	碧桃	*Amygdalus persica* 'Duplex'	蔷薇科	Rosaceae
431	寿星桃	*Amygdalus persica* 'Densa'	蔷薇科	Rosaceae
432	千瓣白桃	*Amygdalus persica* 'Albo-plena'	蔷薇科	Rosaceae
433	垂枝碧桃	*Amygdalus persica* f. *pendula*	蔷薇科	Rosaceae
434	杏	*Armeniaca vulgaris*	蔷薇科	Rosaceae
435	野杏	*Armeniaca vulgaris* var. *ansu*	蔷薇科	Rosaceae
436	山杏	*Armeniaca sibirica*	蔷薇科	Rosaceae
437	梅	*Armeniaca mume*	蔷薇科	Rosaceae
438	红梅	*Armeniaca mume* f. *alphandii*	蔷薇科	Rosaceae
439	'垂枝'梅	*Armeniaca mume* 'Pendula'	蔷薇科	Rosaceae
440	白梅	*Prunus mume* f. *alba*	蔷薇科	Rosaceae

续表 13-1

序号	中文名	学名	科	科学名
441	杏李	*Prunus simonii*	蔷薇科	Rosaceae
442	紫叶李	*Prunus cerasifera* 'Pissardii'	蔷薇科	Rosaceae
443	李	*Prunus salicina*	蔷薇科	Rosaceae
444	紫叶稠李	*Prunus virginiana* 'Canada Red'	蔷薇科	Rosaceae
445	美人梅	*Prunus × blireana* 'Meiren'	蔷薇科	Rosaceae
446	多毛樱桃	*Cerasus polytricha*	蔷薇科	Rosaceae
447	尾叶樱桃	*Cerasus dielsiana*	蔷薇科	Rosaceae
448	樱桃	*Cerasus pseudocerasus*	蔷薇科	Rosaceae
449	东京樱花	*Cerasus yedoensis*	蔷薇科	Rosaceae
450	山樱花	*Cerasus serrulata*	蔷薇科	Rosaceae
451	日本晚樱	*Cerasus serrulata* var. *lannesiana*	蔷薇科	Rosaceae
452	毛叶山樱花	*Cerasus serrulata* var. *pubescen*	蔷薇科	Rosaceae
453	华中樱桃	*Cerasus conradinae*	蔷薇科	Rosaceae
454	毛樱桃	*Cerasus tomentosa*	蔷薇科	Rosaceae
455	郁李	*Cerasus japonica*	蔷薇科	Rosaceae
456	毛叶欧李	*Cerasus dictyoneura*	蔷薇科	Rosaceae
457	麦李	*Cerasus glandulosa*	蔷薇科	Rosaceae
458	白花重瓣麦李	*Cerasus glandulosa* f. *albo-plena*	蔷薇科	Rosaceae
459	橉木	*Padus buergeriana*	蔷薇科	Rosaceae
460	稠李	*Padus avium*	蔷薇科	Rosaceae
461	毛叶稠李	*Padus avium* var. *pubescens*	蔷薇科	Rosaceae
462	臭樱	*Maddenia hypoleuca*	蔷薇科	Rosaceae
463	山槐	*Albizzia kalkora*	豆科	Leguminosae
464	合欢	*Albizzia julibrissin*	豆科	Leguminosae
465	肥皂荚	*Gymnocladus chinensis*	豆科	Leguminosae
466	皂荚	*Gleditsia sinensis*	豆科	Leguminosae
467	野皂荚	*Gleditsia microphylla*	豆科	Leguminosae
468	山皂荚	*Gleditsia japonica*	豆科	Leguminosae

续表 13-1

序号	中文名	学名	科	科学名
469	云实	*Caesalpinia decapetala*	豆科	Leguminosae
470	湖北紫荆	*Cercis glabra*	豆科	Leguminosae
471	紫荆	*Cercis chinensis*	豆科	Leguminosae
472	短毛紫荆	*Cercis chinensis* f. *pubescens*	豆科	Leguminosae
473	白花紫荆	*Cercis chinensis* f. *alba*	豆科	Leguminosae
474	加拿大紫荆	*Cercis canadensis*	豆科	Leguminosae
475	花榈木	*Ormosia henryi* Prain	豆科	Leguminosae
476	红豆树	*Ormosia hosiei*	豆科	Leguminosae
477	槐	*Sophora japonica*	豆科	Leguminosae
478	龙爪槐	*Sophora japonica* var. *pndula*	豆科	Leguminosae
479	五叶槐	*Sophora japonica* 'Oligophylla'	豆科	Leguminosae
480	毛叶槐	*Sophora japonica* var. *pubescens*	豆科	Leguminosae
481	金叶国槐	*Sophora japonica* cv. 'Jinye'	豆科	Leguminosae
482	金枝槐	*Sophora japonica* 'Golden Stem'	豆科	Leguminosae
483	柳叶槐	*Sophora dunnii* Prain	豆科	Leguminosae
484	小叶槐	*Sophora microphylla*	豆科	Leguminosae
485	苦参	*Sophora flavescens*	豆科	Leguminosae
486	香槐	*Cladrastis wilsonii*	豆科	Leguminosae
487	小花香槐	*Cladrastis delavayi*	豆科	Leguminosae
488	光叶马鞍树	*Maackia tenuifolia*	豆科	Leguminosae
489	马鞍树	*Maackia hupehenisis*	豆科	Leguminosae
490	华东木蓝	*Indigofera fortunei*	豆科	Leguminosae
491	花木蓝	*Indigofera kirilowii*	豆科	Leguminosae
492	苏木蓝	*Indigofera carlesii*	豆科	Leguminosae
493	多花木蓝	*Indigofera amblyantha*	豆科	Leguminosae
494	木蓝	*Indigofera tinctoria*	豆科	Leguminosae
495	河北木蓝	*Indigofera bungeana*	豆科	Leguminosae
496	马棘	*Indigofera pseudotinctoria*	豆科	Leguminosae

续表 13-1

序号	中文名	学名	科	科学名
497	紫穗槐	*Amorpha fruticosa*	豆科	Leguminosae
498	多花紫藤	*Wisteria floribunda*	豆科	Leguminosae
499	紫藤	*Wisteria sirensis*	豆科	Leguminosae
500	藤萝	*Wisteria villosa*	豆科	Leguminosae
501	刺槐	*Robinia pseudoacacia*	豆科	Leguminosae
502	毛刺槐	*Robinia hispida*	豆科	Leguminosae
503	红花刺槐	*Robinia × ambigua* 'Idahoensis'	豆科	Leguminosae
504	香花槐	*Robinia pseudoacacia* cv. idaho	豆科	Leguminosae
505	红花锦鸡儿	*Caragana rosea*	豆科	Leguminosae
506	锦鸡儿	*Caragana sinica*	豆科	Leguminosae
507	小叶锦鸡儿	*Caragana microphylla*	豆科	Leguminosae
508	小槐花	*Ohwia caudata*	豆科	Leguminosae
509	长波叶山蚂蝗	*Desmodium sequax*	豆科	Leguminosae
510	长柄山蚂蝗	*Hylodesmum podocarpum*	豆科	Leguminosae
511	宽卵叶长柄山蚂蝗	*Hylodesmum podocarpum* subsp. *fallax*	豆科	Leguminosae
512	尖叶长柄山蚂蝗	*Hylodesmum podocarpum* subsp. *oxyphyllum*	豆科	Leguminosae
513	胡枝子	*Lespedzea bicolor*	豆科	Leguminosae
514	美丽胡枝子	*Lespedzea thunbergii* subsp. *formosa*	豆科	Leguminosae
515	短梗胡枝子	*Lespedzea cyrtobotrya*	豆科	Leguminosae
516	绿叶胡枝子	*Lespedzea buergeri*	豆科	Leguminosae
517	细梗胡枝子	*Lespedzea virgata*	豆科	Leguminosae
518	绒毛胡枝子	*Lespedzea tomentosa*	豆科	Leguminosae
519	多花胡枝子	*Lespedzea floribunda*	豆科	Leguminosae
520	长叶铁扫帚	*Lespedzea caraganae*	豆科	Leguminosae
521	赵公鞭	*Lespedzea hedysaroides*	豆科	Leguminosae
522	截叶铁扫帚	*Lespedzea cuneata*	豆科	Leguminosae
523	阴山胡枝子	*Lespedzea inschanica*	豆科	Leguminosae
524	铁马鞭	*Lespedzea pilosa*	豆科	Leguminosae

续表 13-1

序号	中文名	学名	科	科学名
525	中华胡枝子	*Lespedzea chinensis*	豆科	Leguminosae
526	白花杭子梢	*Campylotropis macrocarpa* f. *alba*	豆科	Leguminosae
527	杭子梢	*Campylotropis macrocarpa*	豆科	Leguminosae
528	葛	*Pueraria montana*	豆科	Leguminosae
529	黄檀	*Dalbergia hupeana*	豆科	Leguminosae
530	楝叶吴萸	*Tetradium glabrifolium*	芸香科	Rutaceae
531	吴茱萸	*Tetradium ruticarpum*	芸香科	Rutaceae
532	臭檀吴萸	*Tetradium daniellii*	芸香科	Rutaceae
533	异叶花椒	*Zanthoxylum ovalifolium*	芸香科	Rutaceae
534	刺异叶花椒	*Zanthoxylum ovalifolium* var. *spinifolium*	芸香科	Rutaceae
535	竹叶花椒	*Zanthoxylum armatum*	芸香科	Rutaceae
536	川陕花椒	*Zanthoxylum piasezkii*	芸香科	Rutaceae
537	野花椒	*Zanthoxylum simulans*	芸香科	Rutaceae
538	花椒	*Zanthoxylum bunngeanum*	芸香科	Rutaceae
539	毛叶花椒	*Zanthoxylum bunngeanum* var. *pubescens*	芸香科	Rutaceae
540	朵花椒	*Zanthoxylum molle*	芸香科	Rutaceae
541	椿叶花椒	*Zanthoxylum ailanthoides*	芸香科	Rutaceae
542	小花花椒	*Zanthoxylum mieranthum*	芸香科	Rutaceae
543	青花椒	*Zanthoxylum schinifolium*	芸香科	Rutaceae
544	狭叶花椒	*Zanthoxylum stenophyllum*	芸香科	Rutaceae
545	臭常山	*Orixa japonic*	芸香科	Rutaceae
546	川黄檗	*Phellopdendron chinense*	芸香科	Rutaceae
547	枳	*Poncirus trifoliata*	芸香科	Rutaceae
548	柚	*Citrus maxima*	芸香科	Rutaceae
549	柑橘	*Citrus reticulata*	芸香科	Rutaceae
550	酸橙	*Citrus aurantium*	芸香科	Rutaceae
551	苦木	*Picrasma quassioides*	苦木科	Simarubaceae
552	刺臭椿	*Ailanthus vilmoriniana*	苦木科	Simarubaceae

续表 13-1

序号	中文名	学名	科	科学名
553	老臭椿	*Ailanthus giraldii*	苦木科	Simarubaceae
554	臭椿	*Ailanthus altissima*	苦木科	Simarubaceae
555	大果臭椿	*Ailanthus altissima* var. *sutchuenensis*	苦木科	Simarubaceae
556	香椿	*Toona sinensis*	楝科	Meliaceae
557	红椿	*Toona ciliata*	楝科	Meliaceae
558	川楝	*Melia toosendan* Sieb. et Zucc.	楝科	Meliaceae
559	楝	*Melia azedarach*	楝科	Meliaceae
560	荷包山桂花	*Polygala arillata*	远志科	Polygalaceae
561	算盘子	*Glochidion puberum*	大戟科	Euphorbiaceae
562	湖北算盘子	*Glochidion wilsonii*	大戟科	Euphorbiaceae
563	一叶萩	*Flueggea suffruticosa*	大戟科	Euphorbiaceae
564	青灰叶下珠	*Phyllanthus glaucus*	大戟科	Euphorbiaceae
565	雀儿舌头	*Leptopus chinensis*	大戟科	Euphorbiaceae
566	重阳木	*Bischofia polycarpa*	大戟科	Euphorbiaceae
567	油桐	*Vernicia fordii*	大戟科	Euphorbiaceae
568	白背叶	*Mallotus apelta*	大戟科	Euphorbiaceae
569	野桐	*Mallotus tenuifolius*	大戟科	Euphorbiaceae
570	乌桕	*Sapium sebifera*	大戟科	Euphorbiaceae
571	山乌桕	*Sapium pleiocarpum*	大戟科	Euphorbiaceae
572	白木乌桕	*Neoshirakia japonica*	大戟科	Euphorbiaceae
573	山麻杆	*Alchornea davidii*	大戟科	Euphorbiaceae
574	锦熟黄杨	*Buxus sempervirens*	黄杨科	Buxaceae
575	黄杨	*Buxus sinica*	黄杨科	Buxaceae
576	小叶黄杨	*Buxus sinica* var. *parvifolia*	黄杨科	Buxaceae
577	雀舌黄杨	*Buxus bodinieri*	黄杨科	Buxaceae
578	南酸枣	*Choerospondias axillaris*	漆树科	Anacardiaceae
579	黄连木	*Pistacia chinensis*	漆树科	Anacardiaceae
580	盐肤木	*Rhus chinensis*	漆树科	Anacardiaceae

续表 13-1

序号	中文名	学名	科	科学名
581	火炬树	*Rhus typhina*	漆树科	Anacardiaceae
582	漆	*Toxicodendron verniciflnum*	漆树科	Anacardiaceae
583	木蜡树	*Toxicodendron sylvestre*	漆树科	Anacardiaceae
584	野漆	*Toxicodendron succedaneum*	漆树科	Anacardiaceae
585	漆树	*Toxicodendron vernicifluum* (Stokes) F. A. Barkl.	漆树科	Anacardiaceae
586	粉背黄栌	*Cotinus coggygria* var. *glaucophylla*	漆树科	Anacardiaceae
587	毛黄栌	*Cotinus coggygri*a var. *pubescens*	漆树科	Anacardiaceae
588	红叶	*Cotinus coggygria* var. *cinerea*	漆树科	Anacardiaceae
589	美国黄栌	*Cotinus obovatus*	漆树科	Anacardiaceae
590	全缘冬青	*Ilex integra*	冬青科	Aquifoliaceae
591	大叶冬青	*Ilex latifolia*	冬青科	Aquifoliaceae
592	冬青	*Ilex chinensis*	冬青科	Aquifoliaceae
593	大果冬青	*Ilex macrocarpa*	冬青科	Aquifoliaceae
594	大柄冬青	*Ilex macropoda*	冬青科	Aquifoliaceae
595	大别山冬青	*Ilex dabieshanensis*	冬青科	Aquifoliaceae
596	齿叶冬青	*Ilex crenata*	冬青科	Aquifoliaceae
597	猫儿刺	*Ilex pernyi*	冬青科	Aquifoliaceae
598	枸骨	*Ilex cornuta*	冬青科	Aquifoliaceae
599	无刺枸骨	*Ilex cornuta* 'Fortunei'	冬青科	Aquifoliaceae
600	细刺枸骨	*Ilex hylonoma*	冬青科	Aquifoliaceae
601	龟甲冬青	*Ilex crenata* var. *convexa*	冬青科	Aquifoliaceae
602	卫矛	*Euonymus alatus*	卫矛科	Celastraceae
603	垂丝卫矛	*Euonymus oxyphyllus*	卫矛科	Celastraceae
604	栓翅卫矛	*Euonymus phellomanes*	卫矛科	Celastraceae
605	白杜	*Euonymus maackii*	卫矛科	Celastraceae
606	陕西卫矛	*Euonymus schensianus*	卫矛科	Celastraceae
607	冷地卫矛	*Euonymus frigidus*	卫矛科	Celastraceae
608	石枣子	*Euonymus sanguineus*	卫矛科	Celastraceae

续表 13-1

序号	中文名	学名	科	科学名
609	小果卫矛	*Euonymus microcarpus*	卫矛科	Celastraceae
610	裂果卫矛	*Euonymus dielsianus*	卫矛科	Celastraceae
611	大花卫矛	*Euonymus grandiflorus*	卫矛科	Celastraceae
612	肉花卫矛	*Euonymus carnosus*	卫矛科	Celastraceae
613	冬青卫矛	*Euonymus japonicus*	卫矛科	Celastraceae
614	扶芳藤	*Euonymus fortunei*	卫矛科	Celastraceae
615	胶东卫矛	*Euonymus fortunei* 'Kiautschovicus'	卫矛科	Celastraceae
616	金心黄杨	*Euonymus japomcus* 'Aureo-pictus'	卫矛科	Celastraceae
617	银边黄杨	*Euonymus japonicus* var. *alba-marginata*	卫矛科	Celastraceae
618	金边卫矛	*Euonymus japanicus* var. *aureomarginata*	卫矛科	Celastraceae
619	大叶黄杨	*Buxus megistophylla* Levl.	卫矛科	Celastraceae
620	南蛇藤	*Celastrus orbiculatus*	卫矛科	Celastraceae
621	苦皮滕	*Celastrus angulatus*	卫矛科	Celastraceae
622	哥兰叶	*Celastrus gemmatus*	卫矛科	Celastraceae
623	省沽油	*Staphylea bumalda*	省沽油科	Staphyleaceae
624	膀胱果	*Staphylea holocarpa*	省沽油科	Staphyleaceae
625	野鸦椿	*Euscaphis japonica*	省沽油科	Staphyleaceae
626	元宝槭	*Acer truncatum*	槭树科	Aceraceae
627	五角枫	*Acer pictum* subsp. *mono*	槭树科	Aceraceae
628	三尖色木枫	*Acer pictum* subsp. *tricuspis*	槭树科	Aceraceae
629	鸡爪槭	*Acer palmatum*	槭树科	Aceraceae
630	羽毛枫	*Acer palmatum* 'Dissectum'	槭树科	Aceraceae
631	红枫	*Acer palmatum* 'Atropurpureum'	槭树科	Aceraceae
632	杈叶枫	*Acer ceriferum*	槭树科	Aceraceae
633	茶条槭	*Acer tataricum* subsp. *ginnala*	槭树科	Aceraceae
634	中华槭	*Acer sinense*	槭树科	Aceraceae
635	三角槭	*Acer buergerianum*	槭树科	Aceraceae
636	飞蛾槭	*Acer oblongum*	槭树科	Aceraceae

续表 13-1

序号	中文名	学名	科	科学名
637	青榨槭	*Acer davidii*	槭树科	Aceraceae
638	葛罗枫	*Acer davidii* subsp. *grosseri*	槭树科	Aceraceae
639	五尖槭	*Acer maximowiczii*	槭树科	Aceraceae
640	秦岭槭	*Acer tsinglingense*	槭树科	Aceraceae
641	血皮槭	*Acer griseum*	槭树科	Aceraceae
642	建始槭	*Acer henryi*	槭树科	Aceraceae
643	梣叶槭	*Acer negundo*	槭树科	Aceraceae
644	挪威槭	*Acer platanoides*	槭树科	Aceraceae
645	糖槭	*Acer saccharinum*	槭树科	Aceraceae
646	樟叶槭	*Acer coriaceifolium*	槭树科	Aceraceae
647	美国红枫	*Acer rubrum* L.	槭树科	Aceraceae
648	七叶树	*Aesculus chinensis*	七叶树科	Hippocastanaceae
649	天师栗	*Aesculus chinensis* var. *wilsonii*	七叶树科	Hippocastanaceae
650	欧洲七叶树	*Aesculus hippocastanum*	七叶树科	Hippocastanaceae
651	无患子	*Sapindus saponaria*	无患子科	Sapindaceae
652	栾树	*Koelreuteria paniculata*	无患子科	Sapindaceae
653	复羽叶栾树	*Koelreuteria bipinnata*	无患子科	Sapindaceae
654	黄山栾树	*Koelreuteria bipinnata* 'Integrifoliola'	无患子科	Sapindaceae
655	黄梨木	*Boniodendron minius*	无患子科	Sapindaceae
656	文冠果	*Xanthoceras sorbifolia*	无患子科	Sapindaceae
657	清风藤	*Sabia japonica*	清风藤科	Sabiaceae
658	鄂西清风藤	*Sabia campanulata* subsp. *ritchieae*	清风藤科	Sabiaceae
659	泡花树	*Meliosma cuneifolia*	清风藤科	Sabiaceae
660	多花泡花树	*Meliosma myriantha*	清风藤科	Sabiaceae
661	暖木	*Meliosma veitchiorum*	清风藤科	Sabiaceae
662	珂楠树	*Meliosma alba*	清风藤科	Sabiaceae
663	红柴枝	*Meliosma oldhamii*	清风藤科	Sabiaceae
664	对刺雀梅藤	*Sageretia pycnophylla*	鼠李科	Rhamnaceae

续表 13-1

序号	中文名	学名	科	科学名
665	长叶冻绿	*Rhamnus crenaata*	鼠李科	Rhamnaceae
666	卵叶鼠李	*Rhamnus bungeana*	鼠李科	Rhamnaceae
667	小叶鼠李	*Rhamnus parvifolis*	鼠李科	Rhamnaceae
668	锐齿鼠李	*Rhamnus arguta*	鼠李科	Rhamnaceae
669	圆叶鼠李	*Rhamnus globosa*	鼠李科	Rhamnaceae
670	薄叶鼠李	*Rhamnus leptophylla*	鼠李科	Rhamnaceae
671	鼠李	*Rhamnus davurica*	鼠李科	Rhamnaceae
672	冻绿	*Rhamnus utilis*	鼠李科	Rhamnaceae
673	柳叶鼠李	*Rhamnus erythroxylon*	鼠李科	Rhamnaceae
674	皱叶鼠李	*Rhamnus rugulosa*	鼠李科	Rhamnaceae
675	北枳椇	*Hovenia dulcis*	鼠李科	Rhamnaceae
676	枳椇	*Hovenia acerba*	鼠李科	Rhamnaceae
677	猫乳	*Rhamnella franguloides*	鼠李科	Rhamnaceae
678	多花勾儿茶	*Berchemia floribunda*	鼠李科	Rhamnaceae
679	勾儿茶	*Berchemia sinica*	鼠李科	Rhamnaceae
680	铜钱树	*Paliurus hemsleyanus*	鼠李科	Rhamnaceae
681	马甲子	*Paliurus ramosissimus*	鼠李科	Rhamnaceae
682	枣	*Zizypus jujuba*	鼠李科	Rhamnaceae
683	酸枣	*Zizypus jujuba* var. *spinosa*	鼠李科	Rhamnaceae
684	龙爪枣	*Zizypus jujuba* 'Tortuosa'	鼠李科	Rhamnaceae
685	变叶葡萄	*Vitis piasezkii*	葡萄科	Vitaceae
686	刺葡萄	*Vitis davidii*	葡萄科	Vitaceae
687	秋葡萄	*Vitis romantii*	葡萄科	Vitaceae
688	桑叶葡萄	*Vitis heyneana* subsp. *ficifolia*	葡萄科	Vitaceae
689	小叶葡萄	*Vitis sinocinerea*	葡萄科	Vitaceae
690	华北葡萄	*Vitis bryoniaefolia*	葡萄科	Vitaceae
691	毛葡萄	*Vitis heyneana*	葡萄科	Vitaceae
692	葡萄	*Vitis vinifera*	葡萄科	Vitaceae

续表 13-1

序号	中文名	学名	科	科学名
693	山葡萄	*Vitis amurensis*	葡萄科	Vitaceae
694	桦叶葡萄	*Vitis betulifolia*	葡萄科	Vitaceae
695	网脉葡萄	*Vitis wilsonae*	葡萄科	Vitaceae
696	葛藟葡萄	*Vitis flexuosa*	葡萄科	Vitaceae
697	华东葡萄	*Vitis pseudoreticulata*	葡萄科	Vitaceae
698	蛇葡萄	*Ampelopsis glandulosa*	葡萄科	Vitaceae
699	蓝果蛇葡萄	*Ampelopsis bodinieri*	葡萄科	Vitaceae
700	灰毛蛇葡萄	*Ampelopsis bodinieri* var. *cinerea*	葡萄科	Vitaceae
701	葎叶蛇葡萄	*Ampelopsis humulifolia*	葡萄科	Vitaceae
702	异叶蛇葡萄	*Ampelopsis humulifolia* var. *heterophylla*	葡萄科	Vitaceae
703	白蔹	*Ampelopsis japonica*	葡萄科	Vitaceae
704	三裂蛇葡萄	*Ampelopsis delavayana*	葡萄科	Vitaceae
705	毛三裂蛇葡萄	*Ampelopsis delavayana* var. *setulosa*	葡萄科	Vitaceae
706	掌裂蛇葡萄	*Ampelopsis delavayana* var. *glabra*	葡萄科	Vitaceae
707	乌头叶蛇葡萄	*Ampelopsis aconitifolia*	葡萄科	Vitaceae
708	地锦	*Parthenocissus tricuspidata*	葡萄科	Vitaceae
709	异叶地锦	*Parthenocissus dalzielii*	葡萄科	Vitaceae
710	三叶地锦	*Parthenocissus semicordata*	葡萄科	Vitaceae
711	五叶地锦	*Parthenocissus quinquefolia*	葡萄科	Vitaceae
712	花叶地锦	*Parthenocissus henryana*	葡萄科	Vitaceae
713	绿叶地锦	*Parthenocissus laetivirens*	葡萄科	Vitaceae
714	俞藤	*Yua thomsonii*	葡萄科	Vitaceae
715	毛叶崖爬藤	*Tetrastigma obtectum* var. *pilosum*	葡萄科	Vitaceae
716	华椴	*Tilia chinensis*	椴树科	Tiliaceae
717	南京椴	*Tilia miqueliana*	椴树科	Tiliaceae
718	华东椴	*Tilia japonica*	椴树科	Tiliaceae
719	扁担杆	*Grewia biloba*	椴树科	Tiliaceae
720	小花扁担杆	*Grewia biloba* var. *parvifolia*	椴树科	Tiliaceae

续表 13-1

序号	中文名	学名	科	科学名
721	木芙蓉	*Hibiscus mutabilis*	锦葵科	Malvaceae
722	木槿	*Hibiscus syriacus*	锦葵科	Malvaceae
723	朱槿	*Hibiscus rosa-sinensis*	锦葵科	Malvaceae
724	梧桐	*Firmiana simplex*	梧桐科	Sterculiaceae
725	河南猕猴桃	*Actinidia henanensis*	猕猴桃科	Actinidiaceae
726	狗枣猕猴桃	*Actinidia kolomikta*	猕猴桃科	Actinidiaceae
727	中华猕猴桃	*Actinidia chinensis*	猕猴桃科	Actinidiaceae
728	美味猕猴桃	*Actinidia deliciousa*	猕猴桃科	Actinidiaceae
729	油茶	*Camellia oleifera*	山茶科	Theaceae
730	山茶	*Camellia japonica*	山茶科	Theaceae
731	茶树	*Camellia sinensis*	山茶科	Theaceae
732	长喙紫茎	*Stewartia sinensis* var. *rostrata*	山茶科	Theaceae
733	厚皮香	*Ternstroemia gymnanthera*	山茶科	Theaceae
734	金丝桃	*Hypericum monogynum*	藤黄科	Guttiferae
735	金丝梅	*Hypericum patulum*	藤黄科	Guttiferae
736	柽柳	*Tamarix chinensis*	柽柳科	Tamaricaceae
737	山桐子	*Idesia polycarpa*	大风子科	Flacourtiaceae
738	毛叶山桐子	*Idesia polycarpa* var. *vestita*	大风子科	Flacourtiaceae
739	山拐枣	*Poliothyrsis sinesis*	大风子科	Flacourtiaceae
740	柞木	*Xylosma racemosum*	大风子科	Flacourtiaceae
741	芫花	*Daphne genkwa*	瑞香科	Thymelaeaceae
742	瑞香	*Daphne odora*	瑞香科	Thymelaeaceae
743	凹叶瑞香	*Daphne retusa*	瑞香科	Thymelaeaceae
744	小黄构	*Wikstroemia micrantha*	瑞香科	Thymelaeaceae
745	结香	*Edgeworthia chrysantha*	瑞香科	Thymelaeaceae
746	胡颓子	*Elaeagnus pungens*	胡颓子科	Elaeagnaceae
747	蔓胡颓子	*Elaeagnus glabra*	胡颓子科	Elaeagnaceae
748	沙枣	*Elaeagnus angustifolia*	胡颓子科	Elaeagnaceae

续表 13-1

序号	中文名	学名	科	科学名
749	牛奶子	*Elaeagnus umbellata*	胡颓子科	Elaeagnaceae
750	木半夏	*Elaeagnus multiflora*	胡颓子科	Elaeagnaceae
751	佘山羊奶子	*Elaeagnus argyi*	胡颓子科	Elaeagnaceae
752	中国沙棘	*Hippophae rhmnoides* subsp. *sinensis*	胡颓子科	Elaeagnaceae
753	紫薇	*Lagerstroemia indicate*	千屈菜科	Lythraceae
754	银薇	*Lagerstroemia indica* f.alba	千屈菜科	Lythraceae
755	南紫薇	*Lagerstroemia subcostata*	千屈菜科	Lythraceae
756	云南紫薇	*Lagerstroemia intermedia*	千屈菜科	Lythraceae
757	川黔紫薇	*Lagerstroemia excelsa*	千屈菜科	Lythraceae
758	石榴	*Punica granatum*	石榴科	Punicaceae
759	白石榴	*Punica granatum* 'Albescens'	石榴科	Punicaceae
760	月季石榴	*Punica granatum* 'Nana'	石榴科	Punicaceae
761	黄石榴	*Punica granatum* 'Flavescens'	石榴科	Punicaceae
762	重瓣白石榴	*Punica granatum* 'Multiplex'	石榴科	Punicaceae
763	重瓣红石榴	*Punica granatum* 'Planiflora'	石榴科	Punicaceae
764	玛瑙石榴	*Punica granatum* 'Lagrellei'	石榴科	Punicaceae
765	喜树	*Camptotheca acuminata*	蓝果树科	Nyssaceae
766	珙桐	*Davidia involucrata*	蓝果树科	Nyssaceae
767	八角枫	*Alangium chinense*	八角枫科	Alangiaceae
768	毛八角枫	*Alangium kurzii*	八角枫科	Alangiaceae
769	瓜木	*Alangium platanifolium*	八角枫科	Alangiaceae
770	通脱木	*Tetrapanax papyrifer*	五加科	Araliaceae
771	常春藤	*Hedera nepalensis* var. *sinensis*	五加科	Araliaceae
772	掌状常春藤	*Hedera helix* var. *digitata*	五加科	Araliaceae
773	刺楸	*Kalopanax septemlobus*	五加科	Araliaceae
774	细柱五加	*Acanthopanax gracilistylus*	五加科	Araliaceae
775	红毛五加	*Acanthopanax giraldii*	五加科	Araliaceae
776	刺五加	*Acanthopanax senticosus*	五加科	Araliaceae

续表 13-1

序号	中文名	学名	科	科学名
777	藤五加	*Acanthopanax leucorrhizus*	五加科	Araliaceae
778	毛梗糙叶五加	*Acanthopanax henryi* var. faberi	五加科	Araliaceae
779	刚毛五加	*Acanthopanax simonii*	五加科	Araliaceae
780	五加	*Acanthopanax gracilistylus*	五加科	Araliaceae
781	白簕	*Acanthopanax trifoliatus*	五加科	Araliaceae
782	两岐五加	*Acanthopanax divaricatus*	五加科	Araliaceae
783	楤木	*Aralia chinensis*	五加科	Araliaceae
784	波缘葱木	*Aralia undulata*	五加科	Araliaceae
785	湖北楤木	*Aralia hupehensis*	五加科	Araliaceae
786	八角金盘	*Fatsia japonica*（Thunb.）Decne. et Planch	五加科	Araliaceae
787	灯台树	*Bothrocaryum controversum*	山茱萸科	Cornaceae
788	红瑞木	*Swida alba*	山茱萸科	Cornaceae
789	光皮树	*Swida wilsoniana*	山茱萸科	Cornaceae
790	黑椋子	*Swida poliophylla*	山茱萸科	Cornaceae
791	小梾木	*Swida paucinervis*	山茱萸科	Cornaceae
792	梾木	*Swida macrophylla*	山茱萸科	Cornaceae
793	毛梾	*Swida walteri* Wanger	山茱萸科	Cornaceae
794	山茱萸	*Cornus officinalis*	山茱萸科	Cornaceae
795	四照花	*Dendrobenthamia japonica* var. chinensis	山茱萸科	Cornaceae
796	桃叶珊瑚	*Aucuba chinensis* Benth.	山茱萸科	Cornaceae
797	青木	*Aucuba japonica* Thunb.	山茱萸科	Cornaceae
798	洒金珊瑚	*Aucuba japonica* var. *variegata* Dombr.	山茱萸科	Cornaceae
799	秀雅杜鹃	*Rhododendron concinnum*	杜鹃花科	Ericaceae
800	河南杜鹃	*Rhododendron henanense*	杜鹃花科	Ericaceae
801	羊踯躅	*Rhododendron molle*	杜鹃花科	Ericaceae
802	满山红	*Rhododendron mariesii*	杜鹃花科	Ericaceae
803	杜鹃花	*Rhododendron simsii*	杜鹃花科	Ericaceae
804	锦绣杜鹃	*Rhododendron pulchrum* Sweet	杜鹃花科	Ericaceae

续表 13-1

序号	中文名	学名	科	科学名
805	乌饭树	*Vaccinium bracteatum*	杜鹃花科	Ericaceae
806	越桔	*Vaccinium vitis–idaea*	杜鹃花科	Ericaceae
807	蓝莓	*Vaccinium* spp.	杜鹃花科	Ericaceae
808	朱砂根	*Ardisia crenata*	紫金牛科	Myrsinaceae
809	紫金牛	*Ardisia japonica*	紫金牛科	Myrsinaceae
810	铁仔	*Myrsine africana*	紫金牛科	Myrsinaceae
811	柿	*Diospyros kaki*	柿树科	Ebeanaceae
812	油柿	*Diospyros kaki* var. *sylvesris*	柿树科	Ebeanaceae
813	野柿	*Diospyros kaki* var. *silvestris*	柿树科	Ebeanaceae
814	君迁子	*Diospyros lotus*	柿树科	Ebeanaceae
815	白檀	*Symplocos chinensis*	山矾科	Symplocaceae
816	山矾	*Symplocos sumuntia*	山矾科	Symplocaceae
817	玉铃花	*Styrax obassia*	野茉莉科	Styracaceae
818	野茉莉	*Styrax japonica*	野茉莉科	Styracaceae
819	老鸹铃	*Styrax hemsleyanus*	野茉莉科	Styracaceae
820	郁香野茉莉	*Styrax odoratissima*	野茉莉科	Styracaceae
821	灰叶野茉莉	*Styrax calvescens*	野茉莉科	Styracaceae
822	垂珠花	*Styrax dasyantha*	野茉莉科	Styracaceae
823	雪柳	*Fontanesia fortunei*	木樨科	Oleaceae
824	小叶白蜡树	*Fraxinus chinensis*	木樨科	Oleaceae
825	秦岭白蜡树	*Fraxinus paxiana*	木樨科	Oleaceae
826	宿柱白蜡树	*Fraxinus stylosa*	木樨科	Oleaceae
827	白蜡树	*Fraxinus chinensis*	木樨科	Oleaceae
828	大叶白蜡树	*Fraxinus rhynchophylla*	木樨科	Oleaceae
829	青梣	*Fraxinus pennsylvanica* var. *subintegerrima*	木樨科	Oleaceae
830	水曲柳	*Fraxinus mandschurica*	木樨科	Oleaceae
831	尖叶白蜡树	*Fraxinus chinensis* var. *acuminata*	木樨科	Oleaceae
832	光蜡树	*Fraxinus griffithii*	木樨科	Oleaceae

续表 13-1

序号	中文名	学名	科	科学名
833	湖北梣	*Fraxinus hupehensis* Chu, Shang et Su	木樨科	Oleaceae
834	连翘	*Forsythia suspensa*	木樨科	Oleaceae
835	金钟花	*Forsythia viridissima*	木樨科	Oleaceae
836	暴马丁香	*Syringa reticulata* var. *mardshurica*	木樨科	Oleaceae
837	欧洲丁香	*Syringa vulgaris*	木樨科	Oleaceae
838	华北丁香	*Syringa oblata*	木樨科	Oleaceae
839	花叶丁香	*Syringa persica*	木樨科	Oleaceae
840	小叶丁香	*Syringa microphylla*	木樨科	Oleaceae
841	紫丁香	*Syringa julianae*	木樨科	Oleaceae
842	红丁香	*Syringa villosa*	木樨科	Oleaceae
843	皱叶丁香	*Syringa mairei*	木樨科	Oleaceae
844	木樨	*Osmanthus fragrans*	木樨科	Oleaceae
845	流苏树	*Chionanthus retusus*	木樨科	Oleaceae
846	油橄榄	*Olea europaea*	木樨科	Oleaceae
847	女贞	*Ligustrum lucidum*	木樨科	Oleaceae
848	日本女贞	*Ligustrum japonicum*	木樨科	Oleaceae
849	小蜡	*Ligustrum sinense*	木樨科	Oleaceae
850	小叶女贞	*Ligustrum quihoui*	木樨科	Oleaceae
851	水蜡树	*Ligustrum obtusifolium*	木樨科	Oleaceae
852	卵叶女贞	*Ligustrum ovalifolium*	木樨科	Oleaceae
853	探春花	*Jasminum floridum*	木樨科	Oleaceae
854	迎春花	*Jasminum nudiflorum*	木樨科	Oleaceae
855	茉莉花	*Jasminum sambac*	木樨科	Oleaceae
856	蓬莱葛	*Gardneria multiflora*	马钱科	Loganiaceae
857	醉鱼草	*Buddleja lindleyana*	马钱科	Loganiaceae
858	大叶醉鱼草	*Buddleja davidii*	马钱科	Loganiaceae
859	夹竹桃	*Nerium indicum*	夹竹桃科	Apocynaceae
860	细梗络石	*Trachelospermum gracilipes*	夹竹桃科	Apocynaceae

续表 13-1

序号	中文名	学名	科	科学名
861	络石	*Trachelospermum jasminoides*	夹竹桃科	Apocynaceae
862	花叶络石	*Trachelospermum jasminoides* 'Flame'	夹竹桃科	Apocynaceae
863	杠柳	*Periploca sepium*	萝藦科	Asclepiadaceae
864	苦绳	*Dregea sinensis*	萝藦科	Asclepiadaceae
865	粗糠树	*Ehretia macrophylla*	紫草科	Boraginaceae
866	厚壳树	*Ehretia thyrsiflora*	紫草科	Boraginaceae
867	枇杷叶紫珠	*Callicarpa kochiana*	马鞭草科	Verbenaceae
868	老鸦糊	*Callicarpa giraldii*	马鞭草科	Verbenaceae
869	白棠子树	*Callicarpa dichotoma*	马鞭草科	Verbenaceae
870	紫珠	*Callicarpa bodinieri*	马鞭草科	Verbenaceae
871	华紫珠	*Callicarpa cathayana*	马鞭草科	Verbenaceae
872	日本紫珠	*Callicarpa japonica*	马鞭草科	Verbenaceae
873	豆腐柴	*Premna microphylla*	马鞭草科	Verbenaceae
874	黄荆	*Vitex negundo*	马鞭草科	Verbenaceae
875	牡荆	*Vitex negundo* var. *cannabifolia*	马鞭草科	Verbenaceae
876	荆条	*Vitex negundo* var. *heterophylla*	马鞭草科	Verbenaceae
877	臭牡丹	*Clerodendrum bungei*	马鞭草科	Verbenaceae
878	大青	*Clerodendrum cyrtophyllum*	马鞭草科	Verbenaceae
879	海州常山	*Clerodendrum trichotomum*	马鞭草科	Verbenaceae
880	兰香草	*Caryopteris incana*	马鞭草科	Verbenaceae
881	三花莸	*Caryopteris terniflora*	马鞭草科	Verbenaceae
882	枸杞	*Lycium chinense*	茄科	Solanaceae
883	宁夏枸杞	*Lycium barbarum*	茄科	Solanaceae
884	毛泡桐	*Paulownia tomentosa*	玄参科	Scrophulariaceae
885	光泡桐	*Paulownia tomentosa* var. *tsinlingensis*	玄参科	Scrophulariaceae
886	兰考泡桐	*Paulownia elongata*	玄参科	Scrophulariaceae
887	楸叶泡桐	*Paulownia catalpifolia*	玄参科	Scrophulariaceae
888	白花泡桐	*Paulownia fortunei*	玄参科	Scrophulariaceae

续表 13-1

序号	中文名	学名	科	科学名
889	梓树	*Catalpa voata*	紫葳科	Bignoniaceae
890	楸树	*Catalpa bungei*	紫葳科	Bignoniaceae
891	光灰楸	*Catalpa fargesii* f. *duclouxii*	紫葳科	Bignoniaceae
892	黄金树	*Catalpa speciosa*	紫葳科	Bignoniaceae
893	凌霄	*Campsis grandiflora*	紫葳科	Bignoniaceae
894	美洲凌霄	*Campsis radicans*	紫葳科	Bignoniaceae
895	细叶水团花	*Adina rubella*	茜草科	Rubiaceae
896	香果树	*Emmenopterys henryi*	茜草科	Rubiaceae
897	栀子	*Gardenia jasminoides*	茜草科	Rubiaceae
898	栀子花	*Gardenia jasminoides* var. *grandflora*	茜草科	Rubiaceae
899	白马骨	*Serissa serissoides*	茜草科	Rubiaceae
900	六月雪	*Serissa foetida*	茜草科	Rubiaceae
901	鸡矢藤	*Paederia scandens*	茜草科	Rubiaceae
902	毛鸡矢藤	*Paederia scandens* var. *tomentosa*	茜草科	Rubiaceae
903	接骨木	*Sambucus wiliamsii*	忍冬科	Caprifoliaceae
904	聚花荚蒾	*Viburnum glomeratum*	忍冬科	Caprifoliaceae
905	绣球荚蒾	*Viburnum macrocephalum*	忍冬科	Caprifoliaceae
906	琼花	*Viburnum macrocephalum* f. *keteleeri*	忍冬科	Caprifoliaceae
907	烟管荚蒾	*Viburnum utile*	忍冬科	Caprifoliaceae
908	皱叶荚蒾	*Viburnum rhytidophyllum*	忍冬科	Caprifoliaceae
909	合轴荚蒾	*Viburnum sympodiale*	忍冬科	Caprifoliaceae
910	珊瑚树	*Viburnum odoratissimum*	忍冬科	Caprifoliaceae
911	黑果荚蒾	*Viburnum melanocarpum*	忍冬科	Caprifoliaceae
912	北方荚蒾	*Viburnum hupehense* sp. *septentrionale*	忍冬科	Caprifoliaceae
913	荚蒾	*Viburnum dilatatum*	忍冬科	Caprifoliaceae
914	宜昌荚蒾	*Viburnum erosum*	忍冬科	Caprifoliaceae
915	鸡树条荚蒾	*Viburnum opulus* var. *calvescens*	忍冬科	Caprifoliaceae
916	八仙花	*Viburnum macrocephalum* f. *keteleeri*	忍冬科	Caprifoliaceae

续表 13-1

序号	中文名	学名	科	科学名
917	蝟实	*Kolkwitzia amabilis* Graebn.	忍冬科	Caprifoliaceae
918	糯米条	*Abelia chinensis*	忍冬科	Caprifoliaceae
919	蓪梗花	*Abelia engleriana*	忍冬科	Caprifoliaceae
920	六道木	*Abelia biflora*	忍冬科	Caprifoliaceae
921	南方六道木	*Abelia dielsii*	忍冬科	Caprifoliaceae
922	锦带花	*Weigela florida*	忍冬科	Caprifoliaceae
923	海仙花	*Weigela coraeensis*	忍冬科	Caprifoliaceae
924	黏毛忍冬	*Lonicera fargesii*	忍冬科	Caprifoliaceae
925	丁香叶忍冬	*Lonicera oblata*	忍冬科	Caprifoliaceae
926	下江忍冬	*Lonicera modesta*	忍冬科	Caprifoliaceae
927	刚毛忍冬	*Lonicera hispida*	忍冬科	Caprifoliaceae
928	苦糖果	*Lonicera fragrantissima* subsp. *standishii*	忍冬科	Caprifoliaceae
929	金花忍冬	*Lonicera chrysantha*	忍冬科	Caprifoliaceae
930	金银忍冬	*Lonicera maackii* f. *podocarpa*	忍冬科	Caprifoliaceae
931	红花金银忍冬	*Lonicera maackii* var. *erubescens*	忍冬科	Caprifoliaceae
932	忍冬	*Lonicera japonica*	忍冬科	Caprifoliaceae
933	金银花	*Lonicera japonica*	忍冬科	Caprifoliaceae
934	心叶帚菊	*Pertya cordifolia*	菊科	Compositae
935	毛竹	*Phyllostachys pubescens*	禾本科	Graminae
936	刚竹	*Phyllostachys bambusoides*	禾本科	Graminae
937	斑竹	*Phyllostachys bambusoides* f. *tanakae*	禾本科	Graminae
938	乌哺鸡竹	*Phyllostachys virax*	禾本科	Graminae
939	水竹	*Phyllostachys angusta*	禾本科	Graminae
940	早园竹	*Phyllostachys propinqua*	禾本科	Graminae
941	淡竹	*Phyllostachys glauca*	禾本科	Graminae
942	花斑竹	*Phyllostachys glauca* "Yunzhu"	禾本科	Graminae
943	紫竹	*Phyllostachys nigra*	禾本科	Graminae
944	花竹	*Phyllostachys nidularia*	禾本科	Graminae

续表 13-1

序号	中文名	学名	科	科学名
945	水竹	*Phyllostachys congesta* Rendle	禾本科	Graminae
946	直秆黎子竹	*Phyllostachys purpurata* var. *straightsttem*	禾本科	Graminae
947	罗汉竹	*Phyllostachys aurea*	禾本科	Graminae
948	苦竹	*Pleioblastus amarus*	禾本科	Graminae
949	阔叶箬竹	*Indocalamus latifolius*	禾本科	Graminae
950	箬叶竹	*Indocalamus longiauritus*	禾本科	Graminae
951	凤凰竹	*Bambusa multiplex*	禾本科	Graminae
952	孝顺竹	*Bambusa multiplex* (Lour.) Reausch.	禾本科	Graminae
953	箭竹	*Sinarundinaria nitida*	禾本科	Graminae
954	伏牛山箭竹	*Sinarundinaria nitida*	禾本科	Graminae
955	拐棍竹	*Fargesia spathacea*	禾本科	Graminae
956	棕榈	*Trachycarpus fortunei*	棕榈科	Palmae
957	蒲葵	*Livistona chinensis*	棕榈科	Palmae
958	凤尾丝兰	*Yucca gloriosa*	百合科	Liliaceae
959	华东菝葜	*Smilax sieboldii*	百合科	Liliaceae
960	菝葜	*Smilax china*	百合科	Liliaceae
961	托柄菝葜	*Smilax discotis*	百合科	Liliaceae
962	黑果菝葜	*Smilax glauco-china*	百合科	Liliaceae
963	鞘柄菝葜	*Smilax stans*	百合科	Liliaceae
964	防己叶菝葜	*Smilax menispermoidea*	百合科	Liliaceae
965	土茯苓	*Smilax glabra*	百合科	Liliaceae
966	小叶菝葜	*Smilax microphylla*	百合科	Liliaceae
967	短梗菝葜	*Smilax scobinicaulis*	百合科	Liliaceae
968	小果菝葜	*Smilax davidiana*	百合科	Liliaceae
969	苏铁	*Cycas revoluta* Thunb.	苏铁科	Cycadaceae
970	杨梅	*Myrica rubra* (Lour.) S. et Zucc.	杨梅科	Myricaceae
971	杜英	*Elaeocarpus decipiens* Hemsl.	杜英科	Elaeocarpaceae

二、驻马店市野生林木种质资源名录（种）

驻马店市野生林木种质资源名录（种）见表 13-2。

表 13-2 驻马店市野生林木种质资源名录（种）

序号	中文名	学名	科	科学名
1	银杏	*Ginkgo biloba*	银杏科	Ginkgoaceae
2	铁杉	*Tsuga chinensis*	松科	Pinaceae
3	金钱松	*Pseudolarix amabilis*	松科	Pinaceae
4	雪松	*Cedrus deodara*	松科	Pinaceae
5	华山松	*Pinus armaudi*	松科	Pinaceae
6	马尾松	*Pinus massoniana*	松科	Pinaceae
7	赤松	*Pinus densiflora*	松科	Pinaceae
8	台湾松	*Pinus tarwanensis*	松科	Pinaceae
9	油松	*Pinus tabulaeformis*	松科	Pinaceae
10	黑松	*Pinus thunbergii*	松科	Pinaceae
11	火炬松	*Pinus taeda*	松科	Pinaceae
12	湿地松	*Pinus elliotii*	松科	Pinaceae
13	杉木	*Cunninghamia lanceolata*	杉科	Taxodiaceae
14	柳杉	*Cryptomeria fortunei*	杉科	Taxodiaceae
15	日本柳杉	*Cryptomeria japonica*	杉科	Taxodiaceae
16	落羽杉	*Taxodium distichum*	杉科	Taxodiaceae
17	池杉	*Taxodium ascendens*	杉科	Taxodiaceae
18	水杉	*Metasequoia glyptostroboides*	杉科	Taxodiaceae
19	侧柏	*Platycladus orientalis*	柏科	Cupressaceae
20	千头柏	*Platycladus orientalis* 'Sieboldii'	柏科	Cupressaceae
21	日本花柏	*Chamaecyparis pisifera*	柏科	Cupressaceae
22	柏木	*Cupressus funebris*	柏科	Cupressaceae
23	北美圆柏	*Sabina virginiana*	柏科	Cupressaceae
24	圆柏	*Sabina chinensis*	柏科	Cupressaceae
25	龙柏	*Sabina chinensis* 'Kaizuca'	柏科	Cupressaceae

续表 13-2

序号	中文名	学名	科	科学名
26	垂枝圆柏	*Sabina chinensis* f. Pendula	柏科	Cupressaceae
27	粉柏	*Sabina squamata* 'Meyeri'	柏科	Cupressaceae
28	刺柏	*Juniperus formosana*	柏科	Cupressaceae
29	罗汉松	*Podocarpus macrophyllus*	罗汉松科	Podocarpaceae
30	中国粗榧	*Cephalotaxus sinensis*	粗榧科	Cephalotaxaceae
31	红豆杉	*Taxus chinensis*	红豆杉科	Taxaceae
32	南方红豆杉	*Taxus chinensis* var. *mairei*	红豆杉科	Taxaceae
33	银白杨	*Populus alba*	杨柳科	Salicaceae
34	毛白杨	*Populus tomentosa*	杨柳科	Salicaceae
35	山杨	*Populus davidiana*	杨柳科	Salicaceae
36	响叶杨	*Populus adenopoda*	杨柳科	Salicaceae
37	大叶杨	*Populus lasiocarpa*	杨柳科	Salicaceae
38	小叶杨	*Populus simonii*	杨柳科	Salicaceae
39	加杨	*Populus* × *canadensis* Moench	杨柳科	Salicaceae
40	腺柳	*Salix chaenomeloides*	杨柳科	Salicaceae
41	紫柳	*Salix wilsonii*	杨柳科	Salicaceae
42	旱柳	*Salix matsudana*	杨柳科	Salicaceae
43	垂柳	*Salix babylonica*	杨柳科	Salicaceae
44	中华柳	*Salix cathayana*	杨柳科	Salicaceae
45	大别柳	*Salix dabeshanensis*	杨柳科	Salicaceae
46	化香树	*Platycarya strobilacea*	胡桃科	Juglandaceae
47	枫杨	*Pterocarya stenoptera*	胡桃科	Juglandaceae
48	胡桃	*Juglans regia*	胡桃科	Juglandaceae
49	野胡桃	*Juglans cathayensis*	胡桃科	Juglandaceae
50	胡桃楸	*Juglans mandshurica*	胡桃科	Juglandaceae
51	美国山核桃	*Carya illenoensis*	胡桃科	Juglandaceae
52	山核桃	*Carya cathayensis*	胡桃科	Juglandaceae
53	豫白桦	*Betula honanensis*	桦木科	Betulaceae

续表 13-2

序号	中文名	学名	科	科学名
54	坚桦	*Betula chinensis*	桦木科	Betulaceae
55	桤木	*Alnus cremastogyne*	桦木科	Betulaceae
56	江南桤木	*Alnus trabeculosa*	桦木科	Betulaceae
57	榛	*Corylus heterophyllus*	桦木科	Betulaceae
58	华榛	*Corylus chinensis*	桦木科	Betulaceae
59	千金榆	*Carpinus cordata*	桦木科	Betulaceae
60	多脉鹅耳枥	*Carpinus polyneura*	桦木科	Betulaceae
61	鹅耳枥	*Carpinus turczaninowii*	桦木科	Betulaceae
62	河南鹅耳枥	*Carpinus funiushanensis*	桦木科	Betulaceae
63	雷公鹅耳枥	*Carpinus viminea*	桦木科	Betulaceae
64	虎榛	*Ostryopsis davidiana*	桦木科	Betulaceae
65	米心水青冈	*Fagus engleriana*	壳斗科	Fagaceae
66	水青冈	*Fagus longipetiolata*	壳斗科	Fagaceae
67	板栗	*Castanea mollissima*	壳斗科	Fagaceae
68	茅栗	*Castanea seguinii*	壳斗科	Fagaceae
69	栓皮栎	*Quercus variabilis*	壳斗科	Fagaceae
70	麻栎	*Quercus acutissima*	壳斗科	Fagaceae
71	小叶栎	*Quercus chenii*	壳斗科	Fagaceae
72	枹树	*Quercus glandulifera*	壳斗科	Fagaceae
73	短柄枹树	*Quercus glandulifera* var. *brevipetiolata*	壳斗科	Fagaceae
74	槲栎	*Quercus aliena*	壳斗科	Fagaceae
75	锐齿栎	*Quercus aliena* var. *acutiserrata*	壳斗科	Fagaceae
76	槲树	*Quercus dentata*	壳斗科	Fagaceae
77	白栎	*Quercus fabri*	壳斗科	Fagaceae
78	橿子栎	*Quercus baronii*	壳斗科	Fagaceae
79	青冈栎	*Cyclobalanopsis glauca*	壳斗科	Fagaceae
80	小叶青冈栎	*Cyclobalanopsis glauca*	壳斗科	Fagaceae
81	石栎	*Lithocarus glaber*	壳斗科	Fagaceae

续表 13-2

序号	中文名	学名	科	科学名
82	大果榆	*Ulmus macrocarpa*	榆科	Ulmaceae
83	榆树	*Ulmus pumila*	榆科	Ulmaceae
84	春榆	*Ulmus propinqua*	榆科	Ulmaceae
85	榔榆	*Ulmus parvifolia*	榆科	Ulmaceae
86	榉树	*Zelkova schneideriana*	榆科	Ulmaceae
87	大果榉	*Zelkova sinica*	榆科	Ulmaceae
88	光叶榉	*Zelkova serrata*	榆科	Ulmaceae
89	大叶朴	*Celtis koraiensis*	榆科	Ulmaceae
90	小叶朴	*Celtis bungeana*	榆科	Ulmaceae
91	珊瑚朴	*Celtis julianae*	榆科	Ulmaceae
92	紫弹树	*Celtis biondii*	榆科	Ulmaceae
93	朴树	*Celtis tetrandra* subsp. *sinensis*	榆科	Ulmaceae
94	糙叶树	*Aphananthe aspera*	榆科	Ulmaceae
95	青檀	*Pteroceltis tatarinowii*	榆科	Ulmaceae
96	华桑	*Morus cathayana*	桑科	Moraceae
97	桑	*Morus alba*	桑科	Moraceae
98	蒙桑	*Morus mongolica*	桑科	Moraceae
99	山桑	*Morus mongolica* var. *diabolica*	桑科	Moraceae
100	鸡桑	*Morus australis*	桑科	Moraceae
101	构树	*Broussonetia papyrifera*	桑科	Moraceae
102	小构树	*Broussonetia kazinoki*	桑科	Moraceae
103	异叶榕	*Ficus heteromorpha*	桑科	Moraceae
104	珍珠莲	*Ficus sarmenttosa* var. *henryi*	桑科	Moraceae
105	薜荔	*Ficus pumila*	桑科	Moraceae
106	爬藤榕	*Ficus sarmenttosa* var. *impressa*	桑科	Moraceae
107	柘树	*Cudrania tricuspidata*	桑科	Moraceae
108	水麻	*Debregeasia edulis*	荨麻科	Urticaceae
109	青皮木	*Schoepfia jasminodora*	铁青树科	Olacaceae

续表 13-2

序号	中文名	学名	科	科学名
110	米面蓊	*Buckleya henryi*	檀香科	Santalaceae
111	槲寄生	*Viscum coloratum*	桑寄生科	Loranthaceae
112	木通马兜铃	*Aristolochia mandshuriensis*	马兜铃科	Aristolochiaceae
113	寻骨风	*Aristolochia mollissima*	马兜铃科	Aristolochiaceae
114	木藤蓼	*Polygonum aubertii*	蓼科	Polygonaceae
115	领春木	*Euptelea pleiosperma*	昆栏树科	Trochodendraceae
116	连香树	*Cercidiphyllum japonicum*	连香树科	Cercidiphyllaceae
117	女萎	*Clematis apiifolia*	毛茛科	Ranunculaceae
118	毛果铁线莲	*Clematis peterae* var. *trichocarpa*	毛茛科	Ranunculaceae
119	扬子铁线莲	*Clematis puberula* var. *ganpiniana*	毛茛科	Ranunculaceae
120	山木通	*Clematis finetiana*	毛茛科	Ranunculaceae
121	威灵仙	*Clematis chinensis*	毛茛科	Ranunculaceae
122	太行铁线莲	*Clematis kirilowii*	毛茛科	Ranunculaceae
123	柱果铁线莲	*Clematis uncinata*	毛茛科	Ranunculaceae
124	毛萼铁线莲	*Clematis hancockiana*	毛茛科	Ranunculaceae
125	光柱铁线莲	*Clematis longistyla*	毛茛科	Ranunculaceae
126	大叶铁线莲	*Clematis heracleifolia*	毛茛科	Ranunculaceae
127	芹叶铁线莲	*Clematis aethusifolia*	毛茛科	Ranunculaceae
128	华中铁线莲	*Clematis pseudootophora*	毛茛科	Ranunculaceae
129	三叶木通	*Akebia trifoliata*	木通科	Lardizabalaceae
130	木通	*Akebia quinata*	木通科	Lardizabalaceae
131	鹰爪枫	*Holboellia coriacea*	木通科	Lardizabalaceae
132	大花牛姆瓜	*Holboellia grandiflora*	木通科	Lardizabalaceae
133	大血藤	*Sargentodoxa cuneata*	木通科	Lardizabalaceae
134	秦岭小檗	*Berberis circumserrata*	小檗科	Berberidaceae
135	十大功劳	*Mahonia fortunei*	小檗科	Berberidaceae
136	南天竹	*Nandina domestica*	小檗科	Berberidaceae
137	青牛胆	*Tinospora sagittata*	防己科	Menispermaceae

续表 13-2

序号	中文名	学名	科	科学名
138	金钱吊乌龟	*Stephania cepharantha*	防己科	Menispermaceae
139	千金藤	*Stephania japonica*	防己科	Menispermaceae
140	蝙蝠葛	*Menispermum dauricum*	防己科	Menispermaceae
141	木防己	*Cocculus trilobus*	防己科	Menispermaceae
142	荷花玉兰	*Magnolia grandiflora*	木兰科	Magnoliaceae
143	厚朴	*Magnolia officinalis*	木兰科	Magnoliaceae
144	凹叶厚朴	*Magnolia biloba*	木兰科	Magnoliaceae
145	望春玉兰	*Magnolia biondii*	木兰科	Magnoliaceae
146	辛夷	*Magnolia liliflora*	木兰科	Magnoliaceae
147	玉兰	*Magnolia denutata*	木兰科	Magnoliaceae
148	含笑花	*Michelia figo*	木兰科	Magnoliaceae
149	深山含笑	*Michelia maudiae*	木兰科	Magnoliaceae
150	鹅掌楸	*Liriodendron chinense*	木兰科	Magnoliaceae
151	红茴香	*Illicium henryi*	木兰科	Magnoliaceae
152	水青树	*Tetracentron sinense*	木兰科	Magnoliaceae
153	五味子	*Schisandra chinensis*	木兰科	Magnoliaceae
154	华中五味子	*Schisandra sphenanthera*	木兰科	Magnoliaceae
155	南五味子	*Kadsura longipedunculata*	木兰科	Magnoliaceae
156	蜡梅	*Chimonanthus praecox*	蜡梅科	Calycanthaceae
157	大叶樟	*Machilus ichangensis*	樟科	Lauraceae
158	竹叶楠	*Phoebe faberi*	樟科	Lauraceae
159	湘楠	*Phoebe hunanensis*	樟科	Lauraceae
160	樟树	*Cinnamomum camphora*	樟科	Lauraceae
161	川桂	*Cinnamomum wilsonii*	樟科	Lauraceae
162	檫木	*Sassafras tzumu*	樟科	Lauraceae
163	天目木姜子	*Litsea auriculata*	樟科	Lauraceae
164	木姜子	*Litsea pungens*	樟科	Lauraceae
165	豹皮樟	*Litsea coreana* var. *sinensis*	樟科	Lauraceae

续表 13-2

序号	中文名	学名	科	科学名
166	三桠乌药	*Lindera obtusiloba*	樟科	Lauraceae
167	绿叶甘橿	*Lindera fruticosa*	樟科	Lauraceae
168	红脉钓樟	*Lindera rubronervia*	樟科	Lauraceae
169	狭叶山胡椒	*Lindera angustifolia*	樟科	Lauraceae
170	山橿	*Lindera reflexa*	樟科	Lauraceae
171	山胡椒	*Lindera glauca*	樟科	Lauraceae
172	河南山胡椒	*Lindera henanensis*	樟科	Lauraceae
173	红果山胡椒	*Lindera erythrocarpa*	樟科	Lauraceae
174	山橿	*Lindera umbellata* var. *latifolium*	樟科	Lauraceae
175	大果山胡椒	*Lindera praecox*	樟科	Lauraceae
176	月桂	*Laurus nobilis*	樟科	Lauraceae
177	齿叶溲疏	*Deutzia crenata*	虎耳草科	Saxifragaceae
178	大花溲疏	*Deutzia grandiflora*	虎耳草科	Saxifragaceae
179	小花溲疏	*Deutzia parviflora*	虎耳草科	Saxifragaceae
180	多花溲疏	*Deutzia setchuenensis* var. *corymbiflora*	虎耳草科	Saxifragaceae
181	溲疏	*Deutzia scabra* Thunb	虎耳草科	Saxifragaceae
182	山梅花	*Philadelphus incanus*	虎耳草科	Saxifragaceae
183	华茶藨子	*Ribes fasciculatum* var. *chinense*	虎耳草科	Saxifragaceae
184	海桐	*Pittosporum tobira*	海桐科	Pittosporaceae
185	崖花海桐	*Pittosporum illicioides*	海桐科	Pittosporaceae
186	菱叶海桐	*Pittosporum truncatum*	海桐科	Pittosporaceae
187	枫香树	*Liquidambar formosana*	金缕梅科	Hamamelidaceae
188	檵木	*Loropetalum chinense*	金缕梅科	Hamamelidaceae
189	牛鼻栓	*Fortunearia sinensis*	金缕梅科	Hamamelidaceae
190	山白树	*Sinowilsonia henryi*	金缕梅科	Hamamelidaceae
191	蚊母树	*Distylium racemosum*	金缕梅科	Hamamelidaceae
192	杜仲	*Eucommia ulmoides*	杜仲科	Eucommiaceae
193	三球悬铃木	*Platanus orientalis*	悬铃木科	Platanaceae

续表 13-2

序号	中文名	学名	科	科学名
194	一球悬铃木	*Platanus occidentalis*	悬铃木科	Platanaceae
195	二球悬铃木	*Platanus acerifolia*	悬铃木科	Platanaceae
196	华北绣线菊	*Spiraea fritschiana*	蔷薇科	Rosaceae
197	珍珠绣线菊	*Spiraea thunbergii*	蔷薇科	Rosaceae
198	李叶绣线菊	*Spiraea prunifolia*	蔷薇科	Rosaceae
199	土庄绣线菊	*Spiraea pubescens*	蔷薇科	Rosaceae
200	中华绣线菊	*Spiraea chinensis*	蔷薇科	Rosaceae
201	麻叶绣线菊	*Spiraea cantoniensis*	蔷薇科	Rosaceae
202	三裂绣线菊	*Spiraea trilobata*	蔷薇科	Rosaceae
203	中华绣线菊	*Spiraea chinensis*	蔷薇科	Rosaceae
204	粉花绣线菊	*Spiraea japonica*	蔷薇科	Rosaceae
205	绣线菊	*Spiraea Salicifolia* L.	蔷薇科	Rosaceae
206	珍珠梅	*Sorbaria sorbifolia*	蔷薇科	Rosaceae
207	华空木	*Stephanandra chinensis*	蔷薇科	Rosaceae
208	白鹃梅	*Exochorda racemosa*	蔷薇科	Rosaceae
209	华中枸子	*Cotoneaster silvestrii*	蔷薇科	Rosaceae
210	平枝枸子	*Cotoneaster horizontalis*	蔷薇科	Rosaceae
211	火棘	*Pyracantha frotuneana*	蔷薇科	Rosaceae
212	山楂	*Crataegus pinnatifida*	蔷薇科	Rosaceae
213	湖北山楂	*Crataegus hupehensis*	蔷薇科	Rosaceae
214	野生楂	*Crataegus cunaeta*	蔷薇科	Rosaceae
215	华中山楂	*Crataegus wilsonii*	蔷薇科	Rosaceae
216	石楠	*Photinia serrulata*	蔷薇科	Rosaceae
217	光叶石楠	*Photinia glabra*	蔷薇科	Rosaceae
218	红叶石楠	*Photinia × fraseri*	蔷薇科	Rosaceae
219	枇杷	*Eriobotrya jopanica*	蔷薇科	Rosaceae
220	水榆花楸	*Sorbus alnifolia*	蔷薇科	Rosaceae
221	石灰花楸	*Sorbus folgneri*	蔷薇科	Rosaceae

续表 13-2

序号	中文名	学名	科	科学名
222	花楸树	*Sorbus pohuashanensis*	蔷薇科	Rosaceae
223	湖北花楸	*Sorbus hupehensis*	蔷薇科	Rosaceae
224	皱皮木瓜	*Chaenomeles speciosa*	蔷薇科	Rosaceae
225	日本木瓜	*Chaenomeles japonica*	蔷薇科	Rosaceae
226	木瓜	*Chaenomeles sisnesis*	蔷薇科	Rosaceae
227	麻梨	*Pyrus serrulata*	蔷薇科	Rosaceae
228	木梨	*Pyrus xerophila*	蔷薇科	Rosaceae
229	豆梨	*Pyrus calleryana*	蔷薇科	Rosaceae
230	白梨	*Pyrus bretschenideri*	蔷薇科	Rosaceae
231	杜梨	*Pyrus betulaefolia*	蔷薇科	Rosaceae
232	垂丝海棠	*Malus halliana*	蔷薇科	Rosaceae
233	苹果	*Malus pumila*	蔷薇科	Rosaceae
234	海棠花	*Malus spectabilis*	蔷薇科	Rosaceae
235	西府海棠	*Malus micromalus*	蔷薇科	Rosaceae
236	棣棠花	*Kerria japonica*	蔷薇科	Rosaceae
237	鸡麻	*Rhodotypos scandens*	蔷薇科	Rosaceae
238	高粱泡	*Rubus lambertianus*	蔷薇科	Rosaceae
239	灰白毛莓	*Rubus tephrodes*	蔷薇科	Rosaceae
240	三花悬钩子	*Rubus trianthus*	蔷薇科	Rosaceae
241	木莓	*Rubus swinhoei*	蔷薇科	Rosaceae
242	山莓	*Rubus corchorifolius*	蔷薇科	Rosaceae
243	盾叶莓	*Rubus peltatus*	蔷薇科	Rosaceae
244	蓬蘽	*Rubus hirsutus*	蔷薇科	Rosaceae
245	茅莓	*Rubus parvifolius*	蔷薇科	Rosaceae
246	腺花茅莓	*Rubus parvifolius* var. *adenochlamys*	蔷薇科	Rosaceae
247	腺毛莓	*Rubus adenophorus*	蔷薇科	Rosaceae
248	覆盆子	*Rubus idaeus*	蔷薇科	Rosaceae
249	白叶莓	*Rubus innominatus*	蔷薇科	Rosaceae

续表 13-2

序号	中文名	学名	科	科学名
250	插田泡	*Rubus coreanus*	蔷薇科	Rosaceae
251	毛叶插田泡	*Rubus coreanus* var. *tomentosus*	蔷薇科	Rosaceae
252	华中悬钩子	*Rubus cockburnianus*	蔷薇科	Rosaceae
253	弓茎悬钩子	*Rubus flosculosus*	蔷薇科	Rosaceae
254	寒莓	*Rubus buergeri* Miq.	蔷薇科	Rosaceae
255	金樱子	*Rosa laevigata*	蔷薇科	Rosaceae
256	小果蔷薇	*Rosa cymosa*	蔷薇科	Rosaceae
257	月季	*Rosa chinensis*	蔷薇科	Rosaceae
258	野蔷薇	*Rosa multiflora*	蔷薇科	Rosaceae
259	软条七蔷薇	*Rosa henryi*	蔷薇科	Rosaceae
260	悬钩子蔷薇	*Rosa rubus*	蔷薇科	Rosaceae
261	黄刺玫	*Rosa xanthina*	蔷薇科	Rosaceae
262	拟木香	*Rosa banksiopsis*	蔷薇科	Rosaceae
263	榆叶梅	*Amygdalus triloba*	蔷薇科	Rosaceae
264	山桃	*Amygdalus davidiana*	蔷薇科	Rosaceae
265	桃	*Amygdalus persica*	蔷薇科	Rosaceae
266	杏	*Armeniaca vulgaris*	蔷薇科	Rosaceae
267	野杏	*Armeniaca vulgaris* var. *ansu*	蔷薇科	Rosaceae
268	山杏	*Armeniaca sibirica*	蔷薇科	Rosaceae
269	梅	*Armeniaca mume*	蔷薇科	Rosaceae
270	白梅	*Prunus mume* f. *alba*	蔷薇科	Rosaceae
271	李	*Prunus salicina*	蔷薇科	Rosaceae
272	尾叶樱桃	*Cerasus dielsiana*	蔷薇科	Rosaceae
273	樱桃	*Cerasus pseudocerasus*	蔷薇科	Rosaceae
274	山樱花	*Cerasus serrulata*	蔷薇科	Rosaceae
275	毛樱桃	*Cerasus tomentosa*	蔷薇科	Rosaceae
276	郁李	*Cerasus japonica*	蔷薇科	Rosaceae
277	麦李	*Cerasus glandulosa*	蔷薇科	Rosaceae

续表 13-2

序号	中文名	学名	科	科学名
278	橉木	*Padus buergeriana*	蔷薇科	Rosaceae
279	稠李	*Padus avium*	蔷薇科	Rosaceae
280	毛叶稠李	*Padus avium* var. *pubescens*	蔷薇科	Rosaceae
281	臭樱	*Maddenia hypoleuca*	蔷薇科	Rosaceae
282	山槐	*Albizzia kalkora*	豆科	Leguminosae
283	合欢	*Albizzia julibrissin*	豆科	Leguminosae
284	皂荚	*Gleditsia sinensis*	豆科	Leguminosae
285	野皂荚	*Gleditsia microphylla*	豆科	Leguminosae
286	山皂荚	*Gleditsia japonica*	豆科	Leguminosae
287	云实	*Caesalpinia decapetala*	豆科	Leguminosae
288	湖北紫荆	*Cercis glabra*	豆科	Leguminosae
289	紫荆	*Cercis chinensis*	豆科	Leguminosae
290	槐	*Sophora japonica*	豆科	Leguminosae
291	苦参	*Sophora flavescens*	豆科	Leguminosae
292	小花香槐	*Cladrastis delavayi*	豆科	Leguminosae
293	光叶马鞍树	*Maackia tenuifolia*	豆科	Leguminosae
294	马鞍树	*Maackia hupehenisis*	豆科	Leguminosae
295	华东木蓝	*Indigofera fortunei*	豆科	Leguminosae
296	花木蓝	*Indigofera kirilowii*	豆科	Leguminosae
297	苏木蓝	*Indigofera carlesii*	豆科	Leguminosae
298	多花木蓝	*Indigofera amblyantha*	豆科	Leguminosae
299	木蓝	*Indigofera tinctoria*	豆科	Leguminosae
300	河北木蓝	*Indigofera bungeana*	豆科	Leguminosae
301	马棘	*Indigofera pseudotinctoria*	豆科	Leguminosae
302	紫穗槐	*Amorpha fruticosa*	豆科	Leguminosae
303	多花紫藤	*Wisteria floribunda*	豆科	Leguminosae
304	紫藤	*Wisteria sirensis*	豆科	Leguminosae
305	刺槐	*Robinia pseudoacacia*	豆科	Leguminosae

续表 13-2

序号	中文名	学名	科	科学名
306	毛刺槐	*Robinia hispida*	豆科	Leguminosae
307	锦鸡儿	*Caragana sinica*	豆科	Leguminosae
308	小槐花	*Ohwia caudata*	豆科	Leguminosae
309	长波叶山蚂蝗	*Desmodium sequax*	豆科	Leguminosae
310	长柄山蚂蝗	*Hylodesmum podocarpum*	豆科	Leguminosae
311	宽卵叶长柄山蚂蝗	*Hylodesmum podocarpum* subsp. *fallax*	豆科	Leguminosae
312	尖叶长柄山蚂蝗	*Hylodesmum podocarpum* subsp. *oxyphyllum*	豆科	Leguminosae
313	胡枝子	*Lespedzea bicolor*	豆科	Leguminosae
314	美丽胡枝子	*Lespedzea thunbergii* subsp. *formosa*	豆科	Leguminosae
315	短梗胡枝子	*Lespedzea cyrtobotrya*	豆科	Leguminosae
316	绿叶胡枝子	*Lespedzea buergeri*	豆科	Leguminosae
317	细梗胡枝子	*Lespedzea virgata*	豆科	Leguminosae
318	绒毛胡枝子	*Lespedzea tomentosa*	豆科	Leguminosae
319	多花胡枝子	*Lespedzea floribunda*	豆科	Leguminosae
320	长叶铁扫帚	*Lespedzea caraganae*	豆科	Leguminosae
321	赵公鞭	*Lespedzea hedysaroides*	豆科	Leguminosae
322	截叶铁扫帚	*Lespedzea cuneata*	豆科	Leguminosae
323	阴山胡枝子	*Lespedzea inschanica*	豆科	Leguminosae
324	铁马鞭	*Lespedzea pilosa*	豆科	Leguminosae
325	中华胡枝子	*Lespedzea chinensis*	豆科	Leguminosae
326	白花杭子梢	*Campylotropis macrocarpa* f. *alba*	豆科	Leguminosae
327	杭子梢	*Campylotropis macrocarpa*	豆科	Leguminosae
328	葛	*Pueraria montana*	豆科	Leguminosae
329	黄檀	*Dalbergia hupeana*	豆科	Leguminosae
330	棟叶吴萸	*Tetradium glabrifolium*	芸香科	Rutaceae
331	吴茱萸	*Tetradium ruticarpum*	芸香科	Rutaceae
332	臭檀吴萸	*Tetradium daniellii*	芸香科	Rutaceae
333	异叶花椒	*Zanthoxylum ovalifolium*	芸香科	Rutaceae

续表 13-2

序号	中文名	学名	科	科学名
334	竹叶花椒	*Zanthoxylum armatum*	芸香科	Rutaceae
335	野花椒	*Zanthoxylum simulans*	芸香科	Rutaceae
336	花椒	*Zanthoxylum bunngeanum*	芸香科	Rutaceae
337	朵花椒	*Zanthoxylum molle*	芸香科	Rutaceae
338	椿叶花椒	*Zanthoxylum ailanthoides*	芸香科	Rutaceae
339	小花花椒	*Zanthoxylum mieranthum*	芸香科	Rutaceae
340	青花椒	*Zanthoxylum schinifolium*	芸香科	Rutaceae
341	臭常山	*Orixa japonic*	芸香科	Rutaceae
342	枳	*Poncirus trifoliata*	芸香科	Rutaceae
343	苦木	*Picrasma quassioides*	苦木科	Simarubaceae
344	刺臭椿	*Ailanthus vilmoriniana*	苦木科	Simarubaceae
345	臭椿	*Ailanthus altissima*	苦木科	Simarubaceae
346	香椿	*Toona sinensis*	楝科	Meliaceae
347	楝	*Melia azedarach*	楝科	Meliaceae
348	算盘子	*Glochidion puberum*	大戟科	Euphorbiaceae
349	湖北算盘子	*Glochidion wilsonii*	大戟科	Euphorbiaceae
350	一叶萩	*Flueggea suffruticosa*	大戟科	Euphorbiaceae
351	青灰叶下珠	*Phyllanthus glaucus*	大戟科	Euphorbiaceae
352	雀儿舌头	*Leptopus chinensis*	大戟科	Euphorbiaceae
353	重阳木	*Bischofia polycarpa*	大戟科	Euphorbiaceae
354	油桐	*Vernicia fordii*	大戟科	Euphorbiaceae
355	白背叶	*Mallotus apelta*	大戟科	Euphorbiaceae
356	野桐	*Mallotus tenuifolius*	大戟科	Euphorbiaceae
357	乌桕	*Sapium sebifera*	大戟科	Euphorbiaceae
358	白木乌桕	*Neoshirakia japonica*	大戟科	Euphorbiaceae
359	山麻杆	*Alchornea davidii*	大戟科	Euphorbiaceae
360	黄杨	*Buxus sinica*	黄杨科	Buxaceae
361	小叶黄杨	*Buxus sinica* var. *parvifolia*	黄杨科	Buxaceae

续表 13-2

序号	中文名	学名	科	科学名
362	黄连木	*Pistacia chinensis*	漆树科	Anacardiaceae
363	盐肤木	*Rhus chinensis*	漆树科	Anacardiaceae
364	漆	*Toxicodendron verniciflnum*	漆树科	Anacardiaceae
365	野漆	*Toxicodendron succedaneum*	漆树科	Anacardiaceae
366	漆树	*Toxicodendron vernicifluum* (Stokes) F. A. Barkl.	漆树科	Anacardiaceae
367	粉背黄栌	*Cotinus coggygria* var. *glaucophylla*	漆树科	Anacardiaceae
368	毛黄栌	*Cotinus coggygria* var. *pubescens*	漆树科	Anacardiaceae
369	红叶	*Cotinus coggygria* var. *cinerea*	漆树科	Anacardiaceae
370	冬青	*Ilex chinensis*	冬青科	Aquifoliaceae
371	大果冬青	*Ilex macrocarpa*	冬青科	Aquifoliaceae
372	大柄冬青	*Ilex macropoda*	冬青科	Aquifoliaceae
373	齿叶冬青	*Ilex crenata*	冬青科	Aquifoliaceae
374	枸骨	*Ilex cornuta*	冬青科	Aquifoliaceae
375	龟甲冬青	*Ilex crenata* var. *convexa*	冬青科	Aquifoliaceae
376	卫矛	*Euonymus alatus*	卫矛科	Celastraceae
377	栓翅卫矛	*Euonymus phellomanes*	卫矛科	Celastraceae
378	白杜	*Euonymus maackii*	卫矛科	Celastraceae
379	石枣子	*Euonymus sanguineus*	卫矛科	Celastraceae
380	裂果卫矛	*Euonymus dielsianus*	卫矛科	Celastraceae
381	肉花卫矛	*Euonymus carnosus*	卫矛科	Celastraceae
382	冬青卫矛	*Euonymus japonicus*	卫矛科	Celastraceae
383	扶芳藤	*Euonymus fortunei*	卫矛科	Celastraceae
384	胶东卫矛	*Euonymus fortunei* 'Kiautschovicus'	卫矛科	Celastraceae
385	大叶黄杨	*Buxus megistophylla* Levl.	卫矛科	Celastraceae
386	南蛇藤	*Celastrus orbiculatus*	卫矛科	Celastraceae
387	苦皮滕	*Celastrus angulatus*	卫矛科	Celastraceae
388	哥兰叶	*Celastrus gemmatus*	卫矛科	Celastraceae
389	省油	*Staphylea bumalda*	省沽油科	Staphyleaceae

续表 13-2

序号	中文名	学名	科	科学名
390	膀胱果	*Staphylea holocarpa*	省沽油科	Staphyleaceae
391	野鸦椿	*Euscaphis japonica*	省沽油科	Staphyleaceae
392	元宝槭	*Acer truncatum*	槭树科	Aceraceae
393	五角枫	*Acer pictum* subsp. *mono*	槭树科	Aceraceae
394	鸡爪槭	*Acer palmatum*	槭树科	Aceraceae
395	杈叶枫	*Acer ceriferum*	槭树科	Aceraceae
396	茶条槭	*Acer tataricum* subsp. *ginnala*	槭树科	Aceraceae
397	中华槭	*Acer sinense*	槭树科	Aceraceae
398	三角槭	*Acer buergerianum*	槭树科	Aceraceae
399	飞蛾槭	*Acer oblongum*	槭树科	Aceraceae
400	青榨槭	*Acer davidii*	槭树科	Aceraceae
401	葛罗枫	*Acer davidii* subsp. *grosseri*	槭树科	Aceraceae
402	血皮槭	*Acer griseum*	槭树科	Aceraceae
403	建始槭	*Acer henryi*	槭树科	Aceraceae
404	梣叶槭	*Acer negundo*	槭树科	Aceraceae
405	七叶树	*Aesculus chinensis*	七叶树科	Hippocastanaceae
406	天师栗	*Aesculus chinensis* var. *wilsonii*	七叶树科	Hippocastanaceae
407	无患子	*Sapindus saponaria*	无患子科	Sapindaceae
408	栾树	*Koelreuteria paniculata*	无患子科	Sapindaceae
409	复羽叶栾树	*Koelreuteria bipinnata*	无患子科	Sapindaceae
410	黄山栾树	*Koelreuteria bipinnata* 'Integrifoliola'	无患子科	Sapindaceae
411	清风藤	*Sabia japonica*	清风藤科	Sabiaceae
412	鄂西清风藤	*Sabia campanulata* subsp. *ritchieae*	清风藤科	Sabiaceae
413	泡花树	*Meliosma cuneifolia*	清风藤科	Sabiaceae
414	暖木	*Meliosma veitchiorum*	清风藤科	Sabiaceae
415	珂楠树	*Meliosma alba*	清风藤科	Sabiaceae
416	红柴枝	*Meliosma oldhamii*	清风藤科	Sabiaceae
417	对刺雀梅藤	*Sageretia pycnophylla*	鼠李科	Rhamnaceae

续表 13-2

序号	中文名	学名	科	科学名
418	长叶冻绿	*Rhamnus crenaata*	鼠李科	Rhamnaceae
419	卵叶鼠李	*Rhamnus bungeana*	鼠李科	Rhamnaceae
420	小叶鼠李	*Rhamnus parvifolis*	鼠李科	Rhamnaceae
421	锐齿鼠李	*Rhamnus arguta*	鼠李科	Rhamnaceae
422	圆叶鼠李	*Rhamnus globosa*	鼠李科	Rhamnaceae
423	薄叶鼠李	*Rhamnus leptophylla*	鼠李科	Rhamnaceae
424	鼠李	*Rhamnus davurica*	鼠李科	Rhamnaceae
425	冻绿	*Rhamnus utilis*	鼠李科	Rhamnaceae
426	皱叶鼠李	*Rhamnus rugulosa*	鼠李科	Rhamnaceae
427	北枳椇	*Hovenia dulcis*	鼠李科	Rhamnaceae
428	枳椇	*Hovenia acerba*	鼠李科	Rhamnaceae
429	猫乳	*Rhamnella franguloides*	鼠李科	Rhamnaceae
430	多花勾儿茶	*Berchemia floribunda*	鼠李科	Rhamnaceae
431	勾儿茶	*Berchemia sinica*	鼠李科	Rhamnaceae
432	铜钱树	*Paliurus hemsleyanus*	鼠李科	Rhamnaceae
433	马甲子	*Paliurus ramosissimus*	鼠李科	Rhamnaceae
434	枣	*Zizypus jujuba*	鼠李科	Rhamnaceae
435	酸枣	*Zizypus jujuba* var. *spinosa*	鼠李科	Rhamnaceae
436	变叶葡萄	*Vitis piasezkii*	葡萄科	Vitaceae
437	刺葡萄	*Vitis davidii*	葡萄科	Vitaceae
438	秋葡萄	*Vitis romantii*	葡萄科	Vitaceae
439	桑叶葡萄	*Vitis heyneana* subsp. *ficifolia*	葡萄科	Vitaceae
440	小叶葡萄	*Vitis sinocinerea*	葡萄科	Vitaceae
441	华北葡萄	*Vitis bryoniaefolia*	葡萄科	Vitaceae
442	毛葡萄	*Vitis heyneana*	葡萄科	Vitaceae
443	葡萄	*Vitis vinifera*	葡萄科	Vitaceae
444	山葡萄	*Vitis amurensis*	葡萄科	Vitaceae
445	桦叶葡萄	*Vitis betulifolia*	葡萄科	Vitaceae

续表 13-2

序号	中文名	学名	科	科学名
446	网脉葡萄	*Vitis wilsonae*	葡萄科	Vitaceae
447	葛藟葡萄	*Vitis flexuosa*	葡萄科	Vitaceae
448	华东葡萄	*Vitis pseudoreticulata*	葡萄科	Vitaceae
449	蛇葡萄	*Ampelopsis glandulosa*	葡萄科	Vitaceae
450	蓝果蛇葡萄	*Ampelopsis bodinieri*	葡萄科	Vitaceae
451	灰毛蛇葡萄	*Ampelopsis bodinieri* var. *cinerea*	葡萄科	Vitaceae
452	葎叶蛇葡萄	*Ampelopsis humulifolia*	葡萄科	Vitaceae
453	异叶蛇葡萄	*Ampelopsis humulifolia* var. *heterophylla*	葡萄科	Vitaceae
454	白蔹	*Ampelopsis japonica*	葡萄科	Vitaceae
455	三裂蛇葡萄	*Ampelopsis delavayana*	葡萄科	Vitaceae
456	毛三裂蛇葡萄	*Ampelopsis delavayana* var. *setulosa*	葡萄科	Vitaceae
457	乌头叶蛇葡萄	*Ampelopsis aconitifolia*	葡萄科	Vitaceae
458	地锦	*Parthenocissus tricuspidata*	葡萄科	Vitaceae
459	异叶地锦	*Parthenocissus dalzielii*	葡萄科	Vitaceae
460	三叶地锦	*Parthenocissus semicordata*	葡萄科	Vitaceae
461	五叶地锦	*Parthenocissus quinquefolia*	葡萄科	Vitaceae
462	俞藤	*Yua thomsonii*	葡萄科	Vitaceae
463	南京椴	*Tilia miqueliana*	椴树科	Tiliaceae
464	华东椴	*Tilia japonica*	椴树科	Tiliaceae
465	扁担杆	*Grewia biloba*	椴树科	Tiliaceae
466	小花扁担杆	*Grewia biloba* var. *parvifolia*	椴树科	Tiliaceae
467	木槿	*Hibiscus syriacus*	锦葵科	Malvaceae
468	梧桐	*Firmiana simplex*	梧桐科	Sterculiaceae
469	狗枣猕猴桃	*Actinidia kolomikta*	猕猴桃科	Actinidiaceae
470	中华猕猴桃	*Actinidia chinensis*	猕猴桃科	Actinidiaceae
471	油茶	*Camellia oleifera*	山茶科	Theaceae
472	山茶	*Camellia japonica*	山茶科	Theaceae
473	茶树	*Camellia sinensis*	山茶科	Theaceae

续表 13-2

序号	中文名	学名	科	科学名
474	长喙紫茎	*Stewartia sinensis* var. *rostrata*	山茶科	Theaceae
475	金丝桃	*Hypericum monogynum*	藤黄科	Guttiferae
476	山桐子	*Idesia polycarpa*	大风子科	Flacourtiaceae
477	山拐枣	*Poliothyrsis sinesis*	大风子科	Flacourtiaceae
478	柞木	*Xylosma racemosum*	大风子科	Flacourtiaceae
479	芫花	*Daphne genkwa*	瑞香科	Thymelaeaceae
480	凹叶瑞香	*Daphne retusa*	瑞香科	Thymelaeaceae
481	小黄构	*Wikstroemia micrantha*	瑞香科	Thymelaeaceae
482	结香	*Edgeworthia chrysantha*	瑞香科	Thymelaeaceae
483	胡颓子	*Elaeagnus pungens*	胡颓子科	Elaeagnaceae
484	蔓胡颓子	*Elaeagnus glabra*	胡颓子科	Elaeagnaceae
485	牛奶子	*Elaeagnus umbellata*	胡颓子科	Elaeagnaceae
486	木半夏	*Elaeagnus multiflora*	胡颓子科	Elaeagnaceae
487	佘山羊奶子	*Elaeagnus argyi*	胡颓子科	Elaeagnaceae
488	紫薇	*Lagerstroemia indicate*	千屈菜科	Lythraceae
489	南紫薇	*Lagerstroemia subcostata*	千屈菜科	Lythraceae
490	石榴	*Punica granatum*	石榴科	Punicaceae
491	喜树	*Camptotheca acuminata*	蓝果树科	Nyssaceae
492	八角枫	*Alangium chinense*	八角枫科	Alangiaceae
493	毛八角枫	*Alangium kurzii*	八角枫科	Alangiaceae
494	瓜木	*Alangium platanifolium*	八角枫科	Alangiaceae
495	通脱木	*Tetrapanax papyrifer*	五加科	Araliaceae
496	常春藤	*Hedera nepalensis* var. *sinensis*	五加科	Araliaceae
497	刺楸	*Kalopanax septemlobus*	五加科	Araliaceae
498	红毛五加	*Acanthopanax giraldii*	五加科	Araliaceae
499	刺五加	*Acanthopanax senticosus*	五加科	Araliaceae
500	藤五加	*Acanthopanax leucorrhizus*	五加科	Araliaceae
501	刚毛五加	*Acanthopanax simonii*	五加科	Araliaceae

续表 13-2

序号	中文名	学名	科	科学名
502	五加	*Acanthopanax gracilistylus*	五加科	Araliaceae
503	白簕	*Acanthopanax trifoliatus*	五加科	Araliaceae
504	两岐五加	*Acanthopanax divaricatus*	五加科	Araliaceae
505	楤木	*Aralia chinensis*	五加科	Araliaceae
506	湖北楤木	*Aralia hupehensis*	五加科	Araliaceae
507	八角金盘	*Fatsia japonica*（Thunb.）Decne. et Planch	五加科	Araliaceae
508	灯台树	*Bothrocaryum controversum*	山茱萸科	Cornaceae
509	红瑞木	*Swida alba*	山茱萸科	Cornaceae
510	黑椋了	*Swida poliophylla*	山茱萸科	Cornaceae
511	梾木	*Swida macrophylla*	山茱萸科	Cornaceae
512	毛梾	*Swida walteri* Wanger	山茱萸科	Cornaceae
513	山茱萸	*Cornus officinalis*	山茱萸科	Cornaceae
514	四照花	*Dendrobenthamia japonica* var. *chinensis*	山茱萸科	Cornaceae
515	桃叶珊瑚	*Aucuba chinensis* Benth.	山茱萸科	Cornaceae
516	青木	*Aucuba japonica* Thunb.	山茱萸科	Cornaceae
517	羊踯躅	*Rhododendron molle*	杜鹃花科	Ericaceae
518	满山红	*Rhododendron mariesii*	杜鹃花科	Ericaceae
519	杜鹃花	*Rhododendron simsii*	杜鹃花科	Ericaceae
520	乌饭树	*Vaccinium bracteatum*	杜鹃花科	Ericaceae
521	紫金牛	*Ardisia japonica*	紫金牛科	Myrsinaceae
522	铁仔	*Myrsine africana*	紫金牛科	Myrsinaceae
523	柿	*Diospyros kaki*	柿树科	Ebeanaceae
524	野柿	*Diospyros kaki* var. *silvestris*	柿树科	Ebeanaceae
525	君迁子	*Diospyros lotus*	柿树科	Ebeanaceae
526	白檀	*Symplocos chinensis*	山矾科	Symplocaceae
527	山矾	*Symplocos sumuntia*	山矾科	Symplocaceae
528	玉铃花	*Styrax obassia*	野茉莉科	Styracaceae
529	野茉莉	*Styrax japonica*	野茉莉科	Styracaceae

续表 13-2

序号	中文名	学名	科	科学名
530	老鸹铃	*Styrax hemsleyanus*	野茉莉科	Styracaceae
531	郁香野茉莉	*Styrax odoratissima*	野茉莉科	Styracaceae
532	灰叶野茉莉	*Styrax calvescens*	野茉莉科	Styracaceae
533	垂珠花	*Styrax dasyantha*	野茉莉科	Styracaceae
534	雪柳	*Fontanesia fortunei*	木樨科	Oleaceae
535	小叶白蜡树	*Fraxinus chinensis*	木樨科	Oleaceae
536	白蜡树	*Fraxinus chinensis*	木樨科	Oleaceae
537	连翘	*Forsythia suspensa*	木樨科	Oleaceae
538	金钟花	*Forsythia viridissima*	木樨科	Oleaceae
539	暴马丁香	*Syringa reticulata* var. *mardshurica*	木樨科	Oleaceae
540	紫丁香	*Syringa julianae*	木樨科	Oleaceae
541	木樨	*Osmanthus fragrans*	木樨科	Oleaceae
542	流苏树	*Chionanthus retusus*	木樨科	Oleaceae
543	女贞	*Ligustrum lucidum*	木樨科	Oleaceae
544	小蜡	*Ligustrum sinense*	木樨科	Oleaceae
545	小叶女贞	*Ligustrum quihoui*	木樨科	Oleaceae
546	水蜡树	*Ligustrum obtusifolium*	木樨科	Oleaceae
547	蓬莱葛	*Gardneria multiflora*	马钱科	Loganiaceae
548	醉鱼草	*Buddleja lindleyana*	马钱科	Loganiaceae
549	大叶醉鱼草	*Buddleja davidii*	马钱科	Loganiaceae
550	细梗络石	*Trachelospermum gracilipes*	夹竹桃科	Apocynaceae
551	络石	*Trachelospermum jasminoides*	夹竹桃科	Apocynaceae
552	杠柳	*Periploca sepium*	萝藦科	Asclepiadaceae
553	苦绳	*Dregea sinensis*	萝藦科	Asclepiadaceae
554	粗糠树	*Ehretia macrophylla*	紫草科	Boraginaceae
555	厚壳树	*Ehretia thyrsiflora*	紫草科	Boraginaceae
556	老鸦糊	*Callicarpa giraldii*	马鞭草科	Verbenaceae
557	白棠子树	*Callicarpa dichotoma*	马鞭草科	Verbenaceae

续表 13-2

序号	中文名	学名	科	科学名
558	紫珠	*Callicarpa bodinieri*	马鞭草科	Verbenaceae
559	华紫珠	*Callicarpa cathayana*	马鞭草科	Verbenaceae
560	日本紫珠	*Callicarpa japonica*	马鞭草科	Verbenaceae
561	豆腐柴	*Premna microphylla*	马鞭草科	Verbenaceae
562	黄荆	*Vitex negundo*	马鞭草科	Verbenaceae
563	牡荆	*Vitex negundo* var. *cannabifolia*	马鞭草科	Verbenaceae
564	荆条	*Vitex negundo* var. *heterophylla*	马鞭草科	Verbenaceae
565	臭牡丹	*Clerodendrum bungei*	马鞭草科	Verbenaceae
566	海州常山	*Clerodendrum trichotomum*	马鞭草科	Verbenaceae
567	兰香草	*Caryopteris incana*	马鞭草科	Verbenaceae
568	三花莸	*Caryopteris terniflora*	马鞭草科	Verbenaceae
569	枸杞	*Lycium chinense*	茄科	Solanaceae
570	毛泡桐	*Paulownia tomentosa*	玄参科	Scrophulariaceae
571	光泡桐	*Paulownia tomentosa* var. *tsinlingensis*	玄参科	Scrophulariaceae
572	兰考泡桐	*Paulownia elongata*	玄参科	Scrophulariaceae
573	楸叶泡桐	*Paulownia catalpifolia*	玄参科	Scrophulariaceae
574	白花泡桐	*Paulownia fortunei*	玄参科	Scrophulariaceae
575	梓树	*Catalpa voata*	紫葳科	Bignoniaceae
576	楸树	*Catalpa bungei*	紫葳科	Bignoniaceae
577	凌霄	*Campasis grandiflora*	紫葳科	Bignoniaceae
578	细叶水团花	*Adina rubella*	茜草科	Rubiaceae
579	香果树	*Emmenopterys henryi*	茜草科	Rubiaceae
580	栀子	*Gardenia jasminoides*	茜草科	Rubiaceae
581	白马骨	*Serissa serissoides*	茜草科	Rubiaceae
582	六月雪	*Serissa foetida*	茜草科	Rubiaceae
583	鸡矢藤	*Paederia scandens*	茜草科	Rubiaceae
584	毛鸡矢藤	*Paederia scandens* var. *tomentosa*	茜草科	Rubiaceae
585	接骨木	*Sambucus wiliamsii*	忍冬科	Caprifoliaceae

续表 13-2

序号	中文名	学名	科	科学名
586	聚花荚蒾	*Viburnum glomeratum*	忍冬科	Caprifoliaceae
587	烟管荚蒾	*Viburnum utile*	忍冬科	Caprifoliaceae
588	皱叶荚蒾	*Viburnum rhytidophyllum*	忍冬科	Caprifoliaceae
589	合轴荚蒾	*Viburnum sympodiale*	忍冬科	Caprifoliaceae
590	珊瑚树	*Viburnum odoratissimum*	忍冬科	Caprifoliaceae
591	黑果荚蒾	*Viburnum melanocarpum*	忍冬科	Caprifoliaceae
592	北方荚蒾	*Viburnum hupehense sp. septentrionale*	忍冬科	Caprifoliaceae
593	荚蒾	*Viburnum dilatatum*	忍冬科	Caprifoliaceae
594	宜昌荚蒾	*Viburnum erosum*	忍冬科	Caprifoliaceae
595	鸡树条荚蒾	*Viburnum opulus* var. *calvescens*	忍冬科	Caprifoliaceae
596	蝟实	*Kolkwitzia amabilis* Graebn.	忍冬科	Caprifoliaceae
597	糯米条	*Abelia chinensis*	忍冬科	Caprifoliaceae
598	蓪梗花	*Abelia engleriana*	忍冬科	Caprifoliaceae
599	南方六道木	*Abelia dielsii*	忍冬科	Caprifoliaceae
600	锦带花	*Weigela florida*	忍冬科	Caprifoliaceae
601	黏毛忍冬	*Lonicera fargesii*	忍冬科	Caprifoliaceae
602	下江忍冬	*Lonicera modesta*	忍冬科	Caprifoliaceae
603	刚毛忍冬	*Lonicera hispida*	忍冬科	Caprifoliaceae
604	苦糖果	*Lonicera fragrantissima* subsp. *standishii*	忍冬科	Caprifoliaceae
605	金花忍冬	*Lonicera chrysantha*	忍冬科	Caprifoliaceae
606	金银忍冬	*Lonicera maackii* f. *podocarpa*	忍冬科	Caprifoliaceae
607	忍冬	*Lonicera japonica*	忍冬科	Caprifoliaceae
608	金银花	*Lonicera japonica*	忍冬科	Caprifoliaceae
609	心叶帚菊	*Pertya cordifolia*	菊科	Compositae
610	毛竹	*Phyllostachys pubescens*	禾本科	Graminae
611	刚竹	*Phyllostachys bambusoides*	禾本科	Graminae
612	早园竹	*Phyllostachys propinqua*	禾本科	Graminae
613	淡竹	*Phyllostachys glauca*	禾本科	Graminae

续表 13-2

序号	中文名	学名	科	科学名
614	水竹	*Phyllostachys congesta* Rendle	禾本科	Graminae
615	苦竹	*Pleioblastus amarus*	禾本科	Graminae
616	阔叶箬竹	*Indocalamus latifolius*	禾本科	Graminae
617	箬叶竹	*Indocalamus longiauritus*	禾本科	Graminae
618	箭竹	*Sinarundinaria nitida*	禾本科	Graminae
619	棕榈	*Trachycarpus fortunei*	棕榈科	Palmae
620	华东菝葜	*Smilax sieboldii*	百合科	Liliaceae
621	菝葜	*Smilax china*	百合科	Liliaceae
622	扎柄菝葜	*Smilax discotis*	百合科	Liliaceae
623	黑果菝葜	*Smilax glauco-china*	百合科	Liliaceae
624	鞘柄菝葜	*Smilax stans*	百合科	Liliaceae
625	防己叶菝葜	*Smilax menispermoidea*	百合科	Liliaceae
626	土茯苓	*Smilax glabra*	百合科	Liliaceae
627	小叶菝葜	*Smilax microphylla*	百合科	Liliaceae
628	短梗菝葜	*Smilax scobinicaulis*	百合科	Liliaceae
629	小果菝葜	*Smilax davidiana*	百合科	Liliaceae
630	杜英	*Elaeocarpus decipiens* Hemsl.	杜英科	Elaeocarpaceae

三、驻马店市栽培利用林木种质资源名录（种）

驻马店市栽培利用林木种质资源名录（种）见表 13-3。

表 3-13　驻马店市栽培利用林木种质资源名录（种）

序号	中文名	学名	科	科学名
1	银杏	*Ginkgo biloba*	银杏科	Ginkgoaceae
2	铁杉	*Tsuga chinensis*	松科	Pinaceae
3	云杉	*Picea asperata*	松科	Pinaceae
4	落叶松	*Larix gmelinii* (Rupr.) Kuzen.	松科	Pinaceae
5	雪松	*Cedrus deodara*	松科	Pinaceae
6	大别山五针松	*Pinus dabeshanensis*	松科	Pinaceae

续表 13-3

序号	中文名	学名	科	科学名
7	日本五针松	*Pinus parviflora*	松科	Pinaceae
8	白皮松	*Pinus bungeana*	松科	Pinaceae
9	马尾松	*Pinus massoniana*	松科	Pinaceae
10	赤松	*Pinus densiflora*	松科	Pinaceae
11	油松	*Pinus tabulaeformis*	松科	Pinaceae
12	黑松	*Pinus thunbergii*	松科	Pinaceae
13	火炬松	*Pinus taeda*	松科	Pinaceae
14	湿地松	*Pinus elliotii*	松科	Pinaceae
15	樟子松	*Pinus sylvestris* var. *mongolica*	松科	Pinaceae
16	长叶松	*Pinus palustris*	松科	Pinaceae
17	杉木	*Cunninghamia lanceolata*	杉科	Taxodiaceae
18	水松	*Glyptostrobus pensilis*	杉科	Taxodiaceae
19	柳杉	*Cryptomeria fortunei*	杉科	Taxodiaceae
20	日本柳杉	*Cryptomeria japonica*	杉科	Taxodiaceae
21	落羽杉	*Taxodium distichum*	杉科	Taxodiaceae
22	池杉	*Taxodium ascendens*	杉科	Taxodiaceae
23	水杉	*Metasequoia glyptostroboides*	杉科	Taxodiaceae
24	金叶水杉	*Metasequoia glyptostroboides* Hu et Cheng	杉科	Taxodiaceae
25	侧柏	*Platycladus orientalis*	柏科	Cupressaceae
26	千头柏	*Platycladus orientalis* 'Sieboldii'	柏科	Cupressaceae
27	线柏	*Platycladus orientalis* 'Filiformis'	柏科	Cupressaceae
28	美国侧柏	*Thuja occiidentalis*	柏科	Cupressaceae
29	日本扁柏	*Chamaecyparis obtusa*	柏科	Cupressaceae
30	凤尾柏	*Chamaecyparis taiwanensis* 'Filicoides'	柏科	Cupressaceae
31	柏木	*Cupressus funebris*	柏科	Cupressaceae
32	北美圆柏	*Sabina virginiana*	柏科	Cupressaceae
33	圆柏	*Sabina chinensis*	柏科	Cupressaceae

续表 13-3

序号	中文名	学名	科	科学名
34	龙柏	*Sabina chinensis* 'Kaizuca'	柏科	Cupressaceae
35	垂枝圆柏	*Sabina chinensis* f. *pendula*	柏科	Cupressaceae
36	高山柏	*Sabina squamata*	柏科	Cupressaceae
37	粉柏	*Sabina squamata* 'Meyeri'	柏科	Cupressaceae
38	铺地柏	*Sabina procumbens*	柏科	Cupressaceae
39	蜀桧	*Sabina chinensis* Ant. 'Pyramidalis'	柏科	Cupressaceae
40	杜松	*Juniperus rigida*	柏科	Cupressaceae
41	刺柏	*Juniperus formosana*	柏科	Cupressaceae
42	罗汉松	*Podocarpus macrophyllus*	罗汉松科	Podocarpaceae
43	短叶罗汉松	*Podocarpus macrophyllus* var. *maki*	罗汉松科	Podocarpaceae
44	三尖杉	*Cephalotaxus fortunei*	粗榧科	Cephalotaxaceae
45	中国粗榧	*Cephalotaxus sinensis*	粗榧科	Cephalotaxaceae
46	红豆杉	*Taxus chiuensis*	红豆杉科	Taxaceae
47	南方红豆杉	*Taxus chiuensis* var. *mairei*	红豆杉科	Taxaceae
48	东北红豆杉	*Taxus cuspidata*	红豆杉科	Taxaceae
49	银白杨	*Populus alba*	杨柳科	Salicaceae
50	河北杨	*Populus hopeiensis*	杨柳科	Salicaceae
51	毛白杨	*Populus tomentosa*	杨柳科	Salicaceae
52	山杨	*Populus davidiana*	杨柳科	Salicaceae
53	大叶杨	*Populus lasiocarpa*	杨柳科	Salicaceae
54	小叶杨	*Populus simonii*	杨柳科	Salicaceae
55	垂枝小叶杨	*Populus simonii* f. *pendula*	杨柳科	Salicaceae
56	欧洲大叶杨	*Populus candicans*	杨柳科	Salicaceae
57	青杨	*Populus cathayana*	杨柳科	Salicaceae
58	黑杨	*Populus nigra*	杨柳科	Salicaceae
59	钻天杨	*Populus nigra* var. *italica*	杨柳科	Salicaceae
60	加杨	*Populus* × *canadensis* Moench	杨柳科	Salicaceae
61	沙兰杨	*Populus* × *canadensis* 'Sacrau 79'	杨柳科	Salicaceae

续表 13-3

序号	中文名	学名	科	科学名
62	意大利 214 杨	*Populus × canadensis* 'I–214'	杨柳科	Salicaceae
63	新生杨	*Populus × canadensis* 'Regenerata'	杨柳科	Salicaceae
64	大叶钻天杨	*Populus monilifera*	杨柳科	Salicaceae
65	腺柳	*Salix chaenomeloides*	杨柳科	Salicaceae
66	腺叶腺柳	*Salix chaenomeloides* var. *glandulifolia*	杨柳科	Salicaceae
67	旱柳	*Salix matsudana*	杨柳科	Salicaceae
68	龙爪柳	*Salix matsudana* f. *tortusa*	杨柳科	Salicaceae
69	馒头柳	*Salix matsudana* f. *umbraculifera*	杨柳科	Salicaceae
70	垂柳	*Salix babylonica*	杨柳科	Salicaceae
71	小叶柳	*Salix hypoleuca*	杨柳科	Salicaceae
72	多枝柳	*Salix polyclona*	杨柳科	Salicaceae
73	中华柳	*Salix cathayana*	杨柳科	Salicaceae
74	皂柳	*Salix wallichiana*	杨柳科	Salicaceae
75	红皮柳	*Salix sinopurpurea*	杨柳科	Salicaceae
76	簸箕柳	*Salix suchowensis*	杨柳科	Salicaceae
77	乌柳	*Salix cheilophila*	杨柳科	Salicaceae
78	黄金柳	*Salix alba* var. *Tristis*	杨柳科	Salicaceae
79	化香树	*Platycarya strobilacea*	胡桃科	Juglandaceae
80	枫杨	*Pterocarya stenoptera*	胡桃科	Juglandaceae
81	湖北枫杨	*Pterocarya hupehensis*	胡桃科	Juglandaceae
82	胡桃	*Juglans regia*	胡桃科	Juglandaceae
83	野胡桃	*Juglans cathayensis*	胡桃科	Juglandaceae
84	胡桃楸	*Juglans mandshurica*	胡桃科	Juglandaceae
85	美国山核桃	*Carya illenoensis*	胡桃科	Juglandaceae
86	山核桃	*Carya cathayensis*	胡桃科	Juglandaceae
87	黑核桃	*Juglans nigra* L.	胡桃科	Juglandaceae
88	白桦	*Betula platyphylla*	桦木科	Betulaceae
89	牛皮桦	*Betula albo–sinensis* var. *septentrionalis*	桦木科	Betulaceae

续表 13-3

序号	中文名	学名	科	科学名
90	桤木	*Alnus cremastogyne*	桦木科	Betulaceae
91	榛	*Corylus heterophyllus*	桦木科	Betulaceae
92	华榛	*Corylus chinensis*	桦木科	Betulaceae
93	毛叶千金榆	*Carpinus cordata* var. *mollis*	桦木科	Betulaceae
94	鹅耳枥	*Carpinus turczaninowii*	桦木科	Betulaceae
95	千筋树	*Carpinus fargesiana*	桦木科	Betulaceae
96	板栗	*Castanea mollissima*	壳斗科	Fagaceae
97	茅栗	*Castanea seguinii*	壳斗科	Fagaceae
98	栓皮栎	*Quercus variabilis*	壳斗科	Fagaceae
99	麻栎	*Quercus acutissima*	壳斗科	Fagaceae
100	小叶栎	*Quercus chenii*	壳斗科	Fagaceae
101	枹树	*Quercus glandulifera*	壳斗科	Fagaceae
102	槲栎	*Quercus aliena*	壳斗科	Fagaceae
103	锐齿栎	*Quercus aliena* var. *acutiserrata*	壳斗科	Fagaceae
104	槲树	*Quercus dentata*	壳斗科	Fagaceae
105	白栎	*Quercus fabri*	壳斗科	Fagaceae
106	橿子栎	*Quercus baronii*	壳斗科	Fagaceae
107	青冈栎	*Cyclobalanopsis glauca*	壳斗科	Fagaceae
108	大果榆	*Ulmus macrocarpa*	榆科	Ulmaceae
109	脱皮榆	*Ulmus lamellosa*	榆科	Ulmaceae
110	榆树	*Ulmus pumila*	榆科	Ulmaceae
111	龙爪榆	*Ulmus pumila* 'Pendula'	榆科	Ulmaceae
112	垂枝榆	*Ulmus pumila* 'Tenue'	榆科	Ulmaceae
113	钻天榆	*Ulmus pumila* 'Pyramidals'	榆科	Ulmaceae
114	窄叶榆	*Ulmus pumila* 'Parvifolia'	榆科	Ulmaceae
115	细皮榆	*Ulmus pumila* 'Leptodermis'	榆科	Ulmaceae
116	中华金叶榆	*Ulmus pumila* 'Jinye'	榆科	Ulmaceae
117	黑榆	*Ulmus davidiana*	榆科	Ulmaceae

续表13-3

序号	中文名	学名	科	科学名
118	春榆	*Ulmus propinqua*	榆科	Ulmaceae
119	旱榆	*Ulmus glaucescens*	榆科	Ulmaceae
120	榔榆	*Ulmus parvifolia*	榆科	Ulmaceae
121	圆冠榆	*Ulmus densa* Litw.	榆科	Ulmaceae
122	刺榆	*Hemiptelea davidii*	榆科	Ulmaceae
123	榉树	*Zelkova schneideriana*	榆科	Ulmaceae
124	大果榉	*Zelkova sinica*	榆科	Ulmaceae
125	光叶榉	*Zelkova serrata*	榆科	Ulmaceae
126	大叶朴	*Celtis koraiensis*	榆科	Ulmaceae
127	毛叶朴	*Celtis pubescens*	榆科	Ulmaceae
128	小叶朴	*Celtis bungeana*	榆科	Ulmaceae
129	珊瑚朴	*Celtis julianae*	榆科	Ulmaceae
130	紫弹树	*Celtis biondii*	榆科	Ulmaceae
131	朴树	*Celtis tetrandra* subsp. *sinensis*	榆科	Ulmaceae
132	糙叶树	*Aphananthe aspera*	榆科	Ulmaceae
133	青檀	*Pteroceltis tatarinowii*	榆科	Ulmaceae
134	华桑	*Morus cathayana*	桑科	Moraceae
135	桑	*Morus alba*	桑科	Moraceae
136	垂枝桑	*Morus alba* cv. 'Pendula'	桑科	Moraceae
137	花叶桑	*Morus alba* 'Laciniata'	桑科	Moraceae
138	鲁桑	*Morus alba* var. *multicaulis*	桑科	Moraceae
139	蒙桑	*Morus mongolica*	桑科	Moraceae
140	山桑	*Morus mongolica* var. *diabolica*	桑科	Moraceae
141	鸡桑	*Morus australis*	桑科	Moraceae
142	构树	*Broussonetia papyrifera*	桑科	Moraceae
143	花叶构树	*Broussonetia papyrifera* 'Variegata'	桑科	Moraceae
144	小构树	*Broussonetia kazinoki*	桑科	Moraceae
145	无花果	*Ficus carica*	桑科	Moraceae

续表 13-3

序号	中文名	学名	科	科学名
146	异叶榕	*Ficus heteromorpha*	桑科	Moraceae
147	柘树	*Cudrania tricuspidata*	桑科	Moraceae
148	水麻	*Debregeasia edulis*	荨麻科	Urticaceae
149	连香树	*Cercidiphyllum japonicum*	连香树科	Cercidiphyllaceae
150	紫斑牡丹	*Paeonia papaveracea*	毛茛科	Ranunculaceae
151	牡丹	*Paeonia suffruticosa*	毛茛科	Ranunculaceae
152	矮牡丹	*Paeonia suffruticosa* var. *spontanea*	毛茛科	Ranunculaceae
153	山木通	*Clematis finetiana*	毛茛科	Ranunculaceae
154	三叶木通	*Akebia trifoliata*	木通科	Lardizabalaceae
155	木通	*Akebia quinata*	木通科	Lardizabalaceae
156	细叶小檗	*Berberis poiretii* var. *biseminalis*	小檗科	Berberidaceae
157	大叶小檗	*Berberis amurensis*	小檗科	Berberidaceae
158	日本小檗	*Berberis thunbergii*	小檗科	Berberidaceae
159	紫叶小檗	*Berberis thunbergii* 'Atropurpurea'	小檗科	Berberidaceae
160	金叶小檗	*Berberis thunbergii* 'Aurea'	小檗科	Berberidaceae
161	阔叶十大功劳	*Mahonia bealei*	小檗科	Berberidaceae
162	十大功劳	*Mahonia fortunei*	小檗科	Berberidaceae
163	南天竹	*Nandina domestica*	小檗科	Berberidaceae
164	火焰南天竹	*Nandina domestica* 'Firepower'	小檗科	Berberidaceae
165	夜合花	*Magnolia coco*	木兰科	Magnoliaceae
166	荷花玉兰	*Magnolia grandiflora*	木兰科	Magnoliaceae
167	天女花	*Magnolia sieboldii*	木兰科	Magnoliaceae
168	厚朴	*Magnolia officinalis*	木兰科	Magnoliaceae
169	望春玉兰	*Magnolia biondii*	木兰科	Magnoliaceae
170	黄山玉兰	*Magnolia cylindrica*	木兰科	Magnoliaceae
171	辛夷	*Magnolia liliflora*	木兰科	Magnoliaceae
172	玉兰	*Magnolia denutata*	木兰科	Magnoliaceae
173	飞黄玉兰	*Magnolia denutata* 'Feihuang'	木兰科	Magnoliaceae

续表 13-3

序号	中文名	学名	科	科学名
174	武当玉兰	*Magnolia sprengeri*	木兰科	Magnoliaceae
175	二乔玉兰	*Magnolia soulangeana* Soul.–Bod.	木兰科	Magnoliaceae
176	含笑花	*Michelia figo*	木兰科	Magnoliaceae
177	深山含笑	*Michelia maudiae*	木兰科	Magnoliaceae
178	黄玉兰	*Michelia champaca*	木兰科	Magnoliaceae
179	乐东拟单性木兰	*Parakmeria lotungensis*	木兰科	Magnoliaceae
180	鹅掌楸	*Liriodendron chinense*	木兰科	Magnoliaceae
181	北美鹅掌楸	*Liriodendron tulipifera*	木兰科	Magnoliaceae
182	杂交鹅掌楸	*Liriodendron chinense* × *tulipifera*	木兰科	Magnoliaceae
183	莽草	*Illicium lanceolatcm*	木兰科	Magnoliaceae
184	红茴香	*Illicium henryi*	木兰科	Magnoliaceae
185	五味子	*Schisandra chinensis*	木兰科	Magnoliaceae
186	天目玉兰	*Yulania amoena*（W. C. Cheng）D.L.Fu	木兰科	Magnoliaceae
187	蜡梅	*Chimonanthus praecox*	蜡梅科	Calycanthaceae
188	素心蜡梅	*Chimonanthus praecox* 'Concolor'	蜡梅科	Calycanthaceae
189	楠木	*Phoebe zhennan*	樟科	Lauraceae
190	樟树	*Cinnamomum camphora*	樟科	Lauraceae
191	银木	*Cinnamomum septentrionale*	樟科	Lauraceae
192	川桂	*Cinnamomum wilsonii*	樟科	Lauraceae
193	天竺桂	*Cinnamomum japonicum*	樟科	Lauraceae
194	木姜子	*Litsea pungens*	樟科	Lauraceae
195	香叶子	*Lindera fragrans*	樟科	Lauraceae
196	山胡椒	*Lindera glauca*	樟科	Lauraceae
197	河南山胡椒	*Lindera henanensis*	樟科	Lauraceae
198	月桂	*Laurus nobilis*	樟科	Lauraceae
199	钻地风	*Schizophragma integrifolium*	虎耳草科	Saxifragaceae
200	绣球	*Hydrangea macrophylla*	虎耳草科	Saxifragaceae
201	中国绣球	*Hydrangea chinensis*	虎耳草科	Saxifragaceae

续表 13-3

序号	中文名	学名	科	科学名
202	东陵绣球	*Hydrangea bretschneideri*	虎耳草科	Saxifragaceae
203	溲疏	*Deutzia scabra* Thunb	虎耳草科	Saxifragaceae
204	太平花	*Philadelphus pekinensis*	虎耳草科	Saxifragaceae
205	山梅花	*Philadelphus incanus*	虎耳草科	Saxifragaceae
206	刺梨	*Ribes burejense*	虎耳草科	Saxifragaceae
207	海桐	*Pittosporum tobira*	海桐科	Pittosporaceae
208	柄果海桐	*Pittosporum podocarpum*	海桐科	Pittosporaceae
209	狭叶海桐	*Pittosporum glabratum* var. *neriifolium*	海桐科	Pittosporaceae
210	枫香树	*Liquidambar formosana*	金缕梅科	Hamamelidaceae
211	北美枫香	*Liquidambar styraciflua*	金缕梅科	Hamamelidaceae
212	檵木	*Loropetalum chinense*	金缕梅科	Hamamelidaceae
213	红花檵木	*Loropetalum chinense* var. *rubrum*	金缕梅科	Hamamelidaceae
214	蜡瓣花	*Corylopsis sinensis*	金缕梅科	Hamamelidaceae
215	山白树	*Sinowilsonia henryi*	金缕梅科	Hamamelidaceae
216	蚊母树	*Distylium racemosum*	金缕梅科	Hamamelidaceae
217	中华蚊母树	*Distylium chinense*	金缕梅科	Hamamelidaceae
218	杜仲	*Eucommia ulmoides*	杜仲科	Eucommiaceae
219	三球悬铃木	*Platanus orientalis*	悬铃木科	Platanaceae
220	一球悬铃木	*Platanus occidentalis*	悬铃木科	Platanaceae
221	二球悬铃木	*Platanus acerifolia*	悬铃木科	Platanaceae
222	光叶粉花绣线菊	*Spiraea jagonica* var. *fortunei*	蔷薇科	Rosaceae
223	华北绣线菊	*Spiraea fritschiana*	蔷薇科	Rosaceae
224	中华绣线菊	*Spiraea chinensis*	蔷薇科	Rosaceae
225	麻叶绣线菊	*Spiraea cantoniensis*	蔷薇科	Rosaceae
226	小叶绣球绣线菊	*Spiraea blumei* var. *microphylla*	蔷薇科	Rosaceae
227	粉花绣线菊	*Spiraea japonica*	蔷薇科	Rosaceae
228	绣线菊	*Spiraea Salicifolia* L.	蔷薇科	Rosaceae
229	珍珠梅	*Sorbaria sorbifolia*	蔷薇科	Rosaceae

续表 13-3

序号	中文名	学名	科	科学名
230	中华绣线梅	*Neillia sinensis*	蔷薇科	Rosaceae
231	白鹃梅	*Exochorda racemosa*	蔷薇科	Rosaceae
232	水栒子	*Cotoneaster multiflorus*	蔷薇科	Rosaceae
233	平枝栒子	*Cotoneaster horizontalis*	蔷薇科	Rosaceae
234	小叶平枝栒子	*Cotoneaster horizontalis* var. *perpusillus*	蔷薇科	Rosaceae
235	灰栒子	*Cotoneaster acutifolius*	蔷薇科	Rosaceae
236	密毛灰栒子	*Cotoneaster acutifolius* var. *villosulus*	蔷薇科	Rosaceae
237	全缘火棘	*Pyracantha atalantioides*	蔷薇科	Rosaceae
238	火棘	*Pyracantha frotuneana*	蔷薇科	Rosaceae
239	'小丑'火棘	*Pyracantha fortuneana* 'Harlequin'	蔷薇科	Rosaceae
240	山楂	*Crataegus pinnatifida*	蔷薇科	Rosaceae
241	山里红	*Crataegus pinnatifida* var. *major*	蔷薇科	Rosaceae
242	野生楂	*Crataegus cunaeta*	蔷薇科	Rosaceae
243	华中山楂	*Crataegus wilsonii*	蔷薇科	Rosaceae
244	橘红山楂	*Crataegus aurantia*	蔷薇科	Rosaceae
245	辽宁山楂	*Crataegus sanguinea*	蔷薇科	Rosaceae
246	红果树	*Stranvaesia davidiana*	蔷薇科	Rosaceae
247	贵州石楠	*Photinia bodinieri*	蔷薇科	Rosaceae
248	石楠	*Photinia serrulata*	蔷薇科	Rosaceae
249	光叶石楠	*Photinia glabra*	蔷薇科	Rosaceae
250	中华石楠	*Photinia beauverdiana*	蔷薇科	Rosaceae
251	毛叶石楠	*Photinia villosa*	蔷薇科	Rosaceae
252	红叶石楠	*Photinia* × *fraseri*	蔷薇科	Rosaceae
253	枇杷	*Eriobotrya jopanica*	蔷薇科	Rosaceae
254	花楸树	*Sorbus pohuashanensis*	蔷薇科	Rosaceae
255	榅桲	*Cydonia oblonga*	蔷薇科	Rosaceae
256	皱皮木瓜	*Chaenomeles speciosa*	蔷薇科	Rosaceae
257	毛叶木瓜	*Chaenomeles cathayensis*	蔷薇科	Rosaceae

续表 13-3

序号	中文名	学名	科	科学名
258	日本木瓜	*Chaenomeles japonica*	蔷薇科	Rosaceae
259	木瓜	*Chaenomeles sisnesis*	蔷薇科	Rosaceae
260	楸子梨	*Pyrus ussuriensis*	蔷薇科	Rosaceae
261	麻梨	*Pyrus serrulata*	蔷薇科	Rosaceae
262	栽培西洋梨	*Pyrus communis* var. *sativa*	蔷薇科	Rosaceae
263	木梨	*Pyrus xerophila*	蔷薇科	Rosaceae
264	太行山梨	*Pyrus taihangshanensis*	蔷薇科	Rosaceae
265	豆梨	*Pyrus calleryana*	蔷薇科	Rosaceae
266	毛豆梨	*Pyrus calleryana* var. *tomentella*	蔷薇科	Rosaceae
267	白梨	*Pyrus bretschenideri*	蔷薇科	Rosaceae
268	沙梨	*Pyrus pyrifolia*	蔷薇科	Rosaceae
269	杜梨	*Pyrus betulaefolia*	蔷薇科	Rosaceae
270	褐梨	*Pyrus phaeocarpa*	蔷薇科	Rosaceae
271	山荆子	*Malus baccata*	蔷薇科	Rosaceae
272	湖北海棠	*Malus hupehensis*	蔷薇科	Rosaceae
273	垂丝海棠	*Malus halliana*	蔷薇科	Rosaceae
274	苹果	*Malus pumila*	蔷薇科	Rosaceae
275	花红	*Malus asiatica*	蔷薇科	Rosaceae
276	楸子	*Malus prunifolia*	蔷薇科	Rosaceae
277	海棠花	*Malus spectabilis*	蔷薇科	Rosaceae
278	西府海棠	*Malus micromalus*	蔷薇科	Rosaceae
279	河南海棠	*Malus honanensis*	蔷薇科	Rosaceae
280	三叶海棠	*Malus sieboldii*	蔷薇科	Rosaceae
281	北美海棠	*Malus micromlaus* 'American'	蔷薇科	Rosaceae
282	棣棠花	*Kerria japonica*	蔷薇科	Rosaceae
283	重瓣棣棠花	*Kerria japonica* f. *pleniflora*	蔷薇科	Rosaceae
284	覆盆子	*Rubus idaeus*	蔷薇科	Rosaceae
285	插田泡	*Rubus coreanus*	蔷薇科	Rosaceae

续表 13-3

序号	中文名	学名	科	科学名
286	黑莓	*Rubus fruticosus*	蔷薇科	Rosaceae
287	金樱子	*Rosa laevigata*	蔷薇科	Rosaceae
288	木香花	*Rosa banksiae*	蔷薇科	Rosaceae
289	单瓣白木香	*Rosa banksiae* var. *normalis*	蔷薇科	Rosaceae
290	小果蔷薇	*Rosa cymosa*	蔷薇科	Rosaceae
291	香水月季	*Rosa odorata*	蔷薇科	Rosaceae
292	月季	*Rosa chinensis*	蔷薇科	Rosaceae
293	小月季	*Rosa chinensis* var. *minima*	蔷薇科	Rosaceae
294	紫月季花	*Rosa chinensis* var. *semperflorens*	蔷薇科	Rosaceae
295	野蔷薇	*Rosa multiflora*	蔷薇科	Rosaceae
296	粉团蔷薇	*Rosa multiflora* var. *cathayensis*	蔷薇科	Rosaceae
297	七姊妹	*Rosa multiflora* 'Grevillei'	蔷薇科	Rosaceae
298	软条七蔷薇	*Rosa henryi*	蔷薇科	Rosaceae
299	法国蔷薇	*Rosa gallica*	蔷薇科	Rosaceae
300	百叶蔷薇	*Rosa centifolia*	蔷薇科	Rosaceae
301	黄蔷薇	*Rosa hugonis*	蔷薇科	Rosaceae
302	黄刺玫	*Rosa xanthina*	蔷薇科	Rosaceae
303	玫瑰	*Rosa rugosa*	蔷薇科	Rosaceae
304	粉红单瓣玫瑰	*Rosa rugosa* f. *rosea*	蔷薇科	Rosaceae
305	白花单瓣玫瑰	*Rosa rugosa* f. *alba*	蔷薇科	Rosaceae
306	紫花重瓣玫瑰	*Rosa rugosa* f. *plena*	蔷薇科	Rosaceae
307	白花重瓣玫瑰	*Rosa rugosa* f. *alba-plena*	蔷薇科	Rosaceae
308	刺梗蔷薇	*Rosa corymbulosa*	蔷薇科	Rosaceae
309	刺毛蔷薇	*Rosa setipoda*	蔷薇科	Rosaceae
310	扁刺蔷薇	*Rosa sweginzowii*	蔷薇科	Rosaceae
311	美蔷薇	*Rosa bella*	蔷薇科	Rosaceae
312	榆叶梅	*Amygdalus triloba*	蔷薇科	Rosaceae
313	重瓣榆叶梅	*Amygdalus triloba* 'Multiplex'	蔷薇科	Rosaceae

续表 13-3

序号	中文名	学名	科	科学名
314	山桃	*Amygdalus davidiana*	蔷薇科	Rosaceae
315	白山桃	*Amygdalus davidiana* f. *alba*	蔷薇科	Rosaceae
316	桃	*Amygdalus persica*	蔷薇科	Rosaceae
317	离核毛桃	*Amygdalus persica* var. *aganopersica*	蔷薇科	Rosaceae
318	油桃	*Amygdalus persica* var. *nectarine*	蔷薇科	Rosaceae
319	蟠桃	*Amygdalus persica* var. *compressa*	蔷薇科	Rosaceae
320	单瓣白桃	*Amygdalus persica* 'Alba'	蔷薇科	Rosaceae
321	紫叶桃	*Amygdalus persica* 'Atropurpurea'	蔷薇科	Rosaceae
322	碧桃	*Amygdalus persica* 'Duplex'	蔷薇科	Rosaceae
323	寿星桃	*Amygdalus persica* 'Densa'	蔷薇科	Rosaceae
324	千瓣白桃	*Amygdalus persica* 'albo-plena'	蔷薇科	Rosaceae
325	垂枝碧桃	*Amygdalus persica* f. *pendula*	蔷薇科	Rosaceae
326	杏	*Armeniaca vulgaris*	蔷薇科	Rosaceae
327	野杏	*Armeniaca vulgaris* var. *ansu*	蔷薇科	Rosaceae
328	山杏	*Armeniaca sibirica*	蔷薇科	Rosaceae
329	梅	*Armeniaca mume*	蔷薇科	Rosaceae
330	红梅	*Armeniaca mume* f. *alphandii*	蔷薇科	Rosaceae
331	'垂枝'梅	*Armeniaca mume* 'Pendula'	蔷薇科	Rosaceae
332	白梅	*Prunus mume* f. *alba*	蔷薇科	Rosaceae
333	杏李	*Prunus simonii*	蔷薇科	Rosaceae
334	紫叶李	*Prunus cerasifera* 'Pissardii'	蔷薇科	Rosaceae
335	李	*Prunus salicina*	蔷薇科	Rosaceae
336	紫叶稠李	*Prunus virginiana* 'Canada Red'	蔷薇科	Rosaceae
337	美人梅	*Prunus × blireana* 'Meiren'	蔷薇科	Rosaceae
338	多毛樱桃	*Cerasus polytricha*	蔷薇科	Rosaceae
339	尾叶樱桃	*Cerasus dielsiana*	蔷薇科	Rosaceae
340	樱桃	*Cerasus pseudocerasus*	蔷薇科	Rosaceae
341	东京樱花	*Cerasus yedoensis*	蔷薇科	Rosaceae

续表 13-3

序号	中文名	学名	科	科学名
342	山樱花	*Cerasus serrulata*	蔷薇科	Rosaceae
343	日本晚樱	*Cerasus serrulata* var. *lannesiana*	蔷薇科	Rosaceae
344	毛叶山樱花	*Cerasus serrulata* var. *pubescen*	蔷薇科	Rosaceae
345	华中樱桃	*Cerasus conradinae*	蔷薇科	Rosaceae
346	毛樱桃	*Cerasus tomentosa*	蔷薇科	Rosaceae
347	郁李	*Cerasus japonica*	蔷薇科	Rosaceae
348	毛叶欧李	*Cerasus dictyoneura*	蔷薇科	Rosaceae
349	白花重瓣麦李	*Cerasus glandulosa* f. *albo-plena*	蔷薇科	Rosaceae
350	稠李	*Padus avium*	蔷薇科	Rosaceae
351	臭樱	*Maddenia hypoleuca*	蔷薇科	Rosaceae
352	山槐	*Albizzia kalkora*	豆科	Leguminosae
353	合欢	*Albizzia julibrissin*	豆科	Leguminosae
354	肥皂荚	*Gymnocladus chinensis*	豆科	Leguminosae
355	皂荚	*Gleditsia sinensis*	豆科	Leguminosae
356	野皂荚	*Gleditsia microphylla*	豆科	Leguminosae
357	山皂荚	*Gleditsia japonica*	豆科	Leguminosae
358	湖北紫荆	*Cercis glabra*	豆科	Leguminosae
359	紫荆	*Cercis chinensis*	豆科	Leguminosae
360	短毛紫荆	*Cercis chinensis* f. *pubescens*	豆科	Leguminosae
361	白花紫荆	*Cercis chinensis* f. *alba*	豆科	Leguminosae
362	加拿大紫荆	*Cercis canadensis*	豆科	Leguminosae
363	花榈木	*Ormosia henryi* Prain	豆科	Leguminosae
364	红豆树	*Ormosia hosiei*	豆科	Leguminosae
365	槐	*Sophora japonica*	豆科	Leguminosae
366	龙爪槐	*Sophora japonica* var. *pndula*	豆科	Leguminosae
367	五叶槐	*Sophora japonica* 'Oligophylla'	豆科	Leguminosae
368	毛叶槐	*Sophora japonica* var. *pubescens*	豆科	Leguminosae
369	金叶国槐	*Sophora japonica* 'Jinye'	豆科	Leguminosae

续表 13-3

序号	中文名	学名	科	科学名
370	金枝槐	*Sophora japonica* 'Golden Stem'	豆科	Leguminosae
371	柳叶槐	*Sophora dunnii* Prain	豆科	Leguminosae
372	小叶槐	*Sophora microphylla*	豆科	Leguminosae
373	香槐	*Cladrastis wilsonii*	豆科	Leguminosae
374	小花香槐	*Cladrastis delavayi*	豆科	Leguminosae
375	马鞍树	*Maackia hupehenisis*	豆科	Leguminosae
376	多花木蓝	*Indigofera amblyantha*	豆科	Leguminosae
377	木蓝	*Indigofera tinctoria*	豆科	Leguminosae
378	紫穗槐	*Amorpha fruticosa*	豆科	Leguminosae
379	多花紫藤	*Wisteria floribunda*	豆科	Leguminosae
380	紫藤	*Wisteria sirensis*	豆科	Leguminosae
381	藤萝	*Wisteria villosa*	豆科	Leguminosae
382	刺槐	*Robinia pseudoacacia*	豆科	Leguminosae
383	毛刺槐	*Robinia hispida*	豆科	Leguminosae
384	红花刺槐	*Robinia × ambigua* 'Idahoensis'	豆科	Leguminosae
385	香花槐	*Robinia pseudoacacia* cv. *idaho*	豆科	Leguminosae
386	红花锦鸡儿	*Caragana rosea*	豆科	Leguminosae
387	锦鸡儿	*Caragana sinica*	豆科	Leguminosae
388	小叶锦鸡儿	*Caragana microphylla*	豆科	Leguminosae
389	小槐花	*Ohwia caudata*	豆科	Leguminosae
390	胡枝子	*Lespedzea bicolor*	豆科	Leguminosae
391	多花胡枝子	*Lespedzea floribunda*	豆科	Leguminosae
392	铁马鞭	*Lespedzea pilosa*	豆科	Leguminosae
393	中华胡枝子	*Lespedzea chinensis*	豆科	Leguminosae
394	葛	*Pueraria montana*	豆科	Leguminosae
395	黄檀	*Dalbergia hupeana*	豆科	Leguminosae
396	棟叶吴萸	*Tetradium glabrifolium*	芸香科	Rutaceae
397	吴茱萸	*Tetradium ruticarpum*	芸香科	Rutaceae

续表 13-3

序号	中文名	学名	科	科学名
398	臭檀吴萸	*Tetradium daniellii*	芸香科	Rutaceae
399	异叶花椒	*Zanthoxylum ovalifolium*	芸香科	Rutaceae
400	刺异叶花椒	*Zanthoxylum ovalifolium* var. *spinifolium*	芸香科	Rutaceae
401	竹叶花椒	*Zanthoxylum armatum*	芸香科	Rutaceae
402	川陕花椒	*Zanthoxylum piasezkii*	芸香科	Rutaceae
403	野花椒	*Zanthoxylum simulans*	芸香科	Rutaceae
404	花椒	*Zanthoxylum bunngeanum*	芸香科	Rutaceae
405	毛叶花椒	*Zanthoxylum bunngeanum* var. *pubescens*	芸香科	Rutaceae
406	朵花椒	*Zanthoxylum molle*	芸香科	Rutaceae
407	椿叶花椒	*Zanthoxylum ailanthoides*	芸香科	Rutaceae
408	小花花椒	*Zanthoxylum mieranthum*	芸香科	Rutaceae
409	青花椒	*Zanthoxylum schinifolium*	芸香科	Rutaceae
410	狭叶花椒	*Zanthoxylum stenophyllum*	芸香科	Rutaceae
411	川黄檗	*Phellopdendron chinense*	芸香科	Rutaceae
412	枳	*Poncirus trifoliata*	芸香科	Rutaceae
413	柚	*Citrus maxima*	芸香科	Rutaceae
414	柑橘	*Citrus reticulata*	芸香科	Rutaceae
415	酸橙	*Citrus aurantium*	芸香科	Rutaceae
416	苦木	*Picrasma quassioides*	苦木科	Simarubaceae
417	刺臭椿	*Ailanthus vilmoriniana*	苦木科	Simarubaceae
418	老臭椿	*Ailanthus giraldii*	苦木科	Simarubaceae
419	臭椿	*Ailanthus altissima*	苦木科	Simarubaceae
420	大果臭椿	*Ailanthus altissima* var. *sutchuenensis*	苦木科	Simarubaceae
421	香椿	*Toona sinensis*	楝科	Meliaceae
422	红椿	*Toona ciliata*	楝科	Meliaceae
423	川楝	*Melia toosendan* Sieb. et Zucc.	楝科	Meliaceae
424	楝	*Melia azedarach*	楝科	Meliaceae
425	荷包山桂花	*Polygala arillata*	远志科	Polygalaceae

续表 13-3

序号	中文名	学名	科	科学名
426	算盘子	*Glochidion puberum*	大戟科	Euphorbiaceae
427	一叶萩	*Flueggea suffruticosa*	大戟科	Euphorbiaceae
428	青灰叶下珠	*Phyllanthus glaucus*	大戟科	Euphorbiaceae
429	重阳木	*Bischofia polycarpa*	大戟科	Euphorbiaceae
430	油桐	*Vernicia fordii*	大戟科	Euphorbiaceae
431	野桐	*Mallotus tenuifolius*	大戟科	Euphorbiaceae
432	乌桕	*Sapium sebifera*	大戟科	Euphorbiaceae
433	山乌桕	*Sapium pleiocarpum*	大戟科	Euphorbiaceae
434	白木乌桕	*Neoshirakia japonica*	大戟科	Euphorbiaceae
435	山麻杆	*Alchornea davidii*	大戟科	Euphorbiaceae
436	锦熟黄杨	*Buxus sempervirens*	黄杨科	Buxaceae
437	黄杨	*Buxus sinica*	黄杨科	Buxaceae
438	小叶黄杨	*Buxus sinica* var. *parvifolia*	黄杨科	Buxaceae
439	雀舌黄杨	*Buxus bodinieri*	黄杨科	Buxaceae
440	南酸枣	*Choerospondias axillaris*	漆树科	Anacardiaceae
441	黄连木	*Pistacia chinensis*	漆树科	Anacardiaceae
442	盐肤木	*Rhus chinensis*	漆树科	Anacardiaceae
443	火炬树	*Rhus typhina*	漆树科	Anacardiaceae
444	木蜡树	*Toxicodendron sylvestre*	漆树科	Anacardiaceae
445	漆树	*Toxicodendron vernicifluum* (Stokes) F. A. Barkl.	漆树科	Anacardiaceae
446	粉背黄栌	*Cotinus coggygria* var. *glaucophylla*	漆树科	Anacardiaceae
447	毛黄栌	*Cotinus coggygria* var. *pubescens*	漆树科	Anacardiaceae
448	美国黄栌	*Cotinus obovatus*	漆树科	Anacardiaceae
449	全缘冬青	*Ilex integra*	冬青科	Aquifoliaceae
450	大叶冬青	*Ilex latifolia*	冬青科	Aquifoliaceae
451	冬青	*Ilex chinensis*	冬青科	Aquifoliaceae
452	大果冬青	*Ilex macrocarpa*	冬青科	Aquifoliaceae

续表 13-3

序号	中文名	学名	科	科学名
453	大别山冬青	*Ilex dabieshanensis*	冬青科	Aquifoliaceae
454	齿叶冬青	*Ilex crenata*	冬青科	Aquifoliaceae
455	猫儿刺	*Ilex pernyi*	冬青科	Aquifoliaceae
456	枸骨	*Ilex cornuta*	冬青科	Aquifoliaceae
457	无刺枸骨	*Ilex cornuta* 'Fortunei'	冬青科	Aquifoliaceae
458	细刺枸骨	*Ilex hylonoma*	冬青科	Aquifoliaceae
459	龟甲冬青	*Ilex crenata* var. *convexa*	冬青科	Aquifoliaceae
460	卫矛	*Euonymus alatus*	卫矛科	Celastraceae
461	垂丝卫矛	*Euonymus oxyphyllus*	卫矛科	Celastraceae
462	栓翅卫矛	*Euonymus phellomanes*	卫矛科	Celastraceae
463	白杜	*Euonymus maackii*	卫矛科	Celastraceae
464	陕西卫矛	*Euonymus schensianus*	卫矛科	Celastraceae
465	冷地卫矛	*Euonymus frigidus*	卫矛科	Celastraceae
466	石枣子	*Euonymus sanguineus*	卫矛科	Celastraceae
467	小果卫矛	*Euonymus microcarpus*	卫矛科	Celastraceae
468	大花卫矛	*Euonymus grandiflorus*	卫矛科	Celastraceae
469	冬青卫矛	*Euonymus japonicus*	卫矛科	Celastraceae
470	扶芳藤	*Euonymus fortunei*	卫矛科	Celastraceae
471	金心黄杨	*Euonymus japomcus* 'Aureo–pictus'	卫矛科	Celastraceae
472	银边黄杨	*Euonymus japonicus* var. *alba–marginata*	卫矛科	Celastraceae
473	金边卫矛	*Euonymus japanicus* var. *aureomarginata*	卫矛科	Celastraceae
474	大叶黄杨	*Buxus megistophylla* Levl.	卫矛科	Celastraceae
475	苦皮滕	*Celastrus angulatus*	卫矛科	Celastraceae
476	野鸦椿	*Euscaphis japonica*	省沽油科	Staphyleaceae
477	元宝槭	*Acer truncatum*	槭树科	Aceraceae
478	五角枫	*Acer pictum* subsp. *mono*	槭树科	Aceraceae
479	三尖色木枫	*Acer pictum* subsp. *tricuspis*	槭树科	Aceraceae
480	鸡爪槭	*Acer palmatum*	槭树科	Aceraceae

续表 13-3

序号	中文名	学名	科	科学名
481	羽毛枫	*Acer palmatum* 'Dissectum'	槭树科	Aceraceae
482	红枫	*Acer palmatum* 'Atropurpureum'	槭树科	Aceraceae
483	杈叶枫	*Acer ceriferum*	槭树科	Aceraceae
484	茶条槭	*Acer tataricum* subsp. *ginnala*	槭树科	Aceraceae
485	三角槭	*Acer buergerianum*	槭树科	Aceraceae
486	飞蛾槭	*Acer oblongum*	槭树科	Aceraceae
487	五尖槭	*Acer maximowiczii*	槭树科	Aceraceae
488	秦岭槭	*Acer tsinglingense*	槭树科	Aceraceae
489	血皮槭	*Acer griseum*	槭树科	Aceraceae
490	建始槭	*Acer henryi*	槭树科	Aceraceae
491	梣叶槭	*Acer negundo*	槭树科	Aceraceae
492	挪威槭	*Acer platanoides*	槭树科	Aceraceae
493	糖槭	*Acer saccharinum*	槭树科	Aceraceae
494	樟叶槭	*Acer coriaceifolium*	槭树科	Aceraceae
495	美国红枫	*Acer rubrum* L.	槭树科	Aceraceae
496	七叶树	*Aesculus chinensis*	七叶树科	Hippocastanaceae
497	天师栗	*Aesculus chinensis* var. *wilsonii*	七叶树科	Hippocastanaceae
498	欧洲七叶树	*Aesculus hippocastanum*	七叶树科	Hippocastanaceae
499	无患子	*Sapindus saponaria*	无患子科	Sapindaceae
500	栾树	*Koelreuteria paniculata*	无患子科	Sapindaceae
501	复羽叶栾树	*Koelreuteria bipinnata*	无患子科	Sapindaceae
502	黄山栾树	*Koelreuteria bipinnata* 'Integrifoliola'	无患子科	Sapindaceae
503	黄梨木	*Boniodendron minius*	无患子科	Sapindaceae
504	文冠果	*Xanthoceras sorbifolia*	无患子科	Sapindaceae
505	多花泡花树	*Meliosma myriantha*	清风藤科	Sabiaceae
506	长叶冻绿	*Rhamnus crenaata*	鼠李科	Rhamnaceae
507	卵叶鼠李	*Rhamnus bungeana*	鼠李科	Rhamnaceae
508	小叶鼠李	*Rhamnus parvifolis*	鼠李科	Rhamnaceae

续表 13-3

序号	中文名	学名	科	科学名
509	圆叶鼠李	*Rhamnus globosa*	鼠李科	Rhamnaceae
510	薄叶鼠李	*Rhamnus leptophylla*	鼠李科	Rhamnaceae
511	鼠李	*Rhamnus davurica*	鼠李科	Rhamnaceae
512	冻绿	*Rhamnus utilis*	鼠李科	Rhamnaceae
513	柳叶鼠李	*Rhamnus erythroxylon*	鼠李科	Rhamnaceae
514	北枳椇	*Hovenia dulcis*	鼠李科	Rhamnaceae
515	枳椇	*Hovenia acerba*	鼠李科	Rhamnaceae
516	马甲子	*Paliurus ramosissimus*	鼠李科	Rhamnaceae
517	枣	*Zizypus jujuba*	鼠李科	Rhamnaceae
518	酸枣	*Zizypus jujuba* var. *spinosa*	鼠李科	Rhamnaceae
519	龙爪枣	*Zizypus jujuba* 'Tortuosa'	鼠李科	Rhamnaceae
520	变叶葡萄	*Vitis piasezkii*	葡萄科	Vitaceae
521	刺葡萄	*Vitis davidii*	葡萄科	Vitaceae
522	秋葡萄	*Vitis romantii*	葡萄科	Vitaceae
523	桑叶葡萄	*Vitis heyneana* subsp. *ficifolia*	葡萄科	Vitaceae
524	小叶葡萄	*Vitis sinocinerea*	葡萄科	Vitaceae
525	华北葡萄	*Vitis bryoniaefolia*	葡萄科	Vitaceae
526	毛葡萄	*Vitis heyneana*	葡萄科	Vitaceae
527	葡萄	*Vitis vinifera*	葡萄科	Vitaceae
528	山葡萄	*Vitis amurensis*	葡萄科	Vitaceae
529	华东葡萄	*Vitis pseudoreticulata*	葡萄科	Vitaceae
530	蛇葡萄	*Ampelopsis glandulosa*	葡萄科	Vitaceae
531	蓝果蛇葡萄	*Ampelopsis bodinieri*	葡萄科	Vitaceae
532	灰毛蛇葡萄	*Ampelopsis bodinieri* var. *cinerea*	葡萄科	Vitaceae
533	葎叶蛇葡萄	*Ampelopsis humulifolia*	葡萄科	Vitaceae
534	三裂蛇葡萄	*Ampelopsis delavayana*	葡萄科	Vitaceae
535	掌裂蛇葡萄	*Ampelopsis delavayana* var. *glabra*	葡萄科	Vitaceae
536	地锦	*Parthenocissus tricuspidata*	葡萄科	Vitaceae

续表 13-3

序号	中文名	学名	科	科学名
537	三叶地锦	*Parthenocissus semicordata*	葡萄科	Vitaceae
538	五叶地锦	*Parthenocissus quinquefolia*	葡萄科	Vitaceae
539	花叶地锦	*Parthenocissus henryana*	葡萄科	Vitaceae
540	绿叶地锦	*Parthenocissus laetivirens*	葡萄科	Vitaceae
541	毛叶崖爬藤	*Tetrastigma obtectum* var. *pilosum*	葡萄科	Vitaceae
542	华椴	*Tilia chinensis*	椴树科	Tiliaceae
543	华东椴	*Tilia japonica*	椴树科	Tiliaceae
544	扁担杆	*Grewia biloba*	椴树科	Tiliaceae
545	木芙蓉	*Hibiscus mutabilis*	锦葵科	Malvaceae
546	木槿	*Hibiscus syriacus*	锦葵科	Malvaceae
547	朱槿	*Hibiscus rosa-sinensis*	锦葵科	Malvaceae
548	梧桐	*Firmiana simplex*	梧桐科	Sterculiaceae
549	河南猕猴桃	*Actinidia henanensis*	猕猴桃科	Actinidiaceae
550	中华猕猴桃	*Actinidia chinensis*	猕猴桃科	Actinidiaceae
551	美味猕猴桃	*Actinidia deliciousa*	猕猴桃科	Actinidiaceae
552	油茶	*Camellia oleifera*	山茶科	Theaceae
553	山茶	*Camellia japonica*	山茶科	Theaceae
554	茶树	*Camellia sinensis*	山茶科	Theaceae
555	厚皮香	*Ternstroemia gymnanthera*	山茶科	Theaceae
556	金丝桃	*Hypericum monogynum*	藤黄科	Guttiferae
557	金丝梅	*Hypericum patulum*	藤黄科	Guttiferae
558	柽柳	*Tamarix chinensis*	柽柳科	Tamaricaceae
559	山桐子	*Idesia polycarpa*	大风子科	Flacourtiaceae
560	毛叶山桐子	*Idesia polycarpa* var. *vestita*	大风子科	Flacourtiaceae
561	山拐枣	*Poliothyrsis sinesis*	大风子科	Flacourtiaceae
562	柞木	*Xylosma racemosum*	大风子科	Flacourtiaceae
563	芫花	*Daphne genkwa*	瑞香科	Thymelaeaceae
564	瑞香	*Daphne odora*	瑞香科	Thymelaeaceae

续表 13-3

序号	中文名	学名	科	科学名
565	结香	*Edgeworthia chrysantha*	瑞香科	Thymelaeaceae
566	胡颓子	*Elaeagnus pungens*	胡颓子科	Elaeagnaceae
567	沙枣	*Elaeagnus angustifolia*	胡颓子科	Elaeagnaceae
568	牛奶子	*Elaeagnus umbellata*	胡颓子科	Elaeagnaceae
569	木半夏	*Elaeagnus multiflora*	胡颓子科	Elaeagnaceae
570	佘山羊奶子	*Elaeagnus argyi*	胡颓子科	Elaeagnaceae
571	中国沙棘	*Hippophae rhmnoides* subsp. *sinensis*	胡颓子科	Elaeagnaceae
572	紫薇	*Lagerstroemia indicate*	千屈菜科	Lythraceae
573	银薇	*Lagerstroemia indica* f. *alba*	千屈菜科	Lythraceae
574	南紫薇	*Lagerstroemia subcostata*	千屈菜科	Lythraceae
575	云南紫薇	*Lagerstroemia intermedia*	千屈菜科	Lythraceae
576	川黔紫薇	*Lagerstroemia excelsa*	千屈菜科	Lythraceae
577	石榴	*Punica granatum*	石榴科	Punicaceae
578	白石榴	*Punica granatum* 'Albescens'	石榴科	Punicaceae
579	月季石榴	*Punica granatum* 'Nana'	石榴科	Punicaceae
580	黄石榴	*Punica granatum* 'Flavescens'	石榴科	Punicaceae
581	重瓣白石榴	*Punica granatum* 'Multiplex'	石榴科	Punicaceae
582	重瓣红石榴	*Punica granatum* 'Planiflora'	石榴科	Punicaceae
583	玛瑙石榴	*Punica granatum* 'Lagrellei'	石榴科	Punicaceae
584	喜树	*Camptotheca acuminata*	蓝果树科	Nyssaceae
585	珙桐	*Davidia involucrata*	蓝果树科	Nyssaceae
586	八角枫	*Alangium chinense*	八角枫科	Alangiaceae
587	瓜木	*Alangium platanifolium*	八角枫科	Alangiaceae
588	通脱木	*Tetrapanax papyrifer*	五加科	Araliaceae
589	常春藤	*Hedera nepalensis* var. *sinensis*	五加科	Araliaceae
590	掌状常春藤	*Hedera helix* var. *digitata*	五加科	Araliaceae
591	刺楸	*Kalopanax septemlobus*	五加科	Araliaceae
592	细柱五加	*Acanthopanax gracilistylus*	五加科	Araliaceae

续表 13-3

序号	中文名	学名	科	科学名
593	毛梗糙叶五加	*Acanthopanax henryi* var. *faberi*	五加科	Araliaceae
594	五加	*Acanthopanax gracilistylus*	五加科	Araliaceae
595	楤木	*Aralia chinensis*	五加科	Araliaceae
596	波缘葱木	*Aralia undulata*	五加科	Araliaceae
597	八角金盘	*Fatsia japonica*（Thunb.）Decne. et Planch	五加科	Araliaceae
598	红瑞木	*Swida alba*	山茱萸科	Cornaceae
599	光皮树	*Swida wilsoniana*	山茱萸科	Cornaceae
600	小梾木	*Swida paucinervis*	山茱萸科	Cornaceae
601	梾木	*Swida macrophylla*	山茱萸科	Cornaceae
602	毛梾	*Swida walteri* Wanger	山茱萸科	Cornaceae
603	山茱萸	*Cornus officinalis*	山茱萸科	Cornaceae
604	四照花	*Dendrobenthamia japonica* var. *chinensis*	山茱萸科	Cornaceae
605	青木	*Aucuba japonica* Thunb.	山茱萸科	Cornaceae
606	洒金珊瑚	*Aucuba japonica* var. *variegata* Dombr.	山茱萸科	Cornaceae
607	秀雅杜鹃	*Rhododendron concinnum*	杜鹃花科	Ericaceae
608	河南杜鹃	*Rhododendron henanense*	杜鹃花科	Ericaceae
609	杜鹃花	*Rhododendron simsii*	杜鹃花科	Ericaceae
610	锦绣杜鹃	*Rhododendron pulchrum* Sweet	杜鹃花科	Ericaceae
611	越桔	*Vaccinium vitis-idaea*	杜鹃花科	Ericaceae
612	蓝莓	*Vaccinium* spp.	杜鹃花科	Ericaceae
613	朱砂根	*Ardisia crenata*	紫金牛科	Myrsinaceae
614	紫金牛	*Ardisia japonica*	紫金牛科	Myrsinaceae
615	铁仔	*Myrsine africana*	紫金牛科	Myrsinaceae
616	柿	*Diospyros kaki*	柿树科	Ebeanaceae
617	油柿	*Diospyros kaki* var. *sylvesris*	柿树科	Ebeanaceae
618	野柿	*Diospyros kaki* var. *silvestris*	柿树科	Ebeanaceae
619	君迁子	*Diospyros lotus*	柿树科	Ebeanaceae
620	白檀	*Symplocos chinensis*	山矾科	Symplocaceae

续表 13-3

序号	中文名	学名	科	科学名
621	山矾	*Symplocos sumuntia*	山矾科	Symplocaceae
622	雪柳	*Fontanesia fortunei*	木樨科	Oleaceae
623	小叶白蜡树	*Fraxinus chinensis*	木樨科	Oleaceae
624	秦岭白蜡树	*Fraxinus paxiana*	木樨科	Oleaceae
625	宿柱白蜡树	*Fraxinus stylosa*	木樨科	Oleaceae
626	白蜡树	*Fraxinus chinensis*	木樨科	Oleaceae
627	大叶白蜡树	*Fraxinus rhynchophylla*	木樨科	Oleaceae
628	青桦	*Fraxinus pennsylvanica* var. *subintegerrima*	木樨科	Oleaceae
629	水曲柳	*Fraxinus mandschurica*	木樨科	Oleaceae
630	尖叶白蜡树	*Fraxinus chinensis* var. *acuminata*	木樨科	Oleaceae
631	光蜡树	*Fraxinus griffithii*	木樨科	Oleaceae
632	湖北桦	*Fraxinus hupehensis* Chu, Shang et Su	木樨科	Oleaceae
633	连翘	*Forsythia suspensa*	木樨科	Oleaceae
634	金钟花	*Forsythia viridissima*	木樨科	Oleaceae
635	暴马丁香	*Syringa reticulata* var. *mardshurica*	木樨科	Oleaceae
636	欧洲丁香	*Syringa vulgaris*	木樨科	Oleaceae
637	华北丁香	*Syringa oblata*	木樨科	Oleaceae
638	花叶丁香	*Syringa persica*	木樨科	Oleaceae
639	小叶丁香	*Syringa microphylla*	木樨科	Oleaceae
640	紫丁香	*Syringa julianae*	木樨科	Oleaceae
641	红丁香	*Syringa villosa*	木樨科	Oleaceae
642	皱叶丁香	*Syringa mairei*	木樨科	Oleaceae
643	木樨	*Osmanthus fragrans*	木樨科	Oleaceae
644	流苏树	*Chionanthus retusus*	木樨科	Oleaceae
645	油橄榄	*Olea europaea*	木樨科	Oleaceae
646	女贞	*Ligustrum lucidum*	木樨科	Oleaceae
647	日本女贞	*Ligustrum japonicum*	木樨科	Oleaceae
648	小蜡	*Ligustrum sinense*	木樨科	Oleaceae

续表 13-3

序号	中文名	学名	科	科学名
649	小叶女贞	*Ligustrum quihoui*	木樨科	Oleaceae
650	水蜡树	*Ligustrum obtusifolium*	木樨科	Oleaceae
651	卵叶女贞	*Ligustrum ovalifolium*	木樨科	Oleaceae
652	探春花	*Jasminum floridum*	木樨科	Oleaceae
653	迎春花	*Jasminum nudiflorum*	木樨科	Oleaceae
654	茉莉花	*Jasminum sambac*	木樨科	Oleaceae
655	醉鱼草	*Buddleja lindleyana*	马钱科	Loganiaceae
656	夹竹桃	*Nerium indicum*	夹竹桃科	Apocynaceae
657	络石	*Trachelospermum jasminoides*	夹竹桃科	Apocynaceae
658	花叶络石	*Trachelospermum jasminoides* 'Flame'	夹竹桃科	Apocynaceae
659	杠柳	*Periploca sepium*	萝藦科	Asclepiadaceae
660	厚壳树	*Ehretia thyrsiflora*	紫草科	Boraginaceae
661	枇杷叶紫珠	*Callicarpa kochiana*	马鞭草科	Verbenaceae
662	白棠子树	*Callicarpa dichotoma*	马鞭草科	Verbenaceae
663	紫珠	*Callicarpa bodinieri*	马鞭草科	Verbenaceae
664	黄荆	*Vitex negundo*	马鞭草科	Verbenaceae
665	牡荆	*Vitex negundo* var. *cannabifolia*	马鞭草科	Verbenaceae
666	荆条	*Vitex negundo* var. *heterophylla*	马鞭草科	Verbenaceae
667	臭牡丹	*Clerodendrum bungei*	马鞭草科	Verbenaceae
668	大青	*Clerodendrum cyrtophyllum*	马鞭草科	Verbenaceae
669	海州常山	*Clerodendrum trichotomum*	马鞭草科	Verbenaceae
670	兰香草	*Caryopteris incana*	马鞭草科	Verbenaceae
671	枸杞	*Lycium chinense*	茄科	Solanaceae
672	宁夏枸杞	*Lycium barbarum*	茄科	Solanaceae
673	毛泡桐	*Paulownia tomentosa*	玄参科	Scrophulariaceae
674	光泡桐	*Paulownia tomentosa* var. *tsinlingensis*	玄参科	Scrophulariaceae
675	兰考泡桐	*Paulownia elongata*	玄参科	Scrophulariaceae
676	楸叶泡桐	*Paulownia catalpifolia*	玄参科	Scrophulariaceae

续表 13-3

序号	中文名	学名	科	科学名
677	白花泡桐	*Paulownia fortunei*	玄参科	Scrophulariaceae
678	梓树	*Catalpa voata*	紫葳科	Bignoniaceae
679	楸树	*Catalpa bungei*	紫葳科	Bignoniaceae
680	光灰楸	*Catalpa fargesii* f. *duclouxii*	紫葳科	Bignoniaceae
681	黄金树	*Catalpa speciosa*	紫葳科	Bignoniaceae
682	凌霄	*Campasis grandiflora*	紫葳科	Bignoniaceae
683	美洲凌霄	*Campasis radicans*	紫葳科	Bignoniaceae
684	栀子	*Gardenia jasminoides*	茜草科	Rubiaceae
685	栀子花	*Gardenia jasminoides* var. *grandflora*	茜草科	Rubiaceae
686	白马骨	*Serissa serissoides*	茜草科	Rubiaceae
687	六月雪	*Serissa foetida*	茜草科	Rubiaceae
688	毛鸡矢藤	*Paederia scandens* var. *tomentosa*	茜草科	Rubiaceae
689	接骨木	*Sambucus wiliamsii*	忍冬科	Caprifoliaceae
690	绣球荚蒾	*Viburnum macrocephalum*	忍冬科	Caprifoliaceae
691	琼花	*Viburnum macrocephalum* f. *keteleeri*	忍冬科	Caprifoliaceae
692	皱叶荚蒾	*Viburnum rhytidophyllum*	忍冬科	Caprifoliaceae
693	珊瑚树	*Viburnum odoratissimum*	忍冬科	Caprifoliaceae
694	北方荚蒾	*Viburnum hupehense* sp. *septentrionale*	忍冬科	Caprifoliaceae
695	荚蒾	*Viburnum dilatatum*	忍冬科	Caprifoliaceae
696	八仙花	*Viburnum macrocephalum* f. *keteleeri*	忍冬科	Caprifoliaceae
697	六道木	*Abelia biflora*	忍冬科	Caprifoliaceae
698	锦带花	*Weigela florida*	忍冬科	Caprifoliaceae
699	海仙花	*Weigela coraeensis*	忍冬科	Caprifoliaceae
700	丁香叶忍冬	*Lonicera oblata*	忍冬科	Caprifoliaceae
701	苦糖果	*Lonicera fragrantissima* subsp. *standishii*	忍冬科	Caprifoliaceae
702	金银忍冬	*Lonicera maackii* f. *podocarpa*	忍冬科	Caprifoliaceae
703	红花金银忍冬	*Lonicera maackii* var. *erubescens*	忍冬科	Caprifoliaceae
704	忍冬	*Lonicera japonica*	忍冬科	Caprifoliaceae

续表 13-3

序号	中文名	学名	科	科学名
705	金银花	*Lonicera japonica*	忍冬科	Caprifoliaceae
706	毛竹	*Phyllostachys pubescens*	禾本科	Graminae
707	刚竹	*Phyllostachys bambusoides*	禾本科	Graminae
708	斑竹	*Phyllostachys bambusoides* f. *tanakae*	禾本科	Graminae
709	乌哺鸡竹	*Phyllostachys virax*	禾本科	Graminae
710	水什竹	*Phyllostachys angusta*	禾本科	Graminae
711	早园竹	*Phyllostachys propinqua*	禾本科	Graminae
712	淡竹	*Phyllostachys glauca*	禾本科	Graminae
713	化斑竹	*Phyllostachys glauca* ‘Yunzhu’	禾本科	Graminae
714	紫竹	*Phyllostachys nigra*	禾本科	Graminae
715	花竹	*Phyllostachys nidularia*	禾本科	Graminae
716	水竹	*Phyllostachys congesta* Rendle	禾本科	Graminae
717	直秆黎子竹	*Phyllostachys purpurata* var. *straightsttem*	禾本科	Graminae
718	罗汉竹	*Phyllostachys aurea*	禾本科	Graminae
719	苦竹	*Pleioblastus amarus*	禾本科	Graminae
720	阔叶箬竹	*Indocalamus latifolius*	禾本科	Graminae
721	箬叶竹	*Indocalamus longiauritus*	禾本科	Graminae
722	凤凰竹	*Bambusa multiplex*	禾本科	Graminae
723	孝顺竹	*Bambusa multiplex* (Lour.) Reausch.	禾本科	Graminae
724	伏牛山箭竹	*Sinarundinaria nitida*	禾本科	Graminae
725	拐棍竹	*Fargesia spathacea*	禾本科	Graminae
726	棕榈	*Trachycarpus fortunei*	棕榈科	Palmae
727	蒲葵	*Livistona chinensis*	棕榈科	Palmae
728	凤尾丝兰	*Yucca gloriosa*	百合科	Liliaceae
729	菝葜	*Smilax china*	百合科	Liliaceae
730	苏铁	*Cycas revoluta* Thunb.	苏铁科	Cycadaceae
731	杨梅	*Myrica rubra* (Lour.) S. et Zucc.	杨梅科	Myricaceae
732	杜英	*Elaeocarpus decipiens* Hemsl.	杜英科	Elaeocarpaceae

四、驻马店市优良林分种质资源名录（种）

驻马店市优良林分种质资源名录（种）见表13-4。

表13-4 驻马店市优良林分种质资源名录（种）

序号	中文名	学名	科	科学名
1	马尾松	*Pinus massoniana*	松科	Pinaceae
2	火炬松	*Pinus taeda*	松科	Pinaceae
3	栓皮栎	*Quercus variabilis*	壳斗科	Fagaceae
4	麻栎	*Quercus acutissima*	壳斗科	Fagaceae
5	油桐	*Vernicia fordii*	大戟科	Euphorbiaceae

五、驻马店市优良单株种质资源名录（种）

驻马店市优良单株种质资源名录（种）见表13-5。

表13-5 驻马店市优良单株种质资源名录（种）

序号	中文名	学名	科	科学名
1	雪松	*Cedrus deodara*	松科	Pinaceae
2	火炬松	*Pinus taeda*	松科	Pinaceae
3	柳杉	*Cryptomeria fortunei*	杉科	Taxodiaceae
4	旱柳	*Salix matsudana*	杨柳科	Salicaceae
5	枫杨	*Pterocarya stenoptera*	胡桃科	Juglandaceae
6	板栗	*Castanea mollissima*	壳斗科	Fagaceae
7	栓皮栎	*Quercus variabilis*	壳斗科	Fagaceae
8	麻栎	*Quercus acutissima*	壳斗科	Fagaceae
9	小叶栎	*Quercus chenii*	壳斗科	Fagaceae
10	朴树	*Celtis tetrandra* subsp. *sinensis*	榆科	Ulmaceae
11	桑	*Morus alba*	桑科	Moraceae
12	垂枝桑	*Morus alba* 'Pendula'	桑科	Moraceae
13	构树	*Broussonetia papyrifera*	桑科	Moraceae
14	小构树	*Broussonetia kazinoki*	桑科	Moraceae
15	鹅掌楸	*Liriodendron chinense*	木兰科	Magnoliaceae
16	樟树	*Cinnamomum camphora*	樟科	Lauraceae
17	海桐	*Pittosporum tobira*	海桐科	Pittosporaceae

续表 13-5

序号	中文名	学名	科	科学名
18	红花檵木	*Loropetalum chinense* var. *rubrum*	金缕梅科	Hamamelidaceae
19	二球悬铃木	*Platanus acerifolia*	悬铃木科	Platanaceae
20	杜梨	*Pyrus betulaefolia*	蔷薇科	Rosaceae
21	垂丝海棠	*Malus halliana*	蔷薇科	Rosaceae
22	日本晚樱	*Cerasus serrulata* var. *lannesiana*	蔷薇科	Rosaceae
23	皂荚	*Gleditsia sinensis*	豆科	Leguminosae
24	'金叶'皂荚	*Gleditsia sinensis*	豆科	Leguminosae
25	'密刺'皂荚	*Gleditsia sinensis*	豆科	Leguminosae
26	楝	*Melia azedarach*	楝科	Meliaceae
27	油桐	*Vernicia fordii*	大戟科	Euphorbiaceae
28	乌桕	*Sapium sebifera*	大戟科	Euphorbiaceae
29	黄连木	*Pistacia chinensis*	漆树科	Anacardiaceae
30	枸骨	*Ilex cornuta*	冬青科	Aquifoliaceae
31	红枫	*Acer palmatum* 'Atropurpureum'	槭树科	Aceraceae
32	糖槭	*Acer saccharinum*	槭树科	Aceraceae
33	银槭	*Acer saccharinum*	槭树科	Aceraceae
34	黄山栾树	*Koelreuteria bipinnata* 'Integrifoliola'	无患子科	Sapindaceae
35	紫薇	*Lagerstroemia indicate*	千屈菜科	Lythraceae
36	红火箭	*Lagerstroemia indicate*	千屈菜科	Lythraceae
37	梓树	*Catalpa voata*	紫葳科	Bignoniaceae
38	楸树	*Catalpa bungei*	紫葳科	Bignoniaceae
39	'中林1号'楸树	*Catalpa bungei*	紫葳科	Bignoniaceae

六、驻马店市古树名木种质资源名录（种）

驻马店市古树名木种质资源名录（种）见表 13-6。

表 13-6　驻马店市古树名木种质资源名录（种）

序号	中文名	学名	科	科学名
1	银杏	*Ginkgo biloba*	银杏科	Ginkgoaceae
2	侧柏	*Platycladus orientalis*	柏科	Cupressaceae

续表 13-6

序号	中文名	学名	科	科学名
3	柏木	*Cupressus funebris*	柏科	Cupressaceae
4	圆柏	*Sabina chinensis*	柏科	Cupressaceae
5	刺柏	*Juniperus formosana*	柏科	Cupressaceae
6	毛白杨	*Populus tomentosa*	杨柳科	Salicaceae
7	加杨	*Populus × canadensis Moench*	杨柳科	Salicaceae
8	沙兰杨	*Populus × canadensis* 'Sacrau 79'	杨柳科	Salicaceae
9	腺柳	*Salix chaenomeloides*	杨柳科	Salicaceae
10	旱柳	*Salix matsudana*	杨柳科	Salicaceae
11	枫杨	*Pterocarya stenoptera*	胡桃科	Juglandaceae
12	胡桃	*Juglans regia*	胡桃科	Juglandaceae
13	板栗	*Castanea mollissima*	壳斗科	Fagaceae
14	栓皮栎	*Quercus variabilis*	壳斗科	Fagaceae
15	麻栎	*Quercus acutissima*	壳斗科	Fagaceae
16	短柄枹树	*Quercus glandulifera* var. *brevipetiolata*	壳斗科	Fagaceae
17	槲栎	*Quercus aliena*	壳斗科	Fagaceae
18	青冈栎	*Cyclobalanopsis glauca*	壳斗科	Fagaceae
19	脱皮榆	*Ulmus lamellosa*	榆科	Ulmaceae
20	榆树	*Ulmus pumila*	榆科	Ulmaceae
21	榔榆	*Ulmus parvifolia*	榆科	Ulmaceae
22	珊瑚朴	*Celtis julianae*	榆科	Ulmaceae
23	朴树	*Celtis tetrandra* subsp. *sinensis*	榆科	Ulmaceae
24	华桑	*Morus cathayana*	桑科	Moraceae
25	桑	*Morus alba*	桑科	Moraceae
26	山桑	*Morus mongolica* var. *diabolica*	桑科	Moraceae
27	构树	*Broussonetia papyrifera*	桑科	Moraceae
28	小构树	*Broussonetia kazinoki*	桑科	Moraceae
29	柘树	*Cudrania tricuspidata*	桑科	Moraceae
30	玉兰	*Magnolia denutata*	木兰科	Magnoliaceae

续表 13-6

序号	中文名	学名	科	科学名
31	樟树	*Cinnamomum camphora*	樟科	Lauraceae
32	石楠	*Photinia serrulata*	蔷薇科	Rosaceae
33	木瓜	*Chaenomeles sisnesis*	蔷薇科	Rosaceae
34	楸子梨	*Pyrus ussuriensis*	蔷薇科	Rosaceae
35	木梨	*Pyrus xerophila*	蔷薇科	Rosaceae
36	豆梨	*Pyrus calleryana*	蔷薇科	Rosaceae
37	白梨	*Pyrus bretschenideri*	蔷薇科	Rosaceae
38	沙梨	*Pyrus pyrifolia*	蔷薇科	Rosaceae
39	杜梨	*Pyrus betulaefolia*	蔷薇科	Rosaceae
40	杏	*Armeniaca vulgaris*	蔷薇科	Rosaceae
41	皂荚	*Gleditsia sinensis*	豆科	Leguminosae
42	野皂荚	*Gleditsia microphylla*	豆科	Leguminosae
43	槐	*Sophora japonica*	豆科	Leguminosae
44	紫藤	*Wisteria sirensis*	豆科	Leguminosae
45	刺槐	*Robinia pseudoacacia*	豆科	Leguminosae
46	黄檀	*Dalbergia hupeana*	豆科	Leguminosae
47	臭椿	*Ailanthus altissima*	苦木科	Simarubaceae
48	楝	*Melia azedarach*	楝科	Meliaceae
49	乌桕	*Sapium sebifera*	大戟科	Euphorbiaceae
50	黄连木	*Pistacia chinensis*	漆树科	Anacardiaceae
51	冬青	*Ilex chinensis*	冬青科	Aquifoliaceae
52	扶芳藤	*Euonymus fortunei*	卫矛科	Celastraceae
53	无患子	*Sapindus saponaria*	无患子科	Sapindaceae
54	枣	*Zizypus jujuba*	鼠李科	Rhamnaceae
55	柿	*Diospyros kaki*	柿树科	Ebeanaceae
56	油柿	*Diospyros kaki* var. *sylvesris*	柿树科	Ebeanaceae
57	白蜡树	*Fraxinus chinensis*	木犀科	Oleaceae
58	荆条	*Vitex negundo* var. *heterophylla*	马鞭草科	Verbenaceae

序号	中文名	学名	科	科学名
59	梓树	*Catalpa voata*	紫葳科	Bignoniaceae
60	楸树	*Catalpa bungei*	紫葳科	Bignoniaceae

七、驻马店市古树群种质资源名录（种）

驻马店市古树群种质资源名录（种）见表 13-7。

表 13-7　驻马店市古树群种质资源名录（种）

序号	中文名	学名	科	科学名
1	银杏	*Ginkgo biloba*	银杏科	Ginkgoaceae
2	侧柏	*Platycladus orientalis*	柏科	Cupressaceae
3	腺柳	*Salix chaenomeloides*	杨柳科	Salicaceae
4	胡桃	*Juglans regia*	胡桃科	Juglandaceae
5	板栗	*Castanea mollissima*	壳斗科	Fagaceae
6	兴山榆	*Ulmus bergmanniana*	榆科	Ulmaceae
7	楸子梨	*Pyrus ussuriensis*	蔷薇科	Rosaceae
8	白梨	*Pyrus bretschenideri*	蔷薇科	Rosaceae
9	杏	*Armeniaca vulgaris*	蔷薇科	Rosaceae
10	槐	*Sophora japonica*	豆科	Leguminosae
11	乌桕	*Sapium sebifera*	大戟科	Euphorbiaceae
12	黄连木	*Pistacia chinensis*	漆树科	Anacardiaceae
13	三角槭	*Acer buergerianum*	槭树科	Aceraceae
14	枣	*Zizypus jujuba*	鼠李科	Rhamnaceae
15	柿	*Diospyros kaki*	柿树科	Ebeanaceae